Welpen

Halten und erziehen,
verstehen und beschäftigen

KOSMOS

Unser Welpe

von Perdita Lübbe-Scheuermann und Frank Loup

Die Sozialisierung

Hundeverhalten

von Dr. Barbara Schöning

Spiel und Sport für Hunde

von Kristina Falke und Jörg Ziemer

Es gibt viele Gründe, einen Welpen bei sich aufzunehmen – möglicherweise soll der lang gehegte Traum von einem Hund endlich in Erfüllung gehen oder Sie wollen Ihrem vierbeinigen Freund einen Kumpel dazugesellen. Vielleicht ist aber auch Ihr langjähriger Gefährte gestorben und Sie wünschen sich einen neuen Hund an Ihrer Seite.

Eigenschaften eines Hundebesitzers

Über einen Punkt sollten Sie sich in jedem Fall im Klaren sein: Der kleine Kerl wird Ihren Alltag gehörig auf den Kopf stellen! Damit dies eine schöne und erlebnisreiche gemeinsame Zeit wird, statt sich zu einer nervenaufreibenden Angelegenheit zu entwickeln, ist die richtige Vorbereitung auf das neue Familienmitglied außerordentlich wichtig.

Souveränität und Gelassenheit

Mit Souveränität und Gelassenheit überzeugen wir unsere Hunde am meisten, denn sie merken, dass es sich lohnt, sich an unserer Seite aufzuhalten, sich an uns zu orientieren und sich uns vertrauensvoll anzuschließen. Souverän ist, wer signalisiert, dass er weiß, was er tut – jemand, der die Lage im Griff hat. Damit vermittelt er dem Gegenüber Sicherheit. Ein tolles Gefühl, wenn man so jemanden bei sich hat! Und wenn derjenige auch noch schwierige Situationen gelassen meistert, ist er „anhimmelnswert"!

Gemeinsam mit Spaß und Freude durch das Welpenalter!

Ganz gleich, auf welche Gedanken Ihr Welpe kommen und was er durch die Gegend schleppen wird: Eine Portion Humor gehört bei der Hundeerziehung dazu.

Geduld

Geduld schont Ihre Nerven, denn hektische und ungeduldige Erziehungsversuche verwirren den Vierbeiner nur und sind nicht förderlich. Hunde reagieren sehr sensibel auf unsere Stimmungsübertragung: Sind Sie hektisch und werden laut, wird Ihr Welpe – je nach Typ – darauf reagieren. Der eine merkt, dass der Mensch nicht Herr der Lage ist, und wird ihn möglicherweise zukünftig nicht mehr ernst nehmen, der andere reagiert verunsichert.

Bleiben Sie ruhig und gelassen, auch wenn er schon das dritte Mal einen kleinen See auf dem Parkett hinterlässt oder Möbel ankaut. Bedenken Sie, dass Ihr Welpe nichts tun wird, um Sie zu ärgern, sondern dass er es noch nicht beziehungsweise anders gelernt hat. Vielleicht hat er auch noch nicht verstanden, was Sie von ihm wollen.

Humor

Humor hilft Ihnen, die Welpenzeit positiv zu erleben. Gewähren Sie dem Vierbeiner im von Ihnen vorgegebenen Rahmen Freiheiten und genießen Sie es, über seine Albernheiten zu lachen. Doch bedenken Sie: Er merkt, dass Sie ihn beobachten und über seinen Blöd-

sinn grinsen. Vielleicht fühlt er sich im gerade gezeigten Verhalten bestärkt. Sich über Albernheiten zu amüsieren, das schafft jeder – und wenn Sie auch noch über die zerkauten Golfschuhe lachen können, haben Sie die richtige Einstellung.

Hundeverstand

Hundeverstand ist wichtig, um auf die Bedürfnisse des Hundes einzugehen und ihn zu verstehen. Hundeverstand hat nichts damit zu tun, ob und wie lange man schon Hunde hält oder hatte. Es gibt Menschen, die seit 30 Jahren Hunde halten und fast nichts über diese Geschöpfe wissen, und es gibt Menschen, die das erste Mal Hundebesitzer werden, sich gewissenhaft darauf vorbereiten und eine natürliche Souveränität besitzen.

Info Voraussetzungen

Diese Eigenschaften sollte ein Hundebesitzer mitbringen:
> Souveränität/Gelassenheit
> Geduld
> Humor
> Hundeverstand
> Konsequenzen

Konsequenz

Konsequenz brauchen Sie, um den Welpen mit Ihren Regeln vertraut zu machen. Wenn Sie diese klar, unmissverständlich und ohne Ausnahme aufzeigen, wird der Kleine sie ganz schnell akzeptieren. Er merkt, dass Sie hinter dem stehen, was Sie sagen und meinen. Damit sind Sie für ihn in jeder Hinsicht berechenbar. Ein Hin und Her hingegen lässt ihn im Unklaren, was erlaubt ist und was nicht. Wie soll er verstehen, dass Sie ihm das eine Mal Zutritt zur Küche gewähren, das andere Mal wieder nicht? Das ist so, als würden rote Ampeln für Sie montags, mittwochs und samstags „Halt" bedeuten und dienstags, donnerstags, freitags und sonntags dürften Sie fahren. Das führt zu Verwirrung!

Ein neuer Lebensrhythmus beginnt

In dem Moment, in dem Sie den Welpen in Ihr Auto setzen, um ihn mit nach Hause zu nehmen, wird nichts mehr so sein wie zuvor. Der Einzug des Welpen bringt einige Veränderungen mit sich: Seien Sie sich bewusst, dass Sie sich folgende Dinge für geraume Zeit „abschminken" können:

Ausschlafen: Welpen haben eine kleine Blase und können diese noch nicht richtig kontrollieren. Einige schaffen es nach einer Woche, Sie bis acht Uhr morgens ausschlafen zu lassen, andere müssen noch nach vier Wochen morgens um vier oder fünf Uhr in der Früh nach draußen – auch im Winter.

Urlaub: Warten Sie möglichst eine Weile, bevor Sie den Kleinen aus seiner Umgebung reißen, in die er sich gerade

Zwischen allem Trubel, der mit einem Welpen ins Haus kommt, gehören ruhige Momente dazu und festigen die Mensch-Hund-Beziehung ungemein.

erst eingewöhnen soll. Zuerst sollte außerdem die Beziehung zu Ihnen gefestigt werden, bevor er längere Zeit von Ihnen getrennt ist, wenn Sie ihn nicht mitnehmen können. Außerdem ist das Immunsystem des Welpen noch nicht so stabil: Zu viel Trubel, Stress und Aufregung können der Gesundheit und der Psyche schaden.

Auch mehrstündige Einkaufsbummel mit der Familie sollten noch so lange warten, bis das Kerlchen diesen Touren sowohl körperlich als auch mental gewachsen ist.

Nutzen Sie Ihren Jahresurlaub, um sich intensiv mit Ihrem neuen Familienzuwachs zu beschäftigen und eine stabile Beziehung aufzubauen. Das wird sich in den kommenden zehn oder 15 Jahren auszahlen.

Der Alltag der Familie wird zunächst von den Bedürfnissen des Welpen bestimmt. Mehrmals täglich füttern und Gassi gehen, der Besuch von Welpengruppen und das Durchführen kleiner Übungen, viele kurze Spiel-

Kleine Hunde sind häufig sehr aktiv und brauchen ausreichend Beschäftigung und Bewegung.

und Schmuseeinheiten und natürlich Ruhephasen für den Welpen sollten in den Alltag einbezogen werden, was mitunter ein wenig Organisationstalent erfordert.

Gibt es Zweifel? Sind Sie bei einigen Fragen ins Grübeln gekommen, sollten Sie sich überlegen, ob jetzt wirklich der richtige Zeitpunkt gekommen ist, um ein Hundekind aufzunehmen. Vielleicht können Sie momentan nicht die Zeit aufbringen, die mit der Erziehung eines Hundes verbunden ist, eventuell lässt die Wohnsituation noch zu wünschen übrig oder Sie wollen sich noch

etwas besser auf ein Leben mit Hund vorbereiten. Dann sollten Sie sich die nötige Zeit gönnen und sich die Fragen zu einem späteren Zeitpunkt noch einmal stellen. Möglicherweise sind dann die Umstände für den Einzug eines jungen Vierbeiners günstiger.

Wenn Sie jedoch alle Fragen zum Wohle des Hundes beantwortet haben, sind Sie ein echter „Hundemensch".

Die erste Hürde ist genommen, doch nun steht Ihnen eine große Entscheidung bevor: Welcher Hund soll an Ihrer Seite leben?

Tipp   Platzangebot

Wenn Sie in einer Zwei-Zimmer-Wohnung leben, muss das noch lange kein Ausschlusskriterium für einen Berner Sennenhund oder Neufundländer darstellen. Viele Menschen wünschen sich für ihre 65 m²-Wohnung einen kleinen Hund, aber ein Jack-Russell-Terrier kann durchaus 10-mal aktiver sein als ein großer Hund.
Viele Menschen meinen: Kleiner Hund bedeutet wenig Arbeit, aber das ist ganz gewiss nicht so. Oftmals ist der „Riese" ruhiger als der kleine „Wirbelwind".

Die Wahl des richtigen Hundes

Berufen Sie den Familienrat ein, überlegen Sie gemeinsam und schreiben Sie auf, was Sie von Ihrem Hund erwarten. Wollen Sie Sport mit ihm treiben? Gibt es viele Treppen im Haus, die der Vierbeiner steigen muss? Möchten Sie viel Zeit in die Fellpflege investieren oder haben Sie es lieber kurz und praktisch? Wünschen Sie sich einen Hund, der an Ihrem Bein klebt und nur auf Ihr nächstes Signal wartet, oder können Sie sich eher eine etwas selbstständigere Hundepersönlichkeit vorstellen, die ihren „eigenen Kopf" hat? Leben Sie in einem Haus oder teilen Sie sich Flur, Treppen, Aufzug und Wände mit Nachbarn, die sich an Schmutz oder Gebell stören könnten? Schreiben Sie einfach alles auf, was Ihnen wichtig ist.

Die „inneren" Werte zählen

Leider werden Hunde noch viel zu oft nach Ihrem Äußeren ausgesucht und ihren „inneren Werten" wird viel zu wenig Beachtung geschenkt. Doch gerade diese sind ein wichtiger Hinweis darauf, wie sich Ihre gemeinsame Zukunft gestalten wird. Veranlagungen und Bedürfnisse gehören zu einem Hund wie Fellfarbe oder Größe und machen einen Teil seiner Persönlichkeit aus. Aber es spielen auch der Umgang mit dem Hund und seine Erziehung eine entscheidende Rolle im Hinblick auf seine Entwicklung.

Verschiedene Rassen

Sie sollten sich mit verschiedenen Rassen bzw. Hundetypen auseinandersetzen – auch wenn Sie einen Mischling wollen. Jede Rasse wurde ursprünglich für eine bestimmte Aufgabe gezüchtet und auf ihre Eigenschaften und Fähigkeiten selektiert. Der Job, den eine Rasse früher hatte, bestimmt auch heute noch in vielen Punkten das Verhalten der Vierbeiner und ist der Schlüssel zu einem besseren Verständnis. Warum hat der Dackel ständig die Nase am Boden? Warum apportieren Retriever gern? Warum gehen Neufundländer mit Wonne ins kalte Wasser? Warum will der Border Collie seinen Sozialverband zusammenhalten? Warum begegnet ein Owtscharka Besuchern misstrauisch?

All diese Fragen und noch viele andere lassen sich ganz schnell beantworten, wenn man sich mit den geschichtlichen Hintergründen befasst. Dadurch erhalten Sie auch Anhaltspunkte, ob ein Hund einer Rasse sich eher an einen einzelnen Menschen bindet oder gleich die ganze Familie ins Herz schließt, ob er eher ein gemütlicher Typ ist oder ein unermüdlicher Quirl. Das Wissen über die jeweilige Rasse kann Ihnen später bei der Erziehung weiterhelfen.

Natürlich kann eine Rassebeschreibung keine allgemeingültige Aussage über jeden Hund dieser Rasse geben, dazu sind diese Geschöpfe viel zu einzigartig. Es wird immer wieder Typen geben, die vom Standard abweichen, sei es im Äußeren oder in ihren Veranlagungen und „Hobbys". Doch eine Vorabinformation kann neugierig machen und Anlass geben, einen Hundetyp genauer unter die Lupe zu nehmen, beispielsweise durch Fachbücher, durch Gespräche mit Haltern, Züchtern und Hundefachleuten.

Sind Sie welpen-fit?

Eine große Aufgabe

Einen Welpen aufzunehmen, ist eine große Verantwortung. In den ersten Monaten werden die Weichen für sein weiteres Leben gestellt. Ihr Engagement entscheidet wesentlich darüber, ob aus dem Zwerg ein ausgeglichener Vierbeiner wird, der entsprechend seiner Veranlagung gefördert und gefordert wird, der sich souverän neuen Situationen stellt, verträglich mit Artgenossen und Menschen umgeht und der gemeinsam mit Ihnen Ihren Alltag erlebt.

Vorher überlegen

Holen Sie sich nicht übereilt oder aus einer momentanen Laune heraus einen Welpen ins Haus. Überlegen Sie bitte vorher genau, ob Sie fit für einen Welpen sind. Dabei helfen die hier aufgelisteten Fragen. Wenn Sie alle Fragen mit „Ja" beantworten können, kann man Sie und Ihren künftigen Welpen nur beglückwünschen und Sie können sich an die Herausforderung wagen.

Familie einbeziehen

> Freuen sich alle Familienmitglieder auf den vierbeinigen Zuwachs und sind sie bereit, sich um ihn zu kümmern?
> Besitzen die für die Erziehung auserkorenen Familienmitglieder die nötige Reife, die Konsequenz und das Durchsetzungsvermögen?
> Ist gewährleistet, dass kein Familienmitglied allergisch auf Hundehaare reagiert?
> Werden sich eventuell bereits vorhandene Hunde oder Katzen erwartungsgemäß mit dem Welpen vertragen oder sich zumindest mit ihm arrangieren?

Rahmenbedingungen

> Lassen die Wohnverhältnisse die Hundehaltung zu und ist der Vermieter damit einverstanden? (Sie sollten sich eine schriftliche Einverständniserklärung geben lassen.)
> Ist es für mich selbstverständlich und bin ich finanziell in der Lage, alle gesundheitlichen Vorsorgemaßnahmen durchzuführen und bei einer Erkrankung die tierärztliche Behandlung zu sichern?
> Bietet mein Auto dem ausgewachsenen Hund genügend Platz?

Zeit aufbringen

> Kann ich die Zeit aufbringen, mich intensiv mit dem Hund zu beschäftigen?
> Bin ich bereit, mehrmals täglich bei Wind und Wetter mit meinem vierbeinigen Kumpel spazieren zu gehen?
> Wird der Hund in der Welpenphase kaum und später nicht mehr als vier bis fünf Stunden täglich allein sein müssen?
> Kümmert sich jemand um den Hund, falls ich aus gesundheitlichen oder beruflichen Gründen, beispielsweise wegen einer Geschäftsreise, kurzzeitig nicht dazu in der Lage sein sollte?
> Wird der Hund im Urlaub an meiner Seite bleiben können oder in dieser Zeit anderweitig gut untergebracht sein?

Den Hund fördern

> Biete ich dem Hund dauerhaft genügend Kontakt zu Artgenossen?
> Bin ich bereit und habe ich die finanziellen Möglichkeiten, gegebenenfalls Hundetraining zu absolvieren?
> Macht es mir Spaß, den Vierbeiner entsprechend seiner Veranlagung zu fördern und zu beschäftigen?
> Bleibt der Hund ein Hund und wird nicht als ein „putziges vierbeiniges Kind mit Pelz" betrachtet?
> Macht es mir Spaß, mich für meinen Hund schlau zu machen und seine „Sprache" zu lernen?

Rüde oder Hündin?

Nach der Wahl der Rasse sollten Sie sich für das Geschlecht des Hundes entscheiden. Ob der Hund eine enge Beziehung zu Ihnen eingeht, hängt nicht von seinem Geschlecht ab, sondern in erster Linie von Ihrem Engagement, das Sie ihm und seiner Erziehung entgegenbringen, und von der jeweiligen Hundepersönlichkeit. Doch es gibt natürlich auch gewisse Unterschiede zwischen den beiden Geschlechtern.

Rüden

Im Rassevergleich sind Rüden meist größer und schwerer als die etwas zierlicheren Hündinnen. Einige erwachsene Rüden markieren „ihr" Gebiet sehr ausgeprägt. Das bedeutet, dass sie ihr Revier mit Urin abgrenzen. Das kann schon lästig sein, wenn der Kerl alle zehn Meter stehen bleibt und sein Bein hebt. Durch Erziehung kann man ihm jedoch durchaus beibringen, wo es erlaubt ist und wo nicht

Wenn junge Hundemänner in die Pubertät kommen (etwa zwischen dem fünften bis neunten Lebensmonat), kann es passieren, dass sie auf allen passenden und unpassenden Gegenständen aufreiten, sei es das gute Sofakissen oder der große Teddy der Toch-

ter. Hier sollten dem Halbstarken unbedingt Grenzen gesetzt werden, vor allem, weil aufreiten nicht immer mit Sexualität zu tun hat, sondern auch Imponiergehabe sein kann. Hintergrund kann auch eine Übersprungshandlung aus Aufregung heraus sein. Dann wäre es sinnvoll, einen anderen Weg der Stresskompensation zu finden.

Rüden können gerade bei Begegnungen mit anderen Rüden den Macho herauskehren. Doch selten kommt es bei diesen Raufereien zu ernsthaften Verletzungen. Meistens handelt es sich um Auseinandersetzungen, in denen sich die Hunde „positionieren", und diese sehen bedrohlicher aus, als sie tatsächlich sind.

Rüden gelten landläufig als schwerer händelbar als ihre weiblichen Artgenossen. Sicherlich lässt sich das so pauschal nicht sagen, denn das ist sehr individuell und auch eine Frage der Erziehung. Tatsache ist, dass den unkastrierten Rüden häufig ihre Hormone in die Quere kommen, die es ihnen manchmal schwerzumachen scheinen, sich auf den Menschen zu konzentrieren.

Es gibt Rüden, die jede Gelegenheit nutzen, von zu Hause auszubüxen, um einer läufigen Hundedame ihre

Auf dem Weg zum Erwachsenwerden entdecken Rüden das Markieren und fangen an, das Bein zu heben.

Aufwartung zu machen. Diese Streuner verleihen ihren Sehnsüchten lautstark Ausdruck, was sehr zu Lasten der Zweibeiner in der Umgebung gehen kann und zudem eine Menge Stress für den Rüden bedeutet!

Hündinnen

Sie werden im Alter von sechs bis zwölf Monaten das erste Mal läufig, was sich von nun an regelmäßig etwa alle sechs, sieben, acht Monate wiederholt. Die Läufigkeit dauert ca. drei Wochen. Für den Halter, der keinen Nachwuchs möchte, bedeutet dies, Verantwortung zu zeigen und dafür zu sorgen, dass seine Hündin nicht gedeckt wird. Je nach Rüdenaufkommen in der Nachbarschaft und deren Erziehung kann dies jedoch mühsam bis fast unmöglich sein. Eventuell muss man sich während dieser Zeit darauf einstellen, mit dem Auto Spazierwege abseits der üblichen Routen aufzusuchen, um von aufdringlichen Hundeverehrern verschont zu bleiben.

Nimmt man zwei Welpen gleichzeitig bei sich auf, so kommen diese auch ungefähr zur gleichen Zeit ins Flegelalter. Es will gut überlegt sein, ob diese Herausforderung zu bewältigen ist.

Einige Hündinnen leiden unter sehr ausgeprägter Scheinträchtigkeit. Dieser hormonelle Zustand, der dem Körper eine Trächtigkeit vorgaukelt, tritt bei allen Hündinnen auf, jedoch oftmals für den Halter unbemerkt.

In der schweren Verlaufsform kann dies der Hündin sehr zu schaffen machen und den Menschen viele Nerven kosten. Der Vierbeiner zeigt Verhaltensänderungen, schleppt Spielsachen durch die Wohnung, ist unruhiger oder schläft plötzlich viel und will nichts mehr mit Ihnen unternehmen. Die hormonellen Schwankungen können für die Hündin Stress bedeuten, können müde machen oder zu Aggressivität führen. Auch wenn es sich nicht um eine Krankheit handelt, leiden manche Hündinnen unter der Scheinträchtigkeit.

Generell lösen sich Hündinnen beim Spaziergang nicht so oft wie Rüden, doch es gibt auch einige selbstbewusste Damen, die durch Pinkeln ihr Territorium markieren. Gerade während der Läufigkeit setzen sie beim Spaziergang häufiger Urin ab.

Übrigens: Wird Ihre (nicht läufige) Hündin von aufdringlichen Rüden stark bedrängt, sollten Sie den Hundehalter bitten, seinen Hund heranzuholen.

Fazit

Egal, ob Sie sich für einen Rüden oder eine Hündin entscheiden – schlussendlich sind die angeborenen und erworbenen Eigenschaften entscheidend. Auch unsere Erziehung und unser Umgang mit dem Hund sind ausschlaggebend für sein Verhalten.

Welpen im Doppelpack?

Viele künftige Hundehalter wissen, dass sie zwei Vierbeiner halten wollen und überlegen deswegen, ob sie gleich

zwei Welpen kaufen sollen. Andere können sich einfach nicht zwischen zwei süßen Knirpsen entscheiden und spielen mit dem Gedanken, einfach beide mitzunehmen. Von der Anschaffung zweier Welpen möchten wir jedoch dringend abraten. Es ist schon eine große Aufgabe, sich neben dem normalen Alltag auf einen Welpen zu konzentrieren, ihn zu erziehen, zu fördern, zu beschäftigen und eine innige Beziehung aufzubauen. Bei zwei Youngstern geht dies nicht etwa in einem Rutsch, sondern der Aufwand verdoppelt beziehungsweise potenziert sich. Sie sollten mit jedem Welpen einzeln trainieren, mit ihm spielen und schmusen. Sie müssten darauf achten, dass sich die Kleinen nicht zu eng aneinander, sondern in erster Linie an Sie „binden". Sonst kommen sie später vielleicht beide nicht, wenn sie gerufen werden, weil sie zu sehr miteinander beschäftigt sind.

Es ist auf alle Fälle besser, erst einen Welpen aufzunehmen und, wenn die-

ser zu einer stabilen Hundepersönlichkeit mit solidem Grundgehorsam und einer guten Beziehung zum Menschen herangewachsen ist, einen zweiten Kumpel dazuzugesellen.

Die Qual der Wahl

Nachdem Sie aufgeschrieben haben, welche Eigenschaften Sie von Ihrem Hund erwarten, können Sie diese nun mit den Informationen zu den einzelnen Rassen vergleichen, die Sie durch Lektüre und Gespräche gesammelt haben. Bald wird sich zeigen, zu welcher Rasse oder welchem Mischlingstyp Sie tendieren, und vielleicht wissen Sie schon ganz genau, welcher Vierbeiner es sein soll.

Wer jedoch unsicher ist und sich nicht entscheiden kann, sollte die Möglichkeit in Anspruch nehmen, sich von einer Fachperson beraten zu lassen. Diese kann Sie kompetent auf dem Weg zum Erwerb des Welpen begleiten, angefangen von der Entscheidung für die passende Rasse oder einen Mischling bis zur Auswahl eines bestimmten Hundes. Nehmen Sie die einzelnen Hundepersönlichkeiten vor Ort gemeinsam mit einer fachlich versierten Person in Augenschein und erhalten so wichtige Tipps.

Welpen aus einem Wurf – und dennoch ist jeder in seinem Verhalten und seinen Charakterzügen unterschiedlich und einzigartig.

Alle möglichen Zweifel sind ausgeräumt und Sie haben den Entschluss gefasst, Ihr Leben mit einem Hund zu teilen – damit beginnt eine spannende Zeit! Doch trotz aller Vorfreude und durchaus verständlichen Ungeduld: Gerade jetzt ist ein klarer Kopf gefragt. Der neue Mitbewohner wird die nächsten zehn bis 15 Jahre an Ihrer Seite bleiben, wählen Sie ihn mit Bedacht aus und lassen Sie Ihr Herz und Ihren Verstand sprechen.

Lassen Sie sich Zeit

Viele Menschen nehmen mehr Zeit, Wege und Aufwand auf sich, um ein Auto zu kaufen als den richtigen Welpen zu finden. Dies mag daran liegen, dass ein Blechvehikel mehrere Tausend Euro kostet – also ein Vielfaches des Welpenpreises. Doch bei der Anschaffung des Welpen geht es um viel mehr als um Geld, es geht um ein Geschöpf, das sein Leben mit Ihnen teilen und im besten Fall Ihr Freund wird und Ihnen bedingungsloses Vertrauen entgegenbringt. Den Grundstock dafür legen Sie bei der Auswahl.

Deswegen sollten Sie sich möglichst viele Optionen offen halten, Welpe(n) und „Anbieter" genau unter die Lupe nehmen und erst nach reiflicher Überlegung entscheiden – Spontankäufe sind hier fehl am Platz!

Herz und Verstand gehören bei der Auswahl des neuen Familienmitglieds mit dazu!

Ein Welpe vom Züchter

Der Züchter wird Ihr Ansprechpartner sein, wenn es ein Welpe einer bestimmten Rasse sein soll. Am besten schauen Sie sich mehrere Züchter an, um Vergleiche anstellen zu können. Es gibt verschiedene Möglichkeiten, Züchteradressen in Erfahrung zu bringen.

Ein seriöser Züchter ist einem Verein angeschlossen. Diese Vereine erteilen eine Zuchtzulassung, begutachten die Unterbringung der Hunde und ein Zuchtwart kontrolliert jeden Wurf – erst dann wird die Ahnentafel ausgestellt. Diese Vereine gehören meist einem Verband an, zum Beispiel dem Verband für das Deutsche Hundewesen (VDH). Dort bekommen Sie die Adresse der Zuchtvereine Ihrer Wunschrasse und von den Vereinen wiederum erhalten Sie Adressen von Züchtern.

Sie können natürlich auch im Internet stöbern, viele Züchter haben eine eigene Website. Bei einer Ausstellung oder einer Prüfung können Sie Züchter und Hunde live erleben. Dort haben Sie die Möglichkeit, mehrere Züchter kennenzulernen, sich mit ihnen zu unterhalten und einen ersten Eindruck zu gewinnen.

Ideal ist es, sich nach Empfehlungen anderer Hundehalter umzuhören, beispielsweise bei Hundebesitzern aus Ihrem Bekanntenkreis.

Besuch beim Züchter

Wenn Ihnen nach einem ersten telefonischen oder persönlichen Kontakt der Züchter, sein Umgang mit seinen Hunden und seine „Philosophie" zusagen, sollten Sie einen Besuchstermin vereinbaren und sich Menschen und Vierbeiner in ihrem Umfeld ansehen. Denn erst dort können Sie einschätzen, wie viel Engagement für die Aufzucht aufgebracht wird und wie sich die Hunde Menschen gegenüber verhalten.

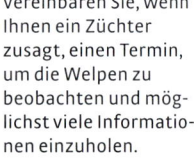

Vereinbaren Sie, wenn Ihnen ein Züchter zusagt, einen Termin, um die Welpen zu beobachten und möglichst viele Informationen einzuholen.

Umgekehrt hat ein guter Züchter ein genauso großes Interesse daran, Sie und Ihre Lebensumstände kennenzulernen. Eventuell wird er Sie besuchen wollen, um sich ein Bild zu machen. Schließlich möchte er ganz sicher gehen, dass Sie der richtige Mensch für seinen Nachwuchs sind. Er wird sich Zeit für Sie nehmen, Ihnen seine Hunde und deren Unterbringung ausführlich zeigen und sein Zuchtziel erklären. Im Idealfall sollten an den ersten beiden Stellen Gesundheit und Sozialverträglichkeit stehen, erst danach kommen Schönheit, Ausstellungserfolge und die Eignung für bestimmte Gebrauchsaufgaben. Wenn Sie einen Arbeitshund wollen, ist die Leistung natürlich ausgesprochen wichtig.

Auch wenn es sich Ihrerseits um einen reinen Informationsbesuch handelt, sind Sie herzlich willkommen. Ein guter Züchter wird gern und kompetent all Ihre Fragen beantworten, da es ihn freut, dass Sie mit so viel Sorgfalt an die Auswahl des neuen Familienmitglieds herangehen.

Arbeits- und Schönheitslinien

Früher wurden Hunde fast ausschließlich auf Leistung gezüchtet, das heißt, das Äußere war zweitrangig, vielmehr kam es darauf an, was sie in ihrem „Job" leisteten. Seit die ersten Rasseclubs gegründet wurden, hat sich das geändert. Auf Ausstellungen gab es Preise für die Schönheit und so kam es, dass sich bei vielen Rassen neben Leistungs- auch Schönheitslinien (Showlinien) bildeten. Für einen Welpenkäufer, der mit dem Hund nicht in dessen „ursprünglichem Beruf" arbeiten möchte, bedeutet dies, dass er sich nicht für einen Hund aus einer Leistungslinie entscheiden sollte. Diese brauchen meistens viel mehr Beschäftigung als die Hunde, die für die Haltung in der Familie gezüchtet wurden. Das heißt aber auf keinen Fall, dass Hunde aus Schönheitslinien ihr altes Erbe vergessen haben. Bei den meisten Hunden aus der Showrichtung kann man ihre ursprünglichen Talente ganz leicht „herauskitzeln". Eine entsprechende Auslastung/Beschäftigung ist auch hier sinnvoll und notwendig.

Info Weite Wege

Bei der Suche nach einem guten Züchter sollten Sie sich nicht auf ihre Stadt, Nachbarorte oder den Landkreis beschränken, sondern unter Umständen auch mehrere Hundert Kilometer zurücklegen. Viele Fahrten werden während der ersten Wochen nötig sein, wenn Sie die Enwicklung Ihre Hundes begleiten möchten. Sehen Sie dabei aufgewendete Zeit und Strecke als eine Investition in die gemeinsame Zukunft.

Wartezeiten

Welpen sind keine Ware, die man ordert, in ein Regal stellt und bei Bedarf abverkauft. Auf einen Welpen, sei es von einem bestimmten Züchter, aus einer bevorzugten Verbindung oder einer seltenen Rasse, muss man mitunter lange warten, manchmal sogar ein ganzes Jahr. Diese Zeit ist nicht verloren, denn sie bietet Ihnen Gelegenheit, sich intensiv auf den neuen Mitbewohner vorzubereiten, sich Fachwissen anzueignen und vielleicht auch den einen oder anderen „Trockenkurs", beispielsweise in Form von Seminaren, zu besuchen. Natürlich wird die Praxis später vieles von dem Gelernten auf den Kopf stellen, dennoch erhalten Sie dabei eine Reihe wichtiger Informationen von unschätzbarem Wert. So werden Sie später gezielt auf Ihren Hund und seine Bedürfnisse eingehen können.

Wie erkennt man einen guten Züchter?

> Er gibt Ihnen bereitwillig und fachkundig Auskunft und speist Sie nicht mit Phrasen ab.

> Die Interessenten dürfen die Hunde spätestens ab der vierten Lebenswoche besuchen. So kann sich der Züchter frühzeitig ein Bild von den Interessenten machen. Außerdem können Sie so die Hunde kennenlernen und die Welpen Sie. Übrigens tragen solche Besuche zur Sozialisierung der Kerlchen bei, denn sie haben Kontakte zu fremden Menschen und sammeln dabei positive Erfahrungen – beste Voraussetzungen, um sich Menschen gegenüber freundlich und aufgeschlossen zu verhalten.

> Die Hunde sind gepflegt und freundlich zu Menschen. Die Mutter sieht bestimmt gerade nicht wie ein Ausstellungschampion aus, das ist aber bei den Anstrengungen, die die Aufzucht mit sich bringt, normal.

> Der Züchter kann Ihnen genau erklären, warum er sich für eine bestimmte Verpaarung entschieden hat.

> Die Welpen können in einem Garten mit vielen Spielmöglichkeiten die „Welt" entdecken, nach Herzenslust miteinander toben und haben dort als Schutz eine Hütte. Sie haben Familienanschluss, leben im Haus und sind nicht isoliert in einem Zwinger oder Stall untergebracht

> Ein seriöser Züchter hat maximal einen Wurf zur Zeit, da er genug Zeit und Muße für die Hunde aufbringen möchte, um sich mit ihnen zu beschäftigen.

> Ein guter Züchter kennt seine Welpen und kann Ihnen zu jedem etwas erzählen. Dazu gehören bisher erkennbare Charaktereigenschaften und auch kleine Anekdoten. Weiß er nichts über die Kleinen zu berichten, können sie ihm auch nicht am Herzen liegen.

> Dem Züchter ist es wichtig, dass Sie ihn über die Entwicklung des Hundes auf dem Laufenden halten und bietet Ihnen an, bei später auftretenden Fragen beratend zur Seite zu stehen.

Hunde aus dem Tierheim

Es lohnt sich immer, beim Tierschutz-verein nachzufragen! Welpen werden zwar schnell vermittelt, doch es kommt immer wieder vor, dass ein gan-zer Wurf oder eine trächtige Hündin abgegeben werden. Die Mitarbeiter ei-nes engagierten Tierschutzvereins werden sich die Mühe machen, die Kleinen mit möglichst vielen Men-schen, Tieren und Umweltsituationen vertraut zu machen, um die Welpen bestmöglich auf ihr weiteres Leben vorzubereiten. Wenn Papiere für Sie nicht von Bedeutung sind, lohnt es sich auf jeden Fall nachzufragen. Bei Tier-schutzvereinen sind Vor- und Nach-kontrollen gang und gäbe, denn sie wollen ihre Tiere nicht schnell loswer-den, sondern ihnen ein tiergerechtes Zuhause für den Rest ihres Lebens ver-mitteln.

Aus der Nachbarschaft

Es kommt immer wieder vor, dass in der Nachbarschaft Welpen abzugeben sind. Meist handelt es sich um Welpen aus ungeplanten Würfen, oftmals Mischlinge. Seltener sind es Hunde, de-ren Eltern beide der gleichen Rasse an-gehören.

Die Bandbreite dessen, was Sie dort erwarten kann, ist riesengroß. Es gibt Hundehalter, die sich der Verantwor-tung für ihr Tier nicht bewusst sind und ihre Hündin während der Läufig-keit unbeaufsichtigt lassen. Manche Rüdenbesitzer sind sogar stolz darauf, dass ihr vierbeiniger Macho selbstbe-wusst durchs Revier streunt und jede „heiße" Hündin beglückt. Es gibt leider immer noch Halter, die ganz bewusst Mischlinge „produzieren" und diese dann gegen Entgelt – meist ohne Auf-wand – verkaufen.

Wer auf Papiere ver-zichten kann, der kann sich auch im Tierheim oder bei einer Tier-schutzorganisation nach einem Welpen umsehen

Wie auch immer der Wurf entstanden ist, wenn Sie einen solchen Welpen bei sich aufnehmen wollen, sollten Sie darauf achten, dass seine Menschen das Beste aus der Situation machen und mit Eifer an die Aufzucht herangehen. Auch „Laien" können ihren Welpen einen guten Start ins Leben ermöglichen, wenn sie sich das nötige Fachwissen anlesen und Rat bei ihrem Tierarzt, Züchtern und/oder Mitarbeitern des Tierschutzes holen. Ein ungeplanter Wurf sollte jedoch die Ausnahme bleiben, denn die Tierheime sind voll mit Hunden, die nicht (mehr) gewollt sind und kein Zuhause finden.

Vorsicht, Hundevermehrer!

Das Image von Züchtern ist angekratzt. Dies liegt, wie so oft, an den vielen „schwarzen Schafen", die sich leider auch in diesen Reihen tummeln. Doch Züchter ist nicht gleich Züchter, und man muss sorgfältig zwischen fach-

Informieren Sie sich vorab ausführlich, bevor Sie sich für einen Welpen entscheiden.

kundigen und engagierten Menschen, die ihre Leidenschaft zum Hobby gemacht haben, und gewissenlosen oder leichtfertigen Vermehrern unterscheiden. Seien Sie sich dessen vorher bewusst! Denn wenn man die kleinen Kerlchen erst einmal sieht oder im Arm hält, fällt es oft sehr schwer zu widerstehen, sogar wenn man erkennt, dass sie die „Produkte" einer „Hundefabrik" sind. Bleiben Sie bitte hart und versuchen Sie nicht, die Kleinen aus Mitleid zu retten, auch wenn es grausam erscheint. Für jeden profitbringend verkauften Welpen rücken mehrere der armen Wesen nach, und dadurch werden noch mehr Hündinnen verdammt, ihr Leben als Gebärmaschinen in dunklen Verschlägen zu fristen.

Auch dem neuen Herrchen wird die Freude am neuen Hausgenossen schnell vergehen: Der vermeintlich günstige Preis rächt sich häufig, da aus solchen Verhältnissen stammende Tiere oft krank werden und aufwändig und kostenintensiv tierärztlich betreut werden müssen – viele von ihnen werden noch nicht einmal ein halbes Jahr alt oder sind ihr Leben lang chronisch krank. Ganz zu schweigen von den Verhaltensauffälligkeiten, die durch die meist isolierte Haltung beziehungsweise die nicht durchdachte Verpaarung entstehen können.

Tipp   Korrekte Ahnentafel

Auch wenn mit Papieren geworben wird, können diese wertlos sein. Sie zahlen für eine Ahnentafel, die maximal das Papier wert ist, auf dem sie geschrieben wurde. Eine korrekte Ahnentafel zu erkennen, ist für den Laien schwer. Am besten fragen Sie beim zuständigen Dachverband nach, ob „Ihre" Ahnentafel anerkannt ist.

Das Märchen vom „Alphahund"

Bei der Auswahl des Welpen lassen Sie sich bitte nicht von „Hundekennern" irritieren, die gute Ratschläge erteilen, dass man sich bloß keinen „Alphahund" kaufen solle – diesem wird nachgesagt, dass er auf ewig an der Autorität seines Menschen kratzen wird. Ein Hund wird nicht als „Alphahund" geboren, denn es gibt keine Alphahunde!

Welche Rechte und Privilegien sich der Hund herausnimmt, entscheidet ganz allein sein Mensch. Lässt dieser Konsequenz und Souveränität im Umgang mit dem Vierbeiner missen, wird sich vielleicht auch ein bis dato „scheues Reh" genötigt sehen vorzugeben, wo es lang geht, weil der Mensch es nicht zu können scheint.

Wer die elementaren Grundzüge der Hundesprache nicht beachtet, bekommt mit (nahezu) jedem Hund Probleme!

Es kann durchaus sein, dass ein besonders „kerniger" Welpe später sehr umgänglich ist, weil seine Menschen ihm von Anfang an gezeigt haben, wo die Grenzen sind. Umgekehrt kann ein sanftes Kerlchen ein echter Tyrann werden, weil es von seinen Besitzern in jeder Lebenslage verhätschelt und ihm jeder Wunsch von den Augen abgelesen wird. Der Hund erhält dadurch das Gefühl, dass sein Mensch keine „Führungsqualität" besitzt und keine Sicherheit bieten kann.

Doch diese Führungsqualität benötigt der Mensch, damit der Hund Halt und Orientierung bekommt. Aus Hundesicht braucht der Sozialverband eine klare Struktur. Wenn wir die Spielregeln nicht festlegen, dann wird es der Hund in Kürze tun, obwohl er sich in dieser Rolle meistens gar nicht wohlfühlt.

Unseriöse Züchter

Damit Sie nicht auf solche Vermehrer hereinfallen, sollten Sie die Finger von den Welpen lassen, wenn einer der folgenden Punkte zutrifft:

> In einem Zeitungsinserat werden mehrere Rassehunde (meist solche, die gerade in Mode sind) sowie „viele nette Mischlinge" angeboten: Die sich meist dahinter verbergenden Vermehrer wissen allerdings, dass man ihnen damit auf die Schliche kommen kann, und verteilen ihr Angebot oft auf verschiedene Anzeigen in einer Zeitungsausgabe. Deswegen sollten Sie auch die Telefonnummern verschiedener Annoncen vergleichen.

> Der Anbieter zeigt Ihnen nur die Welpen und Sie haben nicht die Möglichkeit, deren Mutter zu sehen. Manchmal wird stattdessen auch einfach eine andere Hündin gezeigt. Mütter erkennt man immer an ihren ausgeprägten Zitzen.

> Es wird Ihnen verweigert, die Unterbringung der Welpen begutachten zu dürfen.

> Der Verkäufer kann Ihnen bei Rassehunden nichts über den Vater der Welpen und dessen Charakter erzählen. Die wenigsten Züchter halten zwar ihre Deckrüden selbst und können Ihnen diese zeigen, sollten Ihnen jedoch erklären können, warum sie sich für diesen Hund als Vater der Welpen entschieden haben.

> Welpen sollten keine Angst haben. Eine gewisse Vorsicht ist bei schüchternen Welpen durchaus normal, doch diese sollte sich schnell legen. Verstecken sich die Kerlchen beim Anblick eines Menschen und sind in ihrer Wachphase durch nichts zu bewegen, aus ihrer Kiste zu kommen, hatten sie bisher wohl kaum Kontakt zu Zweibeinern oder sind viel zu früh von der Mutter getrennt worden.

> Die Welpen werden schon in der sechsten bis siebten Woche abgegeben. Eine Trennung von der Mutter und den Geschwistern ist zu diesem Zeitpunkt zu früh.

> Manchmal ist auch alles zu perfekt bei Händlern. Sooooo steril kann es gar nicht sein. Vorsicht: Auch Händler lernen dazu und werden immer geschickter. Nehmen Sie eine kompetente Person mit, die Sie berät, dann kann relativ wenig schiefgehen.

Dieser Welpe soll es sein

Die Auswahl eines Welpen ist immer auch emotional und es ist wichtig, dass man sich in einen Welpen „verliebt". Damit meinen wir jedoch nicht, dass Sie den ersten, der auf Sie oder Ihre Kinder zugelaufen kommt, mitnehmen sollen. Es handelt sich um einen Entscheidungsprozess, in den gegebenenfalls vorhandene Kinder mit einbezogen werden können – allerdings sind sie noch nicht in der Lage zu entscheiden, welcher Hund in die Familie passt.

Vertrauen Sie auf die Einschätzung der Züchter. Sie kennen die Kleinen von Geburt an, haben ihre Entwicklung begleitet und erleben sie tagtäglich mehrere Stunden. Sie können die kleinen Racker viel besser beurteilen als Sie nach einigen Besuchen von zwei oder drei Stunden. Sie wissen, wer beim Spiel die kleine Nase vorn hat, wer zuerst die Initiative ergreift oder ob ein Querulant dabei ist, der ständig seine Geschwister piesackt.

Am besten treffen Sie die Entscheidung gemeinsam mit dem Züchter, welcher Welpe Ihr neues Familienmitglied werden soll.

Lahmen, ständiges Kopfschütteln oder Kratzen sowie eine unnormale Körperhaltung sind jedoch Alarmzeichen und können auf eine Erkrankung oder auf Parasitenbefall hinweisen, genau wie Schniefnasen, Ausfluss aus den Augen oder stark verschmutzte Ohren. Fragen Sie nach erfolgten Impfungen und Entwurmungen und hinterfragen Sie, welche Krankheiten die Eltern bisher hatten. Lassen Sie sich tierärztliche Untersuchungsergebnisse zeigen, sofern diese vom Rasseverein vorgeschrieben sind. Bei vielen Rassehunden gibt es einen Wesenstest, dessen Ergebnis Sie anschauen sollten.

Die Welpen sollten einen gesunden, munteren Eindruck machen. Unter Geschwistern kann es übrigens auch mal wilder zugehen.

Beschäftigen Sie sich auch mit der Mutter und – wenn vorhanden – mit den Geschwistern. Verhalten Sie sich so, wie Sie sich Ihren künftigen Hausgenossen wünschen? Sind die Hunde freundlich zu Menschen und lassen sie sich auch gern streicheln?

Lassen Sie sich jedoch nicht irritieren, wenn die Mutter ihre Welpen gegen fremde Menschen verteidigt.

Info Auswahlkriterien

Grundsätzlich sollten Sie bei der Auswahl des Welpen auf folgende Punkte achten:

> Die Welpen sind munter und gehen ohne Angst auf Menschen zu, es sei denn, sie sind gerade müde oder wachen auf, dann können sie natürlich schläfrig sein.

> Sie sind neugierig und aufgeweckt und spielen außerhalb ihrer Schlafphase miteinander.

> Sie sind gesund. Schauen Sie genauer hin, wenn einer der Kleinen ein Häufchen macht – es sollte wohlgeformt sein.

> Die Bewegungen dürfen ruhig noch tollpatschig wirken.

Wenn Sie den Welpen abholen, sollte die vollständige Welpenausstattung vorhanden sein. In einem guten Fachgeschäft oder Onlineshop bekommen Sie alles, was Sie brauchen. Achten Sie beim Kauf auf hochwertige Produkte und schließen Sie Verletzungsgefahren aus.

Die Einkaufsliste

Halsband mit Adresse

Fragen Sie den Züchter, welche Länge das Halsband für den Welpen haben soll. Wählen Sie ein Modell aus, das dem Welpen jetzt passt, jedoch in der Länge verstellbar ist, damit Sie es während des Wachstums anpassen können und nicht gleich ein neues brauchen. Gut eignen sich Nylonhalsbänder, sie sind weich und angenehm zu tragen. Sie können aber auch ein Lederhalsband nehmen. Kettenhalsbänder sind kalt und unangenehm. Außerdem ziehen sie sich zu, denn der Welpe kann noch nicht ordentlich „bei Fuß" gehen. Dadurch verbindet er das An-der-Leine-Gehen mit einem negativen Erlebnis. Zudem „bimmelt" es neben dem so feinen Hundeohr, sie lassen sich ausschließlich über den Kopf ziehen, sind nicht verstellbar und machen außerdem das Fell kaputt.

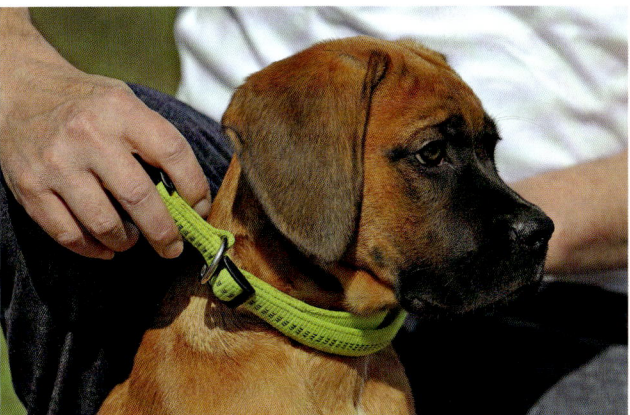

Bitte wählen Sie lieber ein breites als ein schmales Halsband aus, um den Hundehals zu schonen. Es gibt sowohl Schnallen- als auch Schnappverschlüsse, wobei Schnallen haltbarer sind, denn bei den anderen besteht Bruchgefahr.

Wählen Sie ein breites Leder- oder Stoffhalsband für den Welpen aus. Es sollte so anliegen, dass Ihr Hund nicht herausschlüpfen kann.

Bei der Auswahl des Hundezubehörs ist darauf zu achten, dass die Gegenstände für einen jungen Hund mit meist großem Kaubedürfnis angemessen sind. Weidenkörbe laden zum Anknabbern ein.

Ein Adressanhänger ist wichtig, falls der Kleine einmal ausbüxt, damit der Finder Sie dann schnell benachrichtigen kann. Es gibt sie in verschiedenen Ausführungen. Der Anhänger sollte so klein wie möglich sein, damit er den Welpen durch das Baumeln nicht stört, allerdings sollte er groß genug sein, damit Ihre Telefonnummer Platz darauf findet. Besonders langlebig sind solche Anhänger, in die die Nummer eingraviert wird. Allerdings sollte dieser bitte nicht am Halsband klimpern, denn Hunde hören so gut, dass ein Dauergeräusch direkt neben ihrem Ohr äußerst nervend sein kann. Sie können sich auch für ein Täschchen entscheiden, in das sowohl Ihre Adresse als auch die Hundemarke passen, die am Hund mitzuführen ist.

Lassen Sie Ihren Hund zur Sicherheit in einem Haustierregister aufnehmen, damit er besser identifiziert werden kann, sollte er einmal weglaufen sein.

nommen", wobei sie sich an den spitzen Hölzchen verletzen können.

Sollten Sie sich für einen Korb als Liegeplatz für Ihren Hund entscheiden, dann wählen Sie einen aus, der auch dem erwachsenen Vierbeiner genug Platz bietet, damit Sie später keinen neuen kaufen müssen. Legen Sie außerdem Wert auf eine gute Reinigungsmöglichkeit. Das Kissen sollte sich problemlos bei 60 °C waschen lassen.

Die Leine

Hier entscheidet man sich am besten für ein leichtes Modell aus Nylon oder Leder mit einer Länge von 1,5 bis zwei Metern.

Die Schleppleine (eine 5–10 Meter lange, dünne Leine) leistet Ihnen gute Dienste, wenn Sie z. B. das Heranrufen üben. Ihr Welpe lernt dadurch, sich in einem bestimmten Radius aufzuhalten.

Das Körbchen

Im Fachhandel werden verschiedenfarbige Kunststoffschalen angeboten, in die eine waschbare Decke oder ein Kissen gelegt werden können. Sie lassen sich leicht reinigen und sind sehr robust. Ein Weidenkorb wird gerade von jungen Hunden gern „auseinanderge-

Tipp   Versicherung

Ganz wichtig ist es, eine Haftpflichtversicherung abzuschließen! Der Kleine braucht vor Schreck nur mal einen Satz zur Seite zu machen, schon kann ein vorbeifahrender Radfahrer zu Fall kommen und ein hoher Schaden entstehen. Deshalb sollten Sie lieber auf Nummer sicher gehen.

Transportbox oder Kennel

Diese Box ist eine tolle Hilfe für den Transport im Auto, vorausgesetzt, der Hund wurde bereits im Vorfeld damit vertraut gemacht. Zudem sollte jeder Welpe lernen, sich ohne Angst und Jammern im Kennel aufzuhalten, denn dies ist nicht nur bei Reisen, zum Beispiel bei einer Übernachtung im Hotel,

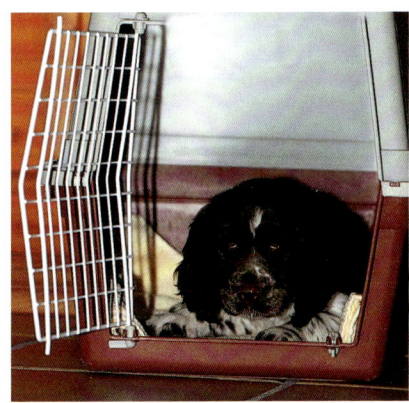

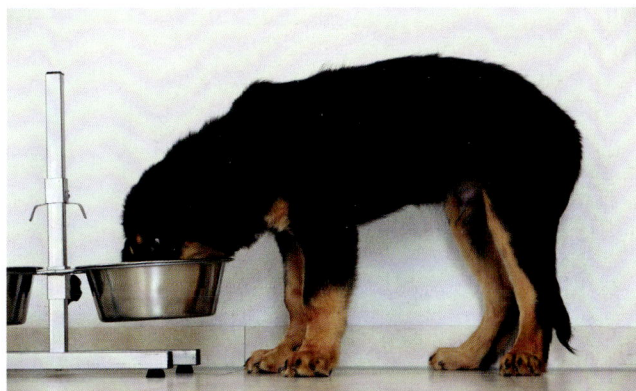

für uns Menschen sehr angenehm, sondern auch für den Hund, der dadurch sein gewohntes Zuhause immer mit dabeihat.

Noch ein Pluspunkt: Gerade nachts ist der Welpe im Kennel gut untergebracht, da er nicht unbemerkt durch die Wohnung turnen kann, um Kabel zu zerkauen oder ein Pfützchen zu machen. Achten Sie beim Einkauf darauf, dass der Kennel groß genug ist, sodass der Hund darin stehen und sich drehen kann.

Futter- und Wassernapf
Sie brauchen einen Futter- und einen Wassernapf. Die Näpfe sollten stabil auf der Erde stehen und so schwer sein, dass der Welpe sie nicht in der Wohnung herumtragen kann. Daher scheidet Kunststoff aus. Ideal sind Steingut oder Keramiknäpfe, die sich leicht reinigen lassen. Auch Edelstahlnäpfe kommen infrage, sollten aber durch einen Gummirand rutschsicher sein oder in einem Gestell aufgestellt werden.

Das Futter
Fragen Sie den Züchter, welches Futter der Kleine bisher bekommen hat, und besorgen Sie sich einen Vorrat für mindestens zwei Wochen. Wenn Sie das Futter umstellen wollen, sollten Sie mindestens so lange warten, denn der Welpe muss viele neue Eindrücke verarbeiten und sich an sein neues Zuhause gewöhnen, dass wenigstens sein Futter vertraut sein sollte. Zudem reagieren viele Hunde aufgrund der vielen Veränderungen empfindlich auf Futterumstellungen und bekommen Durchfall. Verantwortungsvolle Züchter geben Ihnen einen kleinen Sack des bisherigen Futters mit.

Kamm und Bürste
Je nach Haarart brauchen Sie unterschiedliche Utensilien für die Fellpflege des Hundes. Ihr Züchter wird Sie beraten können, was sie anschaffen sollten. Am Anfang reicht eine weiche Naturhaarbürste oder eine „normale" mit abgerundeten Stiften aus.

Kaumaterial
Büffelhautknochen und diverse andere Kauartikel gibt es im Fachhandel in verschiedenen Größen. Sie bieten Beschäftigung, wenn das Alleinsein geübt wird, und lenken das Kaubedürfnis während des Zahnwechsels in die richtigen Bahnen. Aber Vorsicht: Nicht alles, was angeboten wird, ist gut und gesund, und zu viel des Guten kann auch schaden.

Es geht nichts über eine gemütliche Hundehöhle.

Für groß werdende Hunderassen gibt es in der Höhe verstellbare Schüsselständer.

Auf einem Büffelhaut-knochen kann Ihr Hund nach Herzenslust herumkauen.

Beim Toben kann gut ein Kauseil eingesetzt werden, da hier keine Verletzungsgefahr für den Welpen besteht.

Alte Handtücher sind zum Abputzen und -trocknen Gold wert!

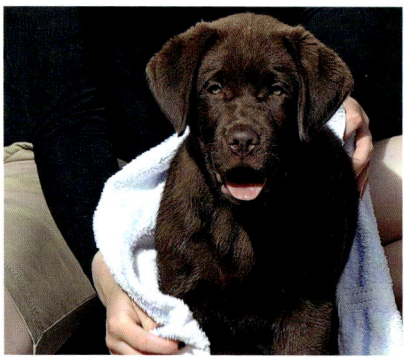

Quietschtier die Beißhemmung abtrainiert wird. Auch wenn es quietscht, macht er weiter und spielt und beißt darauf herum. Wenn wir mit ihm spielen, wollen wir jedoch, dass er aufhört, wenn er zu heftig zubeißt. Hunde signalisieren das untereinander meist über einen lauten Schrei, der den anderen in seinem Tun innehalten lässt.

Ein Hund kann sicherlich zwischen einem quietschenden Spielzeug und unserem Schmerzenslaut beim gemeinsamen Rangeln unterscheiden. Er wird, auch wenn er Quietschtiere zur Verfügung hat, lernen, dass sein Spielen Grenzen hat, die spätestens dort anfangen, wo anderen Schmerz zugefügt wird.

Alte Handtücher

Handtücher sollten zu Hause und im Auto immer bereitliegen, um den nassen oder schmutzigen Welpen abzutrocknen. Außerdem unterkühlen die kleinen Kerlchen schnell und können sich erkälten, wenn sie stark durchnässt und die Temperaturen entsprechend niedrig sind und sie sich zudem nicht bewegen können, zum Beispiel im Auto.

Gut ist außerdem, immer eine Rolle Küchenpapier dabeizuhaben, falls dem Welpen während der Autofahrt schlecht wird. Des Weiteren gehören Kotbeutel für die Gassigänge zu der Ausrüstung eines jeden Hundehalters.

Spielzeug

Überschütten Sie den Knirps nicht mit Spielsachen, sondern lenken Sie seine Aufmerksamkeit auf maximal drei Spielzeuge. Dies können beispielsweise ein Kauseil, ein Quietschtier und ein Stofftier sein.

Manche Hundefachleute sind der Meinung, dass einem Hund mit einem

Tipp   Stabiles Spielzeug

Das Spielzeug für den kleinen Hund muss den spitzen Welpenzähnchen standhalten. Am besten werfen Sie immer mal wieder einen Blick auf den Kleinen, wenn er damit spielt, damit er keine Teile davon abbeißt und verschluckt.

Haus und Garten welpensicher machen

Hundekinder sind neugierig, doch bei ihren Entdeckungstouren lauern viele Gefahren auf sie. Es liegt an Ihnen, dafür zu sorgen, dass das Umfeld abgesichert ist. Im Prinzip ist es ähnlich wie mit einem Kleinkind: Auch das darf nicht unbeaufsichtigt durchs Haus krabbeln und man lässt in seiner Reichweite keine spitzen Gegenstände, Scheren, Messer und Streichhölzer liegen. Ihr Knirps sollte sich in einem abgegrenzten Bereich gefahrlos bewegen können, ohne dass Sie ständig hinter ihm herlaufen müssen, in der Angst, es könnte ihm etwas passieren. Wenn Sie schon dabei sind, sollten Sie auch gleich alle Gegenstände außer Reichweite bringen, die Ihnen lieb und teuer sind. Für den Welpen macht es keinen Unterschied, ob er in sein Kauseil beißt oder in die Troddeln des antiken Teppichs, ob er genüsslich an dem von Ihnen zur Verfügung gestellten alten Latschen knabbert oder an Ihrem neuen Gucci-Schuh.

„Zum Fressen gern": Mindestens ein Paar Schuhe muss meist dran glauben …

Giftige Pflanzen kann Ihr Hund nicht von ungefährlichen unterscheiden. Neugierig wird alles inspiziert. Bitte informieren Sie sich deshalb vorab, was in Ihrem Garten wächst, bevor Sie den Welpen mit nach draußen nehmen.

Treppen, Türen und Kabel

Der Entdeckerdrang vieler wagemutiger Youngster wurde jäh gestoppt, als sie die Treppe eroberten – und schmerzhaft herunterfielen. Doch nicht nur Stürze machen Treppen so gefährlich, sie schaden – zu häufig gelaufen – auch den Gelenken und der Wirbelsäule, vor allem das Herunterlaufen geht auf die Gelenke. Treppen sollten anfangs tabu sein und mit Kinderschutzgittern versperrt werden, es sei denn, Sie trainieren gezielt und unter Ihrer Aufsicht das Treppensteigen (zum Beispiel in der Welpengruppe).

Türen sollten entweder konsequent geschlossen bleiben oder mit Türstoppern gesichert werden, damit sie nicht im Luftzug zuschlagen und den Kleinen womöglich einsperren oder einklemmen können.

Können elektrische Leitungen nicht durch Abdeckungen oder Hochlegen vor Knabberattacken geschützt werden, ist es Ihre Pflicht, darauf zu achten, dass der Welpe seine Zähne nicht daran erprobt. Achten Sie auch darauf, dass keine Kabel, beispielsweise vom Bügeleisen herunterhängen, in denen sich der Welpe verfangen kann.

Putzmittel, Kinderspielzeug und Co.

Putzmittel sollten immer verschlossen im Schrank aufbewahrt werden. Da Ihr Welpe sowieso noch viele Ruhezeiten benötigt, können Sie ihn während des Hausputzes in seinem Laufstall oder Kennel unterbringen. Das sollte allerdings nicht länger als eine Stunde dauern.

Unterwerfen Sie auch Ihren Keller und/oder Ihre Garage einem Chemikalien-Check, sofern der Welpe Zugang zu diesen Räumen hat. Gibt es dort Lacke, Terpentin, Frostschutzmittel usw., die für den Welpen erreichbar sind? – Ab damit in den Schrank!

Kinderspielzeug ist für Welpen unwiderstehlich und gleichzeitig wegen der vielen Kleinteile gefährlich. Mit dem Einzug des Welpen sollten Ihre

Alles, woran Ihr junger Hund nicht drankommen sollte, muss ausreichend abgesichert sein. Bedenken Sie, dass Ihr Welpe mit der Zeit größer beziehungsweise mobiler wird.

Kinder lernen, ihr Spielzeug immer wegzuräumen und nichts auf dem Boden liegen zu lassen – auch in ihrem eigenen Interesse. Das Geschrei ist groß, wenn der Kleine den Lieblingsteddy zerfleddert hat.

Und spätestens wenn der Welpe über Hocker, Sofas oder Stühle in höhere Gefilde gelangt, sollten Sie darauf achten, dass auf Tischen und Fensterbänken keine Medikamente, Zigaretten, Batterien, Kugelschreiber, Bleistifte, Süßigkeiten, Kerzen und dergleichen liegen.

Zimmerpflanzen, Blumenbeete und Gartenteiche

Viele Gewächse in Haus und Garten sind giftig (Eibe, Oleander, Blumenzwiebeln, Azalee, Efeu, Geranien, Narzisse und viele andere.

Früher oder später wird der Welpe bestimmt auch mal die Blumentöpfe ausräumen wollen. Deshalb verbannen Sie diese am besten ganz aus der Wohnung oder stellen sie so auf, dass der Welpe sie garantiert nicht erreichen kann.

Wollen Sie sich im Garten nicht von Ihren Pflanzen trennen, sollte ein stabiler Zaun diese abschirmen. Sie können auch Ihren jungen Hund im Auge behalten, um einzugreifen, falls er sich den Blümchen nähert und daran knabbern möchte.

Am Gartenteich bleiben Sie in der Nähe, damit Sie sofort eingreifen können, sollte der kleine Kerl Anstalten machen, ans Wasser zu gehen. Er könnte in den Gartenteich hineinfallen oder -springen und ertrinken, wenn der Rand des Teiches zu hoch ist, sodass er aus eigener Kraft nicht mehr ans Land kommt.

Unter Umständen macht es Sinn, Ihren Hund im Garten mit langer Leine – selbstverständlich unter Aufsicht – laufen zu lassen, damit Sie auch aus der Entfernung einwirken können. So vermeiden Sie, immer zum Hund hinzulaufen, wenn Sie ein Verhalten unterbrechen möchten.

Einen Namen aussuchen

Einen Namen für den neuen Gefährten auszuwählen, ist eine sehr persönliche und emotionale Angelegenheit. Über Geschmack lässt sich bekanntlich nicht streiten. Sie sollten einen möglichst kurzen Namen aussuchen, der sich leicht rufen lässt. Lange und komplizierte Namen wie „Miss Independent" sind viel zu unpraktisch, wenn es schnell gehen soll, und animieren den Welpen nicht gerade dazu, Ihnen seine Aufmerksamkeit zu schenken. Das gelingt Ihnen eher mit Paula, Joschi, Jana, Benny, Lena oder Bibi. Empfehlenswert und ansprechend für Hunde sind Namen, die auf a, e oder i enden.

Klarheit in der Familie

Hunde sind ähnlich wie kleine Kinder, sie haben keine Vernunft, wissen nicht, dass Autos gefährlich sind (es sei denn, sie haben schlechte Erfahrungen damit gemacht) oder dass manche Menschen Angst vor ihnen haben und es nicht angebracht ist, einfach zu jedem hinzurennen und hochzuspringen. Es liegt an Ihnen, Ihrem Welpen Orientierung zu bieten, welches Verhalten erwünscht und welches unerwünscht ist. Damit geben Sie ihm Strukturen und machen ihm das Leben leichter. Zu viele Freiheiten überfordern und machen nicht unbedingt glücklicher, weil er damit auf sich allein gestellt ist. Kennen Sie das auch von Kindern, die alles bekommen, was sie wollen? Oftmals sind gerade diese eher unzufrieden. Ganz im Gegenteil, meist suchen sie immer mehr nach Grenzen und ihr Verhalten ufert aus, weil sie nie reglementiert werden oder wurden. Die aufgestellten Regeln gelten für jeden in der

Familie. Die Signale sollten immer gleichbleibend sein. Wenn der eine „Hüh" und der andere „Hott" sagt, kann es kaum der Fehler des Hundes sein, wenn die Kommunikation mit ihm nicht funktioniert.

Konsequenz und Klarheit

Sie werden sich fragen: „Warum?" Ein Beispiel: Frau Schmidtmüller ruft nach Bill, der sich aber weiter mit den spannenden Düften am Boden beschäftigt. Herr Schmidtmüller kann irgendwann nicht mehr zusehen, wie der Hund das Rufen ignoriert, ruft auch noch mal, und der Welpe kommt gelaufen – was lernt Bill? Frau Schmidtmüller kann sich nicht durchsetzen und braucht jemanden zur Unterstützung.

Ständiges Hin und Her sollte vermieden werden, wenn man als Familie oder größere Gruppe zusammen ist. Permanentes Ansprechen von verschiedenen Seiten mit unterschied-

---

Info Regeln formuliern

Bevor Ihr neuer Mitbewohner bei Ihnen einzieht, sollten sich alle an der Erziehung und am Umgang beteiligten Personen zusammensetzen und sich mit folgenden Fragen befassen:

> Wer füttert wann?
> Es dürfen sich alle am Umgang mit dem Hund beteiligen, aber wer ist für die Erziehung, für Welpen- und Hundeschule hauptverantwortlich?
> Wer geht mit ihm wann Gassi?
> Wer bürstet ihn?
> Darf er sich in allen Räumen aufhalten?
> Wo soll er schlafen?
> Darf er auf das Sofa, darf er ins Bett?
> Wird er bei Tisch gefüttert?
> Wann bekommt er seine Ruhezeite und was ist dabei zu beachten?

lichen Signalen („Guck mal, Bill, Stöckchen, wo ist das Stöckchen?", „Such, Bill, Bill!", „Komm her, Bill", „Schnell an die Seite, ein Radfahrer", „Such dein Stöckchen", „Sitz, sitz jetzt, setz dich hin" ...) ist, wie man sich gut vorstellen kann, äußerst verwirrend für einen Hund, der gerade die Signale der Menschen erlernt.

Es ist sinnvoll, in der Familie einheitliche Signale abzusprechen und zu verwenden. Außerdem sollte klar definiert werden, wer dem Hund wann was zu sagen hat, sonst kann er zwischen den Familienmitgliedern sehr hin- und hergerissen sein, was für den Hund Stress bedeutet.

Hunde und Kinder

Zur Vorbereitung auf den Welpen gehört auch die Vorbereitung Ihrer Kinder auf den neuen Mitbewohner, und diesbezüglich gilt es, zusätzliche Regeln aufzustellen.

Hunde und Kinder sind wie füreinander gemacht. Beide spielen leidenschaftlich gern, sind ausgelassen und das Kind kann dem Hund unter dem Siegel der Verschwiegenheit alles anvertrauen, was es beschäftigt.

Allerdings sind Hunde großartige Beobachter: Sie liegen viel, schlafen scheinbar, nehmen dabei jedoch sehr gut ihr Umfeld wahr. Ganz schnell haben Sie die Strukturen innerhalb der Familie durchschaut und außerdem ihre eigenen Erfahrungen mit den einzelnen Familienmitgliedern gesammelt. Sie wissen, wer welche Stellung einnimmt und wer was zu sagen hat. Die Kinder werden immer wieder in ihre Schranken verwiesen („Setz dich gerade hin!", „Nein, jetzt nicht!"), wieso sollte „Hund" sich etwas von ihnen sagen lassen, wo sie doch auch Anweisungen erhalten?

Zwei, die sich verstehen!

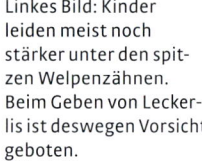

Linkes Bild: Kinder leiden meist noch stärker unter den spitzen Welpenzähnen. Beim Geben von Leckerlis ist deswegen Vorsicht geboten.

Rechtes Bild: Kinder sollten von Anfang den korrekten Umgang mit Hunden erlernen. Hierzu gehört, dass Welpen nicht herumgetragen werden.

Zudem entwickelt sich ein Hund viel schneller als ein Menschenkind. Die Regel, nach der ein Hundejahr sieben Menschenjahren entspricht, ist allerdings ein alter Zopf. Mit einem Jahr ist ein Hund, je nach Entwicklung des einzelnen Individuums, im Vergleich ungefähr 16 bis 18 Menschenjahre alt! Hunde sehen Kinder nicht als erwachsen und ranghöher an, sondern als ihresgleichen, als Spielpartner eben, und dementsprechend gehen sie auch mit den kleinen Zweibeinern um.

Von einem Spielpartner lässt man sich aber nichts sagen, wenn es ernst wird. Hat der Hund einen Ball, so ist dieser vielleicht nicht so bedeutsam für ihn, dass er ihn nicht abgeben mag. Hat er ein leckeres Schweineohr, das ihm wichtig ist, wird er es vermutlich nicht so einfach dem Kind überlassen wollen, wenn es danach greift. Es ist sowieso nicht ganz einfach, das Verhalten von Hunden einzuschätzen, für kleine Kinder ist es umso schwerer und dadurch können sie in gefährliche Situationen geraten. Deswegen ist es unerlässlich, dass Sie von Anfang an Regeln aufstellen, die die ungetrübte

Freundschaft zwischen Kind und Hund erhalten. Es gilt, dass sowohl die Kinder vor dem Hund „geschützt" werden sollten, dass heißt zum Beispiel ungestört im Kinderzimmer spielen können, ohne dass der Welpe dazwischen herumhüpft, die Nase in die Wasserfarben steckt und die Puzzleteile stibitzt. Auf der anderen Seite sollte der Hund „geschützt" werden. Das bedeutet, dass er jederzeit eine Rückzugsmöglichkeit geboten bekommt. Er ist für die Kinder tabu, wenn er sich zurückzieht oder schläft, denn er braucht seinen Schlaf und seine Auszeiten.

Regeln für Kind und Hund

> Lassen Sie Ihr Kind niemals mit dem Hund allein. Auch zuverlässige Kinder können mit der Situation überfordert sein, etwa wenn es an der Tür klingelt und das Kind den Vierbeiner nicht zurückhalten kann. Es kann passieren, dass das Kind die Tür öffnet und der Welpe auf die Straße läuft.

> Lassen Sie das Kind nur mit dem Hund spielen, wenn Sie Muße haben, beide zu beobachten. So können Sie zu heftige Spiele abbrechen.

> Kinder dürfen dem Hund weder Kausachen noch Spielzeug wegnehmen! Hunde können nicht sagen: „Hey, lass das, das ist meins!", und setzen zur Verteidigung auch schon mal die Zähne ein.
> Kinder ahmen gern Erwachsene nach und wollen den Hund „Sitz" oder „Platz" machen lassen. Das dürfen sie gern tun, aber bitte nur unter Ihrer Aufsicht, mit vielen Leckerlis und Spaß.
> Viele Hunde reagieren mit Vorbehalt auf Kinder, weil sie die Erfahrung gemacht haben, dass mit den kleinen Menschen Schmerzen verbunden sind. Achten Sie darauf, dass das Kind – sei es im ausgelassenen Spiel oder aus Versehen – den Hund nicht an den Ohren, am Schwanz oder am Fell zieht oder ihm auf irgendeine andere Weise wehtut.
> Kinder sollten die quirligen Welpen nicht herumschleppen. Der Kleine kann herunterfallen und sich verletzen oder womöglich Angst vor Kindern bekommen.

Spielerisch lernen

Immer mehr Hundeschulen bieten spezielle Kurse für Kinder und Hunde an. Dort lernen die jungen Menschen den richtigen Umgang mit dem Vierbeiner unter Gleichaltrigen und haben viel Spaß dabei. Fragen Sie bei den Hundeschulen in Ihrer Nähe nach, ob es dort entsprechende Angebote gibt. Meist sind diese Kurse für 8- bis 12-jährige oder für Teenager ausgeschrieben.

Bevor ein Kinderkurs besucht wird, sollte der Vierbeiner bereits eine Grunderziehung erfahren haben und über einen guten Gehorsam verfügen. In den Kursen können Kind und Hund dann tolle Sachen zusammen machen: Agility, Kunststückchen, Dog Dancing usw.

Info Hund sein dürfen

Zwischendurch braucht der Hund Gelegenheit, Hund sein zu dürfen, das heißt gerade für Kinder, dass nicht permanent mit ihm geübt und an ihm herumerzogen wird.

Zwischen Kind und Hund kann sich eine tolle Freundschaft entwickeln.

Es lohnt sich, sich mit der Kommunikation von Hunden auseinanderzusetzen, um den eignen Vierbeiner besser verstehen zu können.

Welpen verstehen

Hunde leben in einer „anderen Welt" als Menschen. Sie haben eine andere Wahrnehmung, Kommunikation und Sicht auf die Dinge, die sie umgeben. Sie kommunizieren zum größten Teil über Körpersprache (ansonsten über Laute wie Bellen und Heulen, Jaulen, Winseln und Knurren) und können mit großen Erklärungen unsererseits nichts anfangen.

Bevor der Welpe bei Ihnen einzieht, ist es wichtig, dass Sie Verständnis für das Erleben eines Hundes entwickeln, nur so können Sie nachvollziehen, wie er sich verhält und sich ihm verständlich machen.

Er wird nie „Menschensprache" lernen. Hunde können Wörter verstehen und assoziieren lernen, zum Beispiel „Sitz", „Platz", „Hier" – wir werden ihm jedoch keine Zusammenhänge in Form von „Wenn-dann-Sätzen" erklären können. Lange Sätze sind in der Hundeerziehung fehl am Platz.

Wenn wir uns bemühen, „hündisch", also vor allem über Körpersprache, zu kommunizieren, werden wir auf diese Art zum eingespielten Team, das sich prima miteinander verständigen kann.

Zunächst wollen wir Ihnen zum besseren Verständnis die Leistung der Sinnesorgane erläutern.

Wie Hunde hören

Im Niedrigfrequenzbereich hören Hunde ähnlich wie wir, sie können aber auch leisere und viel höhere Töne hören, als Menschen wahrnehmen. Der Mensch hört nur bis ca. 20.000 Hz, ältere Zweibeiner oft sogar noch weniger. Das Frequenzspektrum des Hundes liegt bei ca. 35.000 Schwingungen/Sekunde. Er ist dadurch in der Lage, Töne zu hören, die im sogenannten Ultraschallbereich angesiedelt sind. So ist es für Hunde kein Problem, das Mäuschen unter der Erde piepsen zu hören. Da die Hundeohren beweglich sind, sind sie auch in der Lage, Geräusche sehr genau zu lokalisieren. Die Vierbeiner können sich auf bestimmte Geräusche konzentrieren und andere ausblenden. Das ermöglicht ihnen, aus tiefstem Schlaf aufzuspringen, wenn sie das Rascheln der Leckerchentüte hören. Nehmen Sie Rücksicht auf das empfindliche Gehör Ihres Hundes. Es ist unnötig, Hörzeichen zu schreien, er hört sie auch in für uns normaler Lautstärke.

So sehen Hunde

Hunde haben die Augen eines Raubtieres. Sie sind vor allem darauf ausgerichtet, Bewegungen (z. B. Beute) in der Entfernung zu erkennen. Ein Hund kann ohne Probleme ein am Horizont entlanglaufendes Kaninchen erblicken, erkennt aber unter Umständen den Hasen nicht, der sich regungslos vor ihm in seiner Sasse versteckt. Hunde haben zwar nicht das gleiche räumliche Sehvermögen wie Menschen, weil ihre Augen weiter auseinanderstehen, überblicken dafür aber ein größeres Sichtfeld, und können auch noch erkennen, was neben ihnen vorgeht. Sie haben ein Blickfeld von 240–270°. Auch nachts übertrifft das Sehvermögen des Hundes das des Menschen.

Entgegen althergebrachter Meinungen können Hunde durchaus Farben sehen, allerdings weniger differenziert als Menschen. Ihre Augen können nicht alle Farbbereiche gleich gut erkennen, schwierig ist die Unterscheidung von Rot, Orange, Gelb und Grün (Rot-Grün-Blindheit). Ihre Augen sind mehr auf Lichtempfindlichkeit (hell/dunkel) ausgerichtet als auf farbliches Sehen.

Der Geruchssinn

Unglaublich sind die Fähigkeiten der Hundenase. Menschen besitzen im Durchschnitt 5–8 Millionen Riechzellen, Hunde etwa 200 Millionen!

Der Bereich im Gehirn eines Hundes, der für das Riechen „zuständig" ist, ist etwa sieben- bis 14-mal größer als beim Menschen. Wenn Sie mit Ihrem Welpen spazieren gehen, strömt eine unglaubliche Duftwelt auf ihn ein. Ob die Spur eines Hasen, die Markierung eines Artgenossen oder der Kuhfladen – mit all diesen Gerüchen wir die Hundenase konfrontiert. Da ist es verständlich, dass ein Welpe ganz schnell abgelenkt ist.

Ein Hund kann sogar riechen, ob ein Mensch Angst hat oder unsicher ist, da auch die chemischen Reaktionen des Körpers bestimmte Gerüche haben. Riechen ist für Hunde anstrengende Kopfarbeit – richtige Denksportaufgaben sind zu bewältigen. Es bietet sich

geradezu an, bereits den Welpen spielerisch viele verschiedene Gerüche wahrnehmen zu lassen.

Der Tastsinn

Hunde besitzen einen ausgeprägten Tastsinn. Sie fühlen und erkunden ihre Umwelt mit den Pfoten und den empfindlichen Tasthaaren an der Schnauze, den sogenannten Sinushaaren, deren Enden mit besonders vielen Nerven verbunden sind. Niemals dürfen diese Tasthaare einfach abgeschnitten oder geschoren werden, denn damit nimmt man dem Hund eine wichtige Möglichkeit der Orientierung.

Der Geschmackssinn

Hunde besitzen auf der Zunge, am Gaumen und am Schlundeingang insgesamt ca. 1.700 Geschmacksknospen. Sie können Süßes, Saures, Bitteres und Salziges unterscheiden, wobei sie weniger stark auf salzige Kost ansprechen. Bitteres und Saures wird abgelehnt.

Die Nase des Hundes ist sehr viel feiner als unsere.

Abholen und eingewöhnen

Die letzten Tage vor dem Einzug des Kleinen scheinen ewig zu dauern, und je näher der lang ersehnte Tag rückt, desto langsamer vergehen die Stunden.
Sie haben sich ausführlich mit Hunden und ihrer Sprache befasst und machen sich jetzt bestens vorbereitet auf den Weg, um den Welpen abzuholen. Zuhause ist bereits alles vorbereitet und das Hundekörbchen wartet darauf, benutzt zu werden.

Den Welpen abholen

Nehmen Sie sich Verstärkung mit, wenn Sie den Welpen abholen – egal ob Sie mit dem Auto oder mit dem Zug unterwegs sind. Ihr Begleiter kann sich um die praktischen Dinge wie fahren, Gepäck tragen etc. kümmern, während Sie die erste Zeit ungestört mit dem Welpen verbringen. Meistens will sowieso die ganze Familie mitfahren, um den Kleinen abzuholen, sodass sich genügend helfende Hände finden. Die beste Tageszeit, um den Welpen abzuholen, ist der späte Vormittag. So hat er, bei Ihnen zu Hause angekommen, noch genügend Zeit, sich in seinem neuen Heim umzusehen.

Der lang ersehnte Moment ist gekommen – der Welpe kann endlich mit nach Hause.

Vor der Fahrt

Damit der Welpe die Auto- oder Zugfahrt gut verträgt, sollte er nicht direkt davor gefüttert werden. Eine kleine Mahlzeit morgens vertreibt den größten Hunger, den Rest kriegt er dann bei Ihnen zu Hause. Ein guter Züchter wird das sowieso berücksichtigen.

Auch der Welpe, der entdeckungsfreudig die Welt erkunden möchte, sollte zuerst mit seinem neuen Zuhause vertraut gemacht werden.

Die erste Autofahrt

Verantwortungsvolle Züchter beginnen schon vor der Abgabe mit dem Autotraining, damit es später keine Probleme gibt. Trotzdem kann es vorkommen, dass dem Welpen übel wird. Halten Sie dafür Küchentücher bereit, um die Bescherung schnell entfernen zu können. Natürlich darf der Kleine deswegen nicht geschimpft werden, denn die Tour ist schon aufregend genug und er kann diese körperliche Reaktion nicht kontrollieren.

Setzen Sie sich bei der Fahrt am besten auf die Rückbank des Autos und den Welpen auf Ihren Schoß oder direkt neben sich. Legen Sie zum Schutz Ihrer Kleidung und der Polster ein altes Handtuch oder eine Decke unter.

Um dem Welpen die Unsicherheit zu nehmen, sollten Sie freundlich und aufmunternd, aber nicht tröstend mit ihm reden. Wenn er schläft, lassen Sie ihn bitte schlafen. Verkneifen Sie sich jedes Mitleid, wenn er jammert. Er hat genug Stress durch diese ungewohnte Situation und unsere tröstenden Worte

bestätigen sein Gefühl des Unwohlseins (siehe Seite 120, Stimmungsübertragung). Außerdem bekäme er von Anfang an ein falsches Signal: Jammern bedeutet Aufmerksamkeit. Verhalten Sie sich neutral, wenn er quengelt – auch wenn es Ihnen schwerfällt. Wenn er auf Ihrem Schoß sitzen darf, kann er Ihre Nähe und Wärme spüren, damit geben Sie ihm Sicherheit.

Nach Hause ohne Umwege

Fahren Sie auf direktem Weg nach Hause. Kurze Umwege, auch nur, um den Neuzugang der Oma oder der Tante vorzuführen, strengen den kleinen Kerl an und können ihn überfordern. Das Erste, was er nach der Autofahrt sehen sollte, ist sein neues Zuhause! Dauert die Fahrt länger als eine Stunde, bieten Sie ihm zwischendurch Wasser an, an heißen Tagen auch früher. Bei längeren Autofahrten sollten Sie dem Kleinen natürlich zwischendurch die Möglichkeit bieten, sich zu lösen, also Urin oder Kot abzusetzen. Vermeiden Sie stark frequentierte Raststätten.

Info Reisegepäck

Diese Dinge sollten Sie beim Abholen des Welpen mitnehmen:
> passendes Halsband
> Leine
> Hundedecke oder altes Handtuch
> eine Rolle Küchentücher
> Kottüten
> Wassernapf und Wasser
> ggf. etwas Futter
> ein Tuch, das beim Züchter gelegen hatte und das für ihn bekannte Gerüche trägt

Dort lösen sich zig Hunde täglich und dementsprechend groß ist die Gefahr, dass sich der Welpe Parasiten oder Krankheiten einfängt. Besser ist es, die Autobahn zu verlassen und ins Grüne zu fahren. Leinen Sie den Welpen beim Gassigang unbedingt an! Sie glauben gar nicht, wie flink und schnell so ein kleines Kerlchen sein kann, sei es, dass es auf Erkundungstour gehen möchte oder dass es wegen der vielen fremden Eindrücke Angst bekommt. Ohne Leine kann der Kleine abhauen, im Gebüsch verschwinden oder einen Unfall verursachen – und das ist nicht nur für ihn lebensgefährlich.

Hat der Welpe sich gelöst und haben sich alle Mitfahrer die Beine vertreten, geht es weiter. Er wurde erst vor kurzer Zeit von seinen Geschwistern und seiner Mutter getrennt – nun braucht er erst einmal Ruhe und keine langen Spaziergänge.

Zu Hause angekommen

Daheim angekommen, führt der erste Weg mit dem angeleinten Welpen zum „Löseplatz", wo er auch später sein Geschäft verrichten soll. Seine Blase drückt jetzt sicher und er wird vermutlich ganz schnell Pipi machen. Loben Sie ihn dann. In der Wohnung sollten Sie seinen Bewegungsradius erst einmal einschränken. Die Dimensionen eines großen Hauses würden ihn überfordern. Außerdem wird er sich in nächster Zeit sowieso nicht allein durch die Räume bewegen dürfen, ganz gleich, ob es sich um zwei oder sechs Zimmer handelt. Sie sollten ihn im Auge behalten, ob er an Kabel gehen oder die Tapete abziehen möchte.

Zeigen Sie ihm seinen Ruheplatz und den Wassernapf. Lassen Sie ihn dann erst mal in Ruhe, anstatt ihn zu wilden Spielen zu animieren. Es ist aufregend genug, die neue Umgebung zu erkunden.

Die Kontaktaufnahme zu Ihnen hat erste Priorität. Allerdings sollte er nicht mit Leckerlis, Spielsachen und Übungen überschüttet werden. Hocken Sie sich auf den Boden, um ihm nahe zu sein, und reden Sie freundlich und ruhig mit ihm. Der Kontakt zu Ihnen soll von Anfang an ein positives Erlebnis sein.

Im neuen Zuhause angekommen, möchte der eine Welpe gleich neugierig alles erkunden, während ein anderer, von den Ereignissen beeindruckt, vielleicht erst einmal erschöpft schläft.

Müder Welpe

Welpen haben meist nur eine kurze Wachphase und werden schnell müde – vor allem nach so vielen neuen Eindrücken. Sucht der Kleine sich einen Schlafplatz, bringen Sie ihn in sein Körbchen, in seinen Laufstall oder Kennel.

Dort ist idealerweise ein Tuch, das er vom Züchter mitbekommen hat und das vertraut riecht. Bitte bleiben Sie im selben Raum und lassen Sie den Kleinen nicht direkt allein, damit er nicht völlig verunsichert ist, wenn er aufwacht und niemand bei ihm ist.

Wäre der Welpe noch bei seiner Hundemama und den Geschwistern, würde er nachts mit der ganzen Gruppe zusammen schlafen. Es ist also durchaus in Ordnung, ihn mit im Schlafzimmer übernachten zu lassen. Alternativ zu einem Kennel kann der Kleine auch die ersten Nächte in einem großen Laufstall schlafen. Eine Begrenzung hilft sowohl Ihnen als auch dem Zwerg, der dadurch schneller zur Ruhe kommen kann. Ansonsten kann es Ihnen passieren, dass er nachts unbemerkt durch die Wohnung läuft und sich ein Eckchen sucht, um sein Geschäft zu verrichten. Ist er in seiner eigenen „Hundehöhle", werden Sie merken, wenn er aufwacht und unruhig wird, Sie können dann schnell mit ihm rausgehen, bevor er sich im Wohnbereich löst (siehe Seite 58).

Der Schlafplatz

Grundsätzlich sollten Hunde auf ihrem Platz schlafen. Ein Hundeplatz, wie ein Körbchen oder Kennel, ist wichtig, weil er dem Hund eine Rückzugsmöglichkeit bietet. Das gilt insbesondere für Welpen, weil diese ja noch viel Schlaf benötigen.

Ein eigener Platz dient auch dazu, den Hund dort zu begrenzen, wenn Sie zum Beispiel mit ihm von einem Spaziergang durch den Regen nach Hause in das frisch geputzte Haus kommen oder wenn Besuch erwartet wird, der Angst vor Hunden hat.

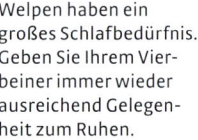

Welpen haben ein großes Schlafbedürfnis. Geben Sie Ihrem Vierbeiner immer wieder ausreichend Gelegenheit zum Ruhen.

Der Liegeplatz sollte sich in einem ruhigen Eckchen befinden.

Die ersten Tage

In den folgenden zwei bis drei Tagen sollten wir uns noch mit Einladungen für Besucher zurückhalten, damit der Kleine ausreichend Gelegenheit hat, seine neuen Bezugspersonen kennenzulernen. Danach können sich Verwandtschaft und Freunde dem tierischen Hausgenossen vorstellen – aber bitte nicht in großen Gruppen, denn das wäre für ihn zu viel: Das eine Hundebaby fühlt sich in den Mittelpunkt geschoben, der nächste wird durch die vielen neuen Eindrücke verunsichert und dem letzten macht es gar nichts aus. Bitte versuchen Sie, sich in Ihren Hund hineinzufühlen und entscheiden Sie dann, wie Sie sich am besten verhalten. Gönnen Sie dem kleinen Kerl zwischendurch bitte Ruhephasen.

Der erste Tierarztbesuch

In den Tagen nach dem Einzug steht auch ein erster Tierarztbesuch an. Übrigens sollte dieser Besuch – wenn möglich – ohne Spritze (Impfung usw.) oder schmerzhafte Behandlung ablaufen. Das gibt dem Welpen die Gelegenheit, den Tierarzt und die Praxis in entspannter Atmosphäre kennenzulernen und das eine oder andere Leckerchen abzustauben.

Die folgenden Tierarztbesuche verlaufen dann meist angenehmer, weil der Welpe diese fremdartige Umgebung in positiver Erinnerung hat. Der Tierarzt wird den Kleinen gründlich untersuchen und gibt Ihnen die Gewissheit, einen gesunden Welpen erworben zu haben.

Info Schlafen ist wichtig

Lassen Sie den Welpen in Ruhe, wenn er schläft. Diese häufigen Ruhephasen sind notwendig, damit der Kleine zu einem gesunden und ausgeglichenen Hund heranwachsen kann. Extremer Schlafmangel und häufiges Wecken schaffen unruhige Hunde, reduzieren die Leistungsfähigkeit und bedeuten Stress für den kleinen Knirps. Der Welpe kann sich nicht mehr konzentrieren und auf Dauer leidet sogar seine Immunabwehr darunter.

Hund, Katze, Nager & Co.

Wenn noch andere Tiere bei Ihnen leben, sollte der Welpe natürlich auch diese kennenlernen, schließlich sollen später alle harmonisch zusammenleben. Hier finden Sie einige Tipps.

Eine Katze
Toll ist es, wenn Ihre Katze bereits „Hundeerfahrung" hat und weiß, wie sie mit diesen andersartigen Vierbeinern umgehen sollte. Das erste Mal sollten sich die beiden in Ihrer Wohnung begegnen. Zuerst darf die Katze an dem kleinen Kerl schnuppern, wenn er zum Beispiel auf Ihrem Arm sitzt. Darf er herunter, muss die Samtpfote unbedingt die Möglichkeit haben, bei eventuellen Aufdringlichkeiten auf ein Möbelstück zu flüchten. Nicht immer sind Katzen von dem neuen Welpen begeistert, und ungeschickte Annäherungsversuche können durchaus mit einem Pfotenhieb quittiert werden. Doch nur in ganz wenigen Ausnahmefällen kommt es zu ernsthaften Schrammen.

Ein anderer Hund
Konnten die Hunde sich nicht schon beim Züchter kennenlernen, sollte die erste Kontaktaufnahme draußen – abseits vom Straßenverkehr – stattfinden, möglichst auf einem neutralen Gebiet, das der Große nicht zu seinem Revier zählt. Dort können sich die Hunde unvoreingenommen begegnen. Wenn Sie sich nicht sicher sind, wie der ältere Hund reagiert, sollte er mit einer Leine abgesichert sein.

Haben die beiden sich bekannt gemacht, gehen Sie zusammen ins Haus. Beobachten Sie die Vierbeiner zunächst, bis Sie ein gutes Gefühl haben. Lassen Sie den Älteren gewähren, wenn er den kleinen Wusel gerechtfertigterweise zurechtweist, indem er ihn anknurrt oder ihn umschubst. Schließlich muss der „Hund des Hauses" dem Neuzugang Regeln aufzeigen. Wenn der Kleine zu aufdringlich und frech ist, kann das auch mal grob aussehen. In der Regel kommt es aber nur so weit, wenn der Welpe die Warnsignale des erwachsenen Hundes ignoriert hat – die Strafe folgt dann auf dem Fuß. Meist werden Sie danach beobachten können, wie sich der Welpe als Zeichen der Akzeptanz kleinlaut vor seinem großen Kumpel hinlegt oder diesem eifrig die Schnauze leckt oder respektvoll auf Abstand geht. Ist der Ersthund ein unsicherer Typ, der sich gegen den Jungspund nicht durchsetzt, kann es passieren, dass er sich immer stärker zurückzieht. Dann sollte man eingreifen, um ihn zu stärken.

Nager und andere Kleintiere

Ihr Kleiner muss lernen, Kaninchen, Meerschweinchen und Co. zu akzeptieren, auch wenn er ein Nachkömmling einer traditionsreichen Jagdhundfamilie sein sollte. Es ist tabu, um den Käfig der Kleintiere herumzuhetzen oder sie beim Freilauf durch die Wohnung zu jagen. Das sollten Sie ihm unmissverständlich klarmachen. Lassen Sie den Welpen durch das Gitter Kontakt zu den kleinen Mitbewohnern aufnehmen. Erlaubt ist das allerdings nur unter Ihrer Aufsicht. Sie können auch ein Kleintier auf den Schoß nehmen, damit sie sich näherkommen können, vorausgesetzt, das Kleintier zeigt keine Angst.

Machen Sie jedoch bitte nicht zu viel Aufhebens um die Nager, sonst sorgen Sie dafür, dass sie erst recht interessant und spannend werden. Sie sollten hingegen wie selbstverständlich zum Haushalt gehören.

Spielregeln im täglichen Umgang

Bewährt hat sich folgendes Prinzip im Umgang mit Hunden: So positiv wie möglich und so negativ wie nötig. Selbstverständlich gibt es „rote Ampeln", denn ausschließlich über positive Bestätigung für erwünschtes Verhalten kann man einen Hund nicht zuverlässig erziehen – nicht, wenn man noch andere Dinge im Leben zu tun hat, als sich um seinen Hund zu kümmern und ihm auf Schritt und Tritt zu folgen.

Hunde sind nicht nur nett zueinander, maßregeln sich aber auch nicht ständig. Der gesunde Mittelweg ist unsere Devise.

Erwünscht: Übungen, die wir mit dem Hund machen („Hier", „Sitz", „Platz" ...) und die er korrekt ausführt. Lob in Form von Stimme, Leckerlis, Streicheln oder Spiel führt dazu, dass unser Welpe motiviert die Aufgaben löst, die wir ihm stellen.

„Erwünscht" sind aber auch Dinge, die der Hund von sich aus macht, weil sie von uns erlaubt sind, zum Beispiel wenn er sich zum Schlafen in sein Körbchen legt. Das muss allerdings nicht explizit belohnt werden.

Darüber Hinwegsehen: Es gibt viele Verhaltensweisen, über die man hinwegsehen kann, denn sonst ist man ständig damit beschäftigt, dem Hund Aufmerksamkeit zu schenken. Er darf Dinge für sich tun, beispielsweise beim Spaziergang einen Tannenzapfen aufnehmen und sich mit diesem beschäftigen. Soll er doch machen, es schadet nicht! Das muss in keiner Weise kommentiert werden.

Ignorieren sollten Sie auch, wenn Ihr Hund ein Verhalten anbietet, zum Beispiel wenn er sich vor Sie setzt, weil er sich Futter erhofft. Sie sind keine Futtermaschine, also gibt es nichts.

Unerlaubtes/Verbote: Es gibt allerdings Verhaltensweisen, die nicht ignoriert werden können. Das Ankauen giftiger Pflanzen oder auch Tätigkeiten innerhalb des Hauses, wie Tischbeine annagen oder Kabel anknabbern, sollten unterbunden werden.

Sinnvolle Übungen, um das Hörzeichen „Nein" einzuüben, finden Sie auf Seite 84.

Bestimmt noch nicht in den ersten Tagen, aber doch zusehends, wird Ihr

Mit viel Lob für erwünschtes Verhalten macht das Üben Spaß!

Welpe selbstständiger und alles Mögliche ausprobieren wollen, was bis zu einem gewissen Grad auch für seine Entwicklung wichtig ist. Wundern Sie sich nicht, auch die „verrückten fünf Minuten" – der Welpe rast wie wild geworden durch die Gegend – gehören dazu. Solange er nichts zerstört und nichts anstellt, lassen Sie ihn ruhig.

Lassen Sie sich nicht einreden, Ihr Hund sei „dominant". Denn dazu gehören immer zwei, und das vergessen die meisten „Hundekenner": Nämlich einer, der zu dominieren probiert, aber vor allem einer, der es mit sich machen lässt.

Wenn Sie Ihrem Welpen frühzeitig deutlich machen, dass Sie die Regeln vorgeben, wird auch der pubertierende oder erwachsene Hund keine Veranlassung sehen, die Leitung der „Gemeinschaft" übernehmen zu wollen.

Timing und Intensität

Am besten können unsere Vierbeiner uns verstehen, wenn wir zeitgenau positiv oder negativ einwirken. Das bedeutet, dass Sie in der Sekunde aktiv werden, in der er etwas tut, was Sie möchten, oder etwas, das er unterlassen soll. Neben der richtigen Intensität ist das Timing entscheidend, damit der kleine Kerl einen Zusammenhang herstellen kann. Wenn Sie zu spät sind, ignorieren Sie kommentarlos, was gerade passiert ist. Das kann beispielsweise der Fall sein, wenn Sie kurz das Zimmer verlassen haben, wieder zurückkommen und den Blumentopf bereits ausgeräumt vorfinden.

Da hilft nur: Alles kommentarlos wegräumen und beim nächsten Mal besser aufpassen. Das bedeutet, den Welpen mitzunehmen, ihn in den Laufstall zu setzen oder alles hochzustellen, damit nichts zu Schaden kommen kann.

Vorausschauend handeln

Es ist angenehmer, den Vierbeiner in der Nähe einer Straße frühzeitig an die Leine zu nehmen, statt jederzeit die Befürchtung zu haben, dass er Richtung Autos läuft. Wir tragen volle Verantwortung für das kleine Kerlchen, ganz gleich, ob es darum geht, ihn davor zu schützen, Stromkabel anzuknabbern oder unser und fremdes Eigentum vor ihm zu bewahren.

Sie können viele Parallelen zu einem Kleinkind ziehen: Da wird die Treppe mit einem Kindergitter abgesperrt und in den Steckdosen Sicherungen angebracht. Und unsere guten Teetassen und die Filzstifte bewahren wir außer Reichweite der kleinen Kinderhände auf. Ähnlich sollten Sie es mit Ihrem jungen Hund handhaben.

Behalten Sie Ihren Welpen im Blick, doch schauen sie nicht ständig nach ihm. Er wird ansonsten ganz schnell das Gefühl bekommen, dass Sie auf alles reagieren, was er tut: Auch negative Rückmeldung bedeutet Aufmerksamkeit. Damit machen Sie ihn sehr wichtig, vielleicht sogar zum Mittelpunkt der Familie. Wer wichtig ist, hat auch das Sagen oder meint zumindest, es zu haben.

Ihr Welpe wird einiges aufstöbern. Gegenstände, die Ihnen besonders am Herzen liegen, sollten Sie im Vorfeld absichern.

Sie können Ihren Welpen über die Stimme loben, über ruhige Streicheleinheiten und über Leckerlis.

Rechtzeitig und überzeugend einwirken

Möchten Sie etwas unterbinden, spielt Ihre Körpersprache eine wichtige Rolle. Rennen Sie schimpfend und gestikulierend zum Hund und beugen Sie sich dabei über ihn, bekommt er unter Umständen Angst vor Ihnen. Sie wirken bedrohlich und unheimlich.

Ihr Hund lernt außerdem im Laufe der Zeit, dass er schneller ist als Sie. Rennen Sie immer wieder schimpfend zu ihm, wenn er etwas „klaut", wirken aber nicht überzeugend auf ihn ein, dann wird er irgendwann anfangen, Sachen aus dem Regal oder vom Tisch zu holen, um Aufmerksamkeit zu erhalten, und er wird sich die Gegenstände schnappen und wegtragen. Ein lustiges Spiel – zumindest für ihn!

Um das zu verhindern, wirken Sie entweder auf Entfernung mit einem energischen „Nein" ein. Lässt Ihr Hund daraufhin ab, loben Sie sofort mit der Stimme. Können Sie ihn jedoch nicht stoppen, dann kann eine Hausleine (ei-

ne ca. zwei Meter lange dünne Schnur) weiterhelfen, schneller einzuwirken. Sie sollten etwas Vorsicht walten lassen, dass er sich damit nicht verletzt, indem er irgendwo hängen bleibt. Die Hausleine hängt einfach herunter und der Hund zieht sie hinter sich her, wenn er umherläuft. Mit ihrer Hilfe können Sie den kleinen Kerl auch aus Entfernung sofort unterbrechen, indem Sie ihn kurz und schnell mit der Leine wegziehen und Ihr „Nein" parallel dazu ertönt. Danach folgt wieder Ihr Lob. Es mag seltsam klingen, dass Ihr Hund in der Wohnung mit einer Leine herumlaufen soll. Sie werden jedoch bald feststellen, wie hilfreich diese sein kann, weil Sie Ihre Verbote schnell und erfolgreich durchsetzen können.

Gelingt Ihnen das nicht, überwiegt das „Nein" schnell gegenüber dem viel, viel wichtigeren Lob.

Von Tadel zu Lob

Sie sehen: Wichtig neben der Intensität der Einwirkung und dem Timing ist auch das schnelle Umschalten von Tadel auf Lob. Seien Sie in einem Moment streng und ernst, im nächsten aber sofort wieder nett, freundlich und wohlwollend, wenn der Hund erwünschtes Verhalten zeigt.

Verhalten umlenken

Um häufiges negatives Einwirken zu vermeiden, können Sie sein Verhalten auch im Vorfeld umlenken, wenn Sie bemerken, dass er beispielsweise Richtung Regal steuert. Sie rufen ihn, loben ihn, wenn er kommt, spielen mit ihm, und er hat wahrscheinlich danach gar keine Lust mehr, auf Erkundungstour zu gehen, weil er zufrieden und müde ist.

Hat er doch mal etwas erwischt, so ist es sinnvoll, diesen Gegenstand gegen eines seiner Spielzeuge zu tauschen. Dabei signalisieren Sie allerdings nicht, dass Sie seine „Beute" haben wollen, sondern finden stattdessen ein Spielzeug selbst interessant und spannend. Wenn man dabei glaubwürdig und souverän rüberkommt, lässt nahezu jeder Hund fallen, was er gerade trägt und kommt interessiert herangelaufen.

Schneller sein

Wenn er beim Spazierengehen einen alten Hasenkadaver entdeckt – es liegt ja alles Mögliche herum –, den er besser nicht fressen soll, sollten Sie ihn bereits im Vorfeld im Auge behalten, um ihn im Ansatz unterbrechen zu können, nämlich noch bevor er frisst. Frisst er allerdings schon, und Sie wirken erst nachträglich ein, hat er sein Ziel längst erreicht und Ihre Unterbrechung kommt zu spät. Hier gilt das Gleiche wie im Haus: Rennen Sie schimpfend zum Hund, lernt er schneller zu sein als Sie, also: schnell die „Beute" herunterschlucken oder so viel wie möglich

ins Maul nehmen und dann aber nichts wie weg von dem schimpfenden Menschen. Außerdem ist das Vertrauensverhältnis gefährdet: Wenn Ihr Welpe bereits aufgehört hat zu fressen, Sie aber immer noch wütend und emotionsgeladen zu ihm hinstürmen, versteht er nicht, warum.

Der bessere Weg ist allemal, dass es gar nicht erst zum unerwünschten Verhalten kommt. Sehen Sie, dass er zielgerichtet auf den Hasenkadaver zusteuert, um bei diesem Beispiel zu bleiben, dann stoppen Sie ihn möglichst früh, spätestens jedoch, bevor er ihn aufsammeln möchte.

Um Misserfolge gar nicht erst auftreten zu lassen, ist es sinnvoll, den Welpen draußen vorerst mit Schleppleine laufen zu lassen (siehe Seite 32). Sehen Sie, dass Ihr Welpe gerade Richtung Hasenkadaver abbiegt, bremsen Sie ihn vorher mit einem „Nein!" und zupfen Sie ihn mit der Schleppleine weg. Macht er daraufhin einen Bogen um den Kadaver, dann loben Sie in mit der Stimme.

Der Einsatz einer Schleppleine gibt dem jungen Hund Freiheiten und gleichzeitig haben Sie die Möglichkeit einzuwirken, wenn nötig.

Je früher wir mit der Erziehung anfangen, desto besser und einfacher ist es. Einige „Hundeexperten" meinen, Hunde müssen erst einmal ihre „Kindheit" genießen, doch wann sollen wir denn dann beginnen? Wenn er zum Teenager herangewachsen ist und uns „auf dem Kopf herumtanzt"? Dann hat er bereits eine Menge gelernt, auch ohne dass wir gezielt dazu beigetragen haben. Zum Beispiel Mülleimer öffnen und Essensreste suchen.

Beizeiten beginnen

Soll er erst eine Menge Unsinn lernen, bevor wir mit dem neun Monate alten Schnösel zum Erziehungskurs gehen? Lenken wir ihn doch lieber gleich in die richtigen Bahnen! Damit haben sowohl wir als auch der Welpe es leichter, weil wir später nicht mühsam die erworbenen Unarten korrigieren müssen.

Mit 16 Wochen kann ein Welpe übrigens problemlos die folgenden Übungen ausführen: „Hier", „Sitz", an durchhängender Leine laufen, „Nein", und auch schon ein paar Minuten warten.

Wie Sie all das trainieren können, lesen Sie auf den folgenden Seiten.

Individuelles Training

Jeder Hund ist eine eigene Persönlichkeit und hat seinen eigenen Charakter. Deswegen sollten die Erziehungswege immer individuell auf das Tier abgestimmt werden – sie sollten sowohl zum Menschen als auch zum Hund passen. Es gibt nicht *den* richtigen Weg. Die hier beschriebenen Trainingsvorschläge dienen lediglich als Anregungen zum Üben.

Jeder Welpe hat seine eigene Persönlichkeit.

Wenn der Welpe muss, dann schnüffelt er vorher meist einen Moment intensiv am Boden.

Stubenreinheit

Anfangs hat der kleine Kerl wie ein Kleinkind noch keine Kontrolle über Blase und Darm. Bewusstes Steuern von Urin- beziehungsweise Kotabsatz beginnt im Alter von ungefähr zehn bis zwölf Wochen.

Generell kann man davon ausgehen, dass Hunde ihren Wohn- und Lebensbereich sauber halten, sobald alle Räume als zugehörig erkannt sind und die erforderliche körperliche und geistige Reife mit ca. vier bis sechs Monaten entwickelt ist, um auf den nächsten Spaziergang zu warten. Als Ausnahme gelten Hunde, die über das Alter von sechs Monaten hinaus nicht die Möglichkeit hatten, sich entfernt ihres Schlaf- und Futterplatzes zu lösen, beispielsweise in engen Boxen rund um die Uhr eingesperrt waren.

Unsere heutigen Wohnbereiche, einschließlich Garten, sind im Verhältnis zur Körpergröße des Welpen überdimensional groß. Vergessen Sie nie, dass es sich bei dem Knirps noch um ein Hundebaby handelt. Er muss erst lernen, dass der gute Teppich keine Hundetoilette ist. Zudem ist das Fassungsvermögen von Blase und Darm

noch gering. Außerdem muss bei dem Welpen erst „der Groschen fallen", dass die Geschäfte ab sofort draußen erledigt werden sollen.

Gut beobachten

Mit aufmerksamer Beobachtung ist das relativ schnell erreicht. Bleiben Sie ruhig und geduldig – kein erwachsener gesunder Hund verunreinigt das Haus, wenn er genug Möglichkeiten bekommt, regelmäßig an die frische Luft zu gehen, es sei denn, er markiert innerhalb der Räumlichkeiten.

Eltern kämen sicher nicht auf die Idee, von einem Kleinkind, das gerade „windelfrei" die Welt erkundet, zu erwarten, dass es kleine und große Geschäfte beliebig zurückhalten kann. Das Gleiche gilt für Welpen. Der eine braucht etwas länger, beim anderen geht es schneller, aber lernen kann es jeder.

Tipp   Wann nach draußen?

Grundsätzlich sollten Sie davon ausgehen, dass ein Welpe nach jedem Fressen, Trinken, Schlafen und nach Aufregung beziehungsweise während des Spielens nach draußen muss!

Schnell hat ein junger Hund gelernt, dass er drängeln muss, um etwas zu erreichen. Kommen Sie ihm lieber zuvor und bringen Sie ihn regelmäßig zum Geschäft verrichten nach draußen.

Als grobe Orientierung gilt: Mit vier Monaten sollte das Hundekind nachts durchhalten, mit einem halben Jahr ganz stubenrein sein. Und das ist – zu Ihrer Beruhigung – weit gefasst.

Ausrutscher zwischendurch gehören einfach dazu. Haben Sie allerdings das Gefühl, dass Ihr Welpe übermäßig viel trinkt und häufig urinieren muss, sollten Sie ihn vom Tierarzt untersuchen lassen.

Schnell nach draußen

Wenn der Welpe muss, zählt jede Sekunde – er muss dann auf der Stelle und nicht erst in fünf Minuten! Einhalten und einen Moment warten, kann er (noch) nicht. Dabei wird er zuerst versuchen, für ihn wichtige Bereiche wie Spiel-, Futter- und Schlafplatz zu schonen. Haben Sie die Möglichkeit, den Welpen jederzeit in Ihren Garten zu bringen, erledigt sich vieles von allein. Ist es allerdings Winter und Sie müssen zuerst noch zwei Stockwerke durch das Treppenhaus, sich vorher dick einmummeln, passiert öfter mal ein Malheur und Sie benötigen etwas mehr Zeit und Geduld, bis Ihr Hund stubenrein ist. Halten Sie Schuhe, Jacke und Leine bereit, damit es schnell geht.

Anzeichen, dass die Blase drückt

Ein deutliches Anzeichen dafür, dass Ihr Hund muss, ist es, wenn er herumschnüffelt und ein geeignetes Plätzchen sucht, manchmal auch, wenn er winselt. Achtung: Es kann ebenso sein, dass es ihm gerade langweilig ist oder kalt oder „der Schuh irgendwo anders drückt" – Welpen „jammern" in allen möglichen Situationen! Das werden Sie jedoch bald unterscheiden können. Einen Moment kann man das Malheur durch Hochnehmen verhindern. Diese kurze Zeitspanne reicht meistens, um ihn schnell nach draußen zu tragen. Wenn Sie sehen, dass er sich gerade hingehockt hat, heben Sie ihn am besten kommentarlos hoch und bringen Sie ihn ins Freie. Denn wenn Sie schimpfen und ärgerlich sind, wird er möglicherweise zukünftig sein Geschäft heimlich in der Wohnung verrichten. Negative Emotionen sind hier völlig fehl am Platz, sie zerstören das gerade aufkeimende Vertrauen und verunsichern den Welpen. Nach draußen gebracht, kann es ein Weilchen dauern, bis das Geschäftchen fortgeführt wird, denn durch das Hochheben wurde der Schließmuskel stimuliert. Warten sie geduldig ab.

Pipi auf Kommando

Hilfreich ist es, die „Aktion" direkt von Anfang an mit einem Hörzeichen zu kombinieren. Hockt sich Ihr Hundekind hin und pieselt, können Sie „Mach Bächlein" oder „Mach Pipi" sagen und loben ihn dann. Das muss keine „Hurra–er–hat–gepinkelt–Party" sein! Manche Welpen verkneifen es sich dann wieder und kommen schnell zu Ihnen gelaufen, um zu sehen, was los ist. Oder man macht das Pinkeln durch das Loben so wichtig, dass Ihr Kleiner sich immer und immer wieder hinsetzt, um Aufmerksamkeit zu erhalten – auch solche Fälle gibt es.

Nach ein paar Wiederholungen hat er das Hörzeichen in seiner Bedeutung verstanden. Nun können Sie es sagen, bevor er sich hinhockt und damit beschleunigen, dass er sich schnell eine passende Stelle sucht. Das hilft Ihrem Welpen ungemein, schnell stubenrein

Sollte das Geschäft doch einmal in der Wohnung landen, so machen Sie die Stelle kommentarlos sauber, ohne mit dem Welpen zu schimpfen.

zu werden. Im Übrigen ist das auch später ganz praktisch: Sind Sie in Eile und wollen Ihren Hund nur schnell rauslassen, damit er seine Geschäfte erledigen kann, können Sie ihn direkt dazu auffordern.

Kommentarlos entfernen

Das Malheur im Haus bzw. in der Wohnung wird kommentarlos entfernt. Ein Welpe wird niemals, wie früher üblich, mit der Nase in seine Hinterlassenschaft geschubst! Das ist ein sehr alter Zopf! Bitte kommen Sie ihm zuvor, statt darauf zu warten, dass er sich meldet. Schnell lernt er sonst, dass er für Winseln und Jaulen Aufmerksamkeit erhält.

Stellen Sie sich nachts den Wecker, um Ihren Welpen nach draußen zu bringen. Sie werden bald merken, wenn er länger durchhält und Sie die Zeiten ausdehnen können. Wenn Sie ausschließlich auf sein Signal, zum Beispiel in Form von Fiepen, warten, dann lernt Ihr Hund, Sie damit zu beschäftigen, zur Terrassentür zu laufen, um in den Garten zu dürfen. Das Pinkeln hat dann nur noch „Alibifunktion". Irgendwann stellt er sich vor die Tür und signalisiert: „Hallo, kann mich mal jemand in den Garten lassen?"

Einem erwachsenen Hund reicht es aus, wenn er sich drei bis vier Mal am Tag lösen kann. Diese regelmäßigen Gassigänge sollten Sie ohnehin einplanen. Hat er einmal Durchfall und muss ganz dringend, werden Sie es merken – das versprechen wir Ihnen!

Klappt es mit der Stubenreinheit, können Sie die Zeitabstände langsam vergrößern, bis Sie spazieren gehen, sodass Ihr Hund nach und nach länger einhält.

Haben Sie einen Garten und wollen, dass Ihr Hund sich später nicht mehr dort löst, sollten Sie ihn so schnell wie möglich nicht mehr im Garten machen lassen. Je länger er sich daran gewöhnt, umso selbstverständlicher wird es für ihn sein, seine Geschäfte dort zu verrichten.

Zu Hause ist es sicherer

Anfangs wird es immer wieder passieren, dass der Welpe, kurz nachdem Sie vom Gassigehen wieder zu Hause angekommen sind, in die Wohnung macht. Warum das?

Sie waren lange genug draußen, aber er wollte einfach nicht? Der Grund ist meist folgender: Viele Welpen fühlen sich draußen noch sehr unsicher in der ihnen fremden Welt. Kaum kommen sie nach Hause, tritt ein Gefühl der Entspannung und der Sicherheit ein. Genau richtig, damit sie nun ganz in Ruhe ihr Geschäft erledigen können. Andere Welpen sind einfach so sehr mit den ganzen Eindrücken beschäftigt, dass sie schlichtweg vergessen, dass sie müssen. Ähnlich geht es Kindern manchmal, wenn sie spielen.

Lassen Sie sich von diesem Verhalten bitte nicht beirren und gehen Sie weiterhin regelmäßig mit dem Welpen raus. Er wird dieses Angebot im Laufe der Zeit nutzen und verstehen, was Sie von ihm wollen, wenn er insgesamt si-

cherer und gelassener wird und mehr Vertrauen aufgebaut hat und Sie außerdem das Lösen draußen freundlich bestätigen.

Vor lauter Aufregung

Manche Hunde, vor allem Welpen, urinieren, wenn sie jemanden begrüßen oder wenn sie begrüßt werden. Das passiert vor Aufregung, kann aber auch ein Zeichen von Unterwürfigkeit sein. In solchen Fällen ist es ratsam, die Begrüßung so ruhig wie möglich abzuhalten, der Welpe sollte am besten erst einmal nicht beachtet werden, um seine Aufregung nicht noch zu fördern, beziehungsweise man geht wenn möglich vor die Tür. Somit vermeidet man auf einfache Weise, dass man anschließend putzen muss.

Meistens legt sich dieses Verhalten mit zunehmendem Alter, solange wir cool damit umgehen.

Ist ein Welpe allein gewesen, kann es bei Ihrer Rückkehr passieren, dass er an Ihnen hochspringt oder vor lauter Aufregung uriniert.

Alleine bleiben

Toll ist es natürlich, wenn Sie eine Oma, eine Nachbarin oder eine andere Person haben, die den Welpen gut kennt und die sich zumindest in der ersten Zeit während Ihrer Abwesenheit um den Knirps kümmern kann. Er sollte dennoch recht schnell lernen, allein zu bleiben – je länger er sich daran gewöhnt, dass immer jemand da ist, desto schwerer wird ihm das Alleinbleiben mit zunehmendem Alter fallen. Das Problem für Hunde besteht darin, dass wir sie meistens bei uns haben und sie daran gewöhnt sind, mitzugehen. Wenn wir beispielsweise zum Arzt müssen oder zum Friseur, kann der Kleine aber nicht mit, was ihn bei mangelnder Übung völlig aus der Bahn werfen kann. Daher gilt es, Situationen zu schaffen, mit denen Sie beide leben können.

Wohnbereich für Welpen

Gewöhnen Sie Ihren Zwerg von vornherein an einen kleinen Wohnbereich innerhalb des Hauses, den er kennt und in dem er sich wohlfühlt. Dort sollte er sich weder verletzen können noch Gelegenheit haben, Ihr Inventar auf Bissfestigkeit zu testen. Bedenken Sie, dass schon sehr bald der Zahnwechsel des Welpen bevorsteht – eine Zeit, in der das Kaubedürfnis noch stärker zunimmt. Sie sollten ihm deswegen eine Alternative zu Ihren Stuhlbeinen bieten. Im Laufe der Zeit lässt das Kaubedürfnis in aller Regel nach.

Seine Decke, etwas zum Kauen, zum Beispiel ein kleiner Büffelhautknochen, und unzerstörbares Spielzeug sollten beim Alleinlassen zur Verfügung stehen.

Nach einigen Eingewöhnungstagen kann man damit beginnen, ihn Schritt für Schritt an diesen Wohnbereich (das kann auch der Kennel oder Laufstall sein) zu gewöhnen, während Sie in der Nähe sind, und anschließend ans Alleinbleiben. Halten Sie sich immer wieder mit dem Welpen dort auf, füttern Sie ihn, schmusen oder spielen Sie mit ihm, damit dieser Bereich für ihn angenehm wird und nicht nur Verlassensein bedeutet.

Rituale vermeiden

Lassen Sie keine Rituale entstehen, damit der Hund nicht kombiniert: „Mein Mensch macht sich fertig, zieht Schuhe und Jacke an, steckt den Schlüssel ein …! Klasse, wir gehen gemeinsam spazieren!"

Das Üben beginnt im Alltag, gehen Sie immer mal wieder kurzfristig aus dem Zimmer. Oder ziehen sich Schuhe und Jacke an – und setzen sich anschließend an den Frühstückstisch. Ja, Sie haben richtig gelesen! Damit vermeiden Sie, dass Ihr Hund bereits in Aufregung gerät, wenn Sie sich zum Weggehen vorbereiten. Denn auf diese Rituale reagieren viele Hunde sehr gespannt. Es entsteht eine Unruhe, die weder für den Hund noch für den Menschen angenehm und auch gar nicht notwendig ist.

Auszeiten für den Welpen

Steht Ihr Welpe ständig im Mittelpunkt und findet permanent Beachtung, wird er größere Schwierigkeiten damit haben, das Alleinsein zu akzeptieren. Schaffen Sie von Beginn an gezielte Auszeiten, in denen er zur Ruhe kommen soll, während Sie Ihrer normalen Tätigkeit im Haus nachgehen.

Auch wenn er außerhalb seines Ruheplatzes ist, ignorieren Sie ihn bitte immer wieder. Sie sind zwar da, aber stehen dem Zwerg nicht zur Verfügung, weil Sie anderes zu tun haben. Erledigen Sie Ihre alltäglichen Dinge bitte so selbstverständlich wie möglich. Sind Sie immer für ihn da, wenn er wach und munter ist, dann fällt es umso mehr ins Gewicht, wenn Sie weg sind.

Das Alleinsein-Training

Um das Alleinbleiben gezielt zu üben, sollte der Welpe müde sein – das ist definitiv nach dem Besuch der Welpen-

gruppe der Fall –, satt sein und sich vorher gelöst haben. Je normaler Sie mit der Situation umgehen, desto leichter wird es für Ihren Hund sein. Machen Sie also kein großes Aufheben, alleinbleiben soll ganz normal und stressfrei werden. Verabschieden Sie sich aus diesem Grund bitte nicht, auch wenn es schwerfällt. Das würde gleichbedeutend sein mit: „Gleich wird es wieder gruselig, wenn Frauchen so redet, dann geht sie …" Ignorieren Sie nach dem Verlassen des Raumes jegliches Meckern, Mosern, Jaulen oder Singen! Beschäftigen Sie sich erst einmal mit etwas anderem, und wenn Ruhe eingekehrt ist, gehen Sie wieder zurück, ganz gelassen und so, als wären Sie aus einem anderen Grund in den Raum zurückgekommen. Dann erst, wenn weiterhin Ruhe herrscht und er Sie nicht zu massiv behelligt, schenken Sie ihm wieder Ihre Aufmerksamkeit. Sollten Sie ihn „befreien", während er jammert, bedeutet das für ihn: „Ich muss nur lang und laut genug rufen, dann kommen die Menschen und holen mich hier raus." Sollte Ihr Hund tatsächlich aus Angst

Mit Leckerchen, Ruhe und Geduld wird der Welpe an die Hundebox gewöhnt.

Hunde lernen im Umgang mit Artgenossen, was sich das Gegenüber gefallen lässt und was nicht.

ger wird die Zeitspanne ausgedehnt – in kleinen Fünf-Minuten-Schritten. Es gilt die Devise: Lieber immer mal wieder allein lassen, als nur einmal in der Woche, aber dafür gleich mehrere Stunden. Vielen Hunden fällt es nach dem Wochenende oder nach dem Urlaub schwer, eine Trennung auszuhalten. Lassen Sie ihn bitte auch in diesen Phasen immer wieder allein, und sei es nur kurz, damit die Trennung nach den freien Tagen nicht zu schwer wird.

Beißhemmung

oder Stress jaulen, sollten Sie natürlich wieder in seine Nähe gehen. Es gilt: Ist er in einem Zimmer allein, betreten Sie kommentarlos den Raum und beschäftigen sich anderweitig. Beachten Sie ihn gar nicht. Er hat dadurch wieder genügend Sicherheit, wenn er Sie in seiner Nähe weiß. Das Ignorieren hat folgenden Grund: Ihr Welpe ist noch ganz außer sich, weil Sie weg waren. Gehen Sie bei der Rückkehr auf ihn ein, bestätigen Sie damit seine Aufregung, das bedeutet für ihn so viel wie: „Mein Mensch ist auch froh, dass wir endlich wieder zusammen sind, die Trennung war so schrecklich!"

Zeiten langsam ausdehnen
Verlassen Sie immer wieder kurz den Raum und schließen Sie die Tür hinter sich. Legen Sie ihm ein getragenes Kleidungsstück, zum Beispiel ein altes T-Shirt (vielleicht wird es „Opfer" seiner Zähnchen) hin, dann hat der Kleine zumindest Ihren Geruch und fühlt sich geborgener. Eventuell lassen Sie auch eine CD mit ruhiger Musik laufen, damit Geräusche zu hören sind. Je besser das Alleinsein klappt, umso län-

Das, was wir Menschen pauschal als „Spiel" bezeichnen, ist immer Verhalten sozialer Natur. Hunde kommen nicht auf die Welt und können alles, sondern sie testen, probieren und üben Hundesprache, wenn sie Gelegenheit dazu haben. Hierbei werden unter anderem Handlungen aus dem Jagd- und Beutefangverhalten bzw. dem Sexualverhalten eingebaut. Neben dem Spaß-

Info Beißhemmung

Kaut der Welpe Ihnen auf der Hand herum oder zwickt Sie im Spiel zu sehr, lassen Sie einen Schmerzenslaut erklingen und spielen dann weniger heftig weiter. Meist reicht dies aus, um eine behutsamere Spielweise zu erzielen. Sollte das nicht helfen, unterbrechen Sie die Kommunikation eindeutig, setzen sich an den Tisch und lesen etwas. Auch wenn Ihr Welpe an Ihnen hochspringt, fiept oder knurrt, ignorieren Sie ihn, bis er sich wieder beruhigt hat. Meist ist das viel effektiver, als den aufgeregten Welpen zu maßregeln. Ist er jedoch sehr heftig und reißt zum Beispiel an Ihrer Hose, dann unterbinden Sie dies mit einem „Nein" (siehe Seite 84).

faktor stehen der Ausbau sozialer Fähigkeiten und der körperlichen Fitness im Vordergrund. Deshalb sind Kontakte zu Artgenossen wichtig.

Bei den Raufereien geht es häufig wild, auch mal grob zu und man hört dabei ab und an einen Welpen aufschreien, wenn der Kumpel zu fest zugebissen hat. Der Malträtierte beendet dann oftmals das Spiel. So merken die Welpen, dass zu heftiges Verhalten eine Reaktion des Spielpartners hervorruft: Ist der „Biss" zu fest, folgt zunächst ein lauter Schrei, dann wird entweder zurückgebissen und/oder das Spiel wird abgebrochen.

Die Welpen lernen dadurch, gemäßigt zuzubeißen – denn schließlich ist ihnen daran gelegen, dass das muntere Treiben mit ihrem Hundekumpel fortgesetzt wird.

Treppen steigen

Wenn Sie einen 30 bis 40 Kilogramm schweren Hund später nicht die Treppen hoch- oder heruntertragen möchten oder große Umwege in Kauf nehmen wollen, sollte er lernen, unterschiedliche Treppen (glatte, offene, geschlossene oder sogar Gitterrosttreppen) zu bewältigen. Passen Sie währenddessen auf ihn auf, damit ihm nichts passiert. Bringen Sie Ihrem Welpen das Treppensteigen bei, indem Sie ihn am besten mit Ihrer Stimme und Leckerchen motivieren. Rolltreppen hingegen sollten für Hunde wegen der großen Verletzungsgefahr tabu sein. Grundsätzlich ist beim Welpen bei Treppen darauf zu achten, dass er nur wenige Stufen erklimmen muss, denn dies kann den Gelenken und der Wirbelsäule schaden. Gerade größere Hunde leiden häufig an Skeletterkrankungen, die

durch das zu häufige Treppensteigen ungünstig beeinflusst wurden. Drei bis vier Stufen sind für Welpen in Ordnung, beim Rest wird er getragen. Steigern Sie die Anzahl der Stufen langsam. Übrigens ist das Hochlaufen schonender für die Gelenke als der Weg hinunter, weil das Hinab die Gelenke erheblich staucht. Vermeiden Sie bitte, dass der Welpe bei Ihnen zu Hause ständig Treppen läuft, wie es ihm gefällt.

Auch wenn Ihnen gesagt wird, dass Ihr Hund das erste Jahr Treppen getragen werden sollte, geht das bei einem groß werdenden Hund nicht! Tragen Sie Ihren Hund so lang wie möglich. Allerdings macht es keinen Sinn, wenn Sie anschließend Bandscheibenprobleme haben.

Eine Alternative sind Einstiegshilfen: Im Handel gibt es rutschfeste Bretter, die man auf die Stufen legen kann und die auch für Autos erhältlich sind.

Bei Welpen groß werdender Rassen sollte häufiges Treppensteigen vermieden und der junge Hund stattdessen getragen werden.

Es kann sein, dass Ihr Welpe erst einmal lieber zu Hause bleiben möchte, statt spazieren zu gehen. In der Regel ändert sich das recht schnell, sobald er richtig angekommen und sicherer geworden ist.

Die ersten Spaziergänge

Viele Welpenbesitzer beklagen sich, dass sich der Familienzuwachs in der ersten Zeit weigert, von zu Hause wegzugehen. Das ist völlig normal und leicht zu erklären. Mit seinem „Umzug" hat er alles verloren: Mutter, Geschwister, Bezugspersonen und seinen gewohnten Lebensraum. All dies gab ihm Sicherheit, Geborgenheit und Wärme. Zunächst einmal bietet ihm Ihre Wohnung Schutz.

Ab der siebten, achten Lebenswoche setzt zudem ein mehr oder minder ausgeprägtes Vorsichtsverhalten ein. Zeitweise überwiegt die Neugier, zeitweise die Unsicherheit. Dieses aufkommende Gefahrenbewusstsein kann in der freien Natur lebensrettend sein! Allerdings weiß der Welpe noch nicht, was wirklich gefährlich ist und was nicht. Dies wird er in der nächsten Zeit mit Ihnen zusammen lernen.

Draußen ist es unheimlich

Hat sich der Welpe ein paar Tage eingewöhnt, sieht er Ihre Wohnung als sein neues Zuhause an. Dort fühlt er sich sicher. Sobald ihm etwas unheimlich erscheint, er sich erschreckt, wird er – so schnell ihn seine Füßchen nur tragen und blind für alle Gefahren – nach Hause stürmen wollen. Hat das Kerlchen im Laufe der Zeit Vertrauen zu Ihnen gefasst und eine Beziehung aufgebaut, wird es bei Ihnen Schutz suchen.

Angeleint

Im Wohngebiet und in der Nähe von Straßen sollten Sie den Welpen (später auch den erwachsenen Hund) niemals ohne Leine laufen lassen. In diesen Bereichen können Sie ihn an einer ein bis zwei Meter langen Leine führen.

Da ihn jedoch mehr als einige Minuten konzentriertes, korrektes Laufen an der Leine überfordern, bietet sich in Feld, Wald und Grünanlage eine zehn Meter lange Schleppleine an, an der der Kleine Freiheiten genießen darf und trotzdem „unter Kontrolle" ist.

Auch an sicheren Orten, wo sich keine gefährlichen Straßen in der Nähe befinden, sollten Sie den Welpen an der langen Leine lassen. So können Sie rechtzeitig aus der Ferne einwirken, falls er Unrat findet und diesen fressen will (siehe Seite 32).

Das Gute an der Schleppleine: Wenn Jogger, Radfahrer oder Spaziergänger kommen, können Sie die Leine kommentarlos an die Seite nehmen und sich auf das Ende stellen. Die Leine sollte so lang sein, dass sich Ihr Hund noch bewegen kann, und so kurz, dass er den vorbeilaufenden oder -fahrenden Personen nicht in die Quere kommen kann. Damit signalisieren Sie den anderen, dass Sie Rücksicht nehmen und ermöglichen Ihrem Welpen erst gar nicht, zu

Info Zufluchtsort Auto

Das Auto wird vom Welpen häufig als eine Art Zufluchtsort angesehen. Sie sollten damit rechnen, dass er dort hinrennen möchte, wenn ihn draußen etwas verunsichert. Lassen Sie ihn deswegen in Straßennähe an der Leine, falls er plötzlich losrennt.

fremden Menschen hinzulaufen. Auf diese Weise vermeiden Sie hektische Versuche, Ihren frei laufenden Welpen einzufangen. Je aufgeregter Sie sich nämlich in solchen Situationen verhalten, desto spannender werden die „Objekte" für Ihren Hund, was zur Folge haben kann, dass er sie zukünftig genauer unter die Lupe nehmen möchte.

Kurze Gänge

Denken Sie bei Ihren Spaziergängen daran, auf die Uhr zu schauen. Als Faustregel gilt: Fünf bis zehn Minuten Bewegung pro Lebensmonat am Stück und das drei- bis viermal täglich rei-

chen aus, sonst werden die Gelenke überlastet. Das hängt natürlich von der Größe und der Rasse ab, bei groß und schwer werdenden Hunden ist mehr Vorsicht geboten. Hunde haben in kürzester Zeit ihr Endgewicht erreicht und jede zu große Belastung und jedes Kilo zu viel schaden dem Körper. Eine Ausnahme, was die Bewegung anbelangt, stellt das Welpenspiel dar, denn hier findet keine gleichförmige Bewegung statt. Die Welpen flitzen los, kullern über den Boden, raufen, legen sich kurz hin. Zudem gibt es zwischendurch Ruhephasen, in denen die Hunde angeleint werden.

Es sollte selbstverständlich sein, dass Hundehalter ihren Hund an die Seite nehmen oder auf der abgewandten Seite vorbeiführen, so dass Spaziergänger, Radfahrer, Jogger usw. passieren können.

Interessiert kommen die meisten jungen Hunde aus Neugier heran, wenn der Mensch sich mit anderen Dingen beschäftigt.

Ansteckungsgefahr

Viele Welpenbesitzer äußern ihre Sorge, der Welpe könne sich beim Gassigehen mit Krankheiten infizieren, weil er noch nicht durchgeimpft ist. Grundsätzlich ist diese Sorge berechtigt, aber rein theoretisch dürfte dann kein Familienmitglied das Haus verlassen oder betreten, kein Wildtier (Kaninchen, Fuchs, Marder, Maus oder frei laufende Katze) Ihr Grundstück queren, denn diese können Krankheiten und Parasiten übertragen. Vermeiden Sie jedoch zunächst:

> stark frequentierte Auslaufgebiete (nicht alle Hunde sind gepflegt, geimpft und gesund),
> Wasser- und Futternäpfe in oder vor Läden und Tierarztpraxen sowie
> ungepflegte und unbekannte Vierbeiner.

Anschluss halten

Die meisten Welpen versuchen, Anschluss an ihre Familie zu halten, egal ob es sich dabei nun um Hunde oder Menschen handelt.

Dieser positive Effekt sollte von Ihnen ausgenutzt und vertieft werden, denn er hält leider nicht lange an: Zum Beispiel wenn der pubertierende Schnösel die große, weite Welt erkunden will und sich deshalb auch mal weiter entfernt oder die Zeit im Spiel mit Artgenossen „vergisst".

Machen Sie sich interessant

Oft ist es so, dass Welpen ihre Menschen in kürzester Zeit „in der Tasche" haben und sich nicht mehr für „fünf Cent" um ihre Signale kümmern. Doch dem kann man vorbeugen:

Lässt sich der kleine Naseweis ablenken und passt nicht auf, wohin Sie gehen, sollten Sie sich in Sichtweite verstecken, allerdings so, dass Sie den Zwerg beobachten können. Überprüfen Sie vorher, ob Passanten kommen. Wenn Sie Pech haben, orientiert sich Ihr Kleiner an diesen. Hunde entwickeln erst nach ein paar Wochen eine engere Beziehung zu ihrer neuen Familie. Zunächst würde der Kleine ebenso mit fremden Menschen mitgehen, es sei denn, es handelt sich um einen ausgesprochen unsicheren Hund, doch dieser würde Sie ohnehin nicht aus den Augen lassen.

Nutzen Sie seine Neugierde aus, indem Sie Dinge interessiert begutachten! Bewegen Sie sich etwas fort (ca. zehn Meter) – er wird bald registrieren, dass Sie nicht mehr da sind. Bleiben Sie erst einmal weg, Sie können laut vor sich hin reden oder singen, damit er eine Orientierung hat. Wenn er nicht gerufen wurde, wird er auch nicht gelobt, wenn er kommt. Sie tun so, als hätten Sie im Wald wichtige Dinge zu erledigen: Blumen oder Pilze pflücken oder Blätter und Tannenzapfen suchen – umso interessanter machen Sie sich! Damit wirken Sie beschäftigt und nicht so, als würden Sie sehnsüchtig auf Ihren Welpen warten. Das mag zwar ab und zu so sein, doch das sollte er möglichst nicht mitbekommen, denn er lernt sonst: „Mein Mensch wartet ja sowieso auf mich." Damit wäre jedoch der Mensch derjenige, der sich an seinem Hund orientiert und ihn in Sicherheit wiegt, dass dieser gewiss nicht allein im Wald zurückbleibt. Wenn wir uns dauernd nach unserem Hündchen umdrehen und ihm ständig hinterherrennen, wird er sich seiner immer sicherer und uns im Laufe der Zeit langweilig finden.

Ständiges Rufen wird übrigens schnell zu einer Standortbestimmung. Das bedeutet für den Hund so viel wie: „Ich bin hier, ich bin hier!", und Ihr Vierbeiner wird wissen: „Aha, mein Mensch ist ja da, also kann ich weiterschnuppern."

Warten lernen

Das Auf-die-Leine-Stellen gilt für alle Situationen, in denen der Welpe warten soll. Würden Sie einen Bekannten treffen und Ihrem Hund „Platz" sagen, so hätten Sie folgende Schwierigkeit: Ihr

junger Hund kann vermutlich noch gar nicht lange liegen bleiben und im „Platz" warten. Jetzt müssten Sie Korrekturversuche starten und sich um Ihren Hund kümmern, wenn dieser aufstehen möchte. Das könnte zur Folge haben, dass Ihr Bekannter gelangweilt das Weite sucht.

Wollen Sie sich auf der Straße mit jemandem unterhalten oder sitzen Sie im Restaurant, dann stellen Sie sich einfach auf die Leine, ganz gleich, ob kurze Leine oder Schleppleine, sodass Ihr Hund sich bewegen kann, aber nicht allzu viel Spielraum hat, und ignorieren Sie ihn.

Oder Sie führen das, was Sie dem Hund gesagt haben, nicht reell zu Ende und so lernt dieser, dass Sie inkonsequent sind. Indem Sie auf der Leine stehen, wird er am leichtesten zur Ruhe kommen. Und er lernt ganz nebenbei, zu warten und nicht immer im Mittelpunkt zu stehen. Es geht hier nur um kurze Zeitabschnitte, er soll nicht stundenlang warten.

Möchten Sie sich beim Spazierengehen unterhalten, dann stellen Sie sich währenddessen am besten auf die Leine, ohne dass Ihr Hund sich setzen oder legen muss.

„Hier"

Warum „Hier" statt „Komm"?

„Hier" ist eines der wichtigsten (aber auch schwierigsten) Signale, denn es ermöglicht, dass Ihr Hund ohne Leine umherlaufen und damit mehr Freiheiten genießen kann.

Soll er kommen, rufen Sie ihn am besten mit „Hier", denn „Komm" benutzt man sehr häufig im Alltag, oftmals mit anderer unterschiedlicher Bedeutung: „Komm, geh mal aus dem Weg!", „Komm, geh ins Auto" oder „Komm mit!" Ihr Welpe hört also vielfach „Komm", muss es aber nicht im Sinne von Herankommen befolgen. Besser ist es, wenn er von Anfang an ein eindeutiges Signal erhält, das sonst nicht verwendet wird.

Die Bedeutung muss erlernt werden

Allerdings: Wenn er auf die Welt kommt, weiß er noch nicht, was „Hier" bedeutet. Er kann es lernen, indem wir sein Verhalten mit einem Signalwort besetzen. Ein konkretes Beispiel: Ihr Welpe läuft beim Spaziergang in Ihre Richtung und kommt auf Sie zu. Gehen Sie in die Hocke, lassen Sie den Oberkörper dabei möglichst aufrecht, rufen ihn mit einem langgezogenen „Hiiiiiiier"

zu sich und freuen sich überschwänglich, während er sich weiter in Ihre Richtung bewegt und natürlich immer noch, wenn er angekommen ist. Wenn sich andere Menschen verwundert umdrehen, machen Sie es richtig! Lassen Sie sich davon nicht irritieren: Das Einzige, was jetzt zählt, ist Ihr Welpe und der hundegerechte Umgang mit ihm.

Zeigen Sie ihm, dass Sie seine „Leistung" richtig klasse finden und wertschätzen, indem Sie ihn freudestrahlend begrüßen, also auch von der Körpersprache her entsprechend einladend wirken.

Bremsend würden Sie auf ihn wirken, wenn Sie massiv auf ihn zugehen oder sogar rennen, wenn Sie sich ihm entgegenbeugen, wenn Sie die Arme nach vorne ausstrecken, um ihn schnell festzuhalten, damit er ja nicht gleich wieder abhaut. Das brauchen Sie gar nicht, denn er wird bei Ihnen bleiben wollen, wenn Sie entsprechend auftreten. Bleiben Sie an der ursprünglichen Stelle oder laufen Sie ein wenig rückwärts, lächeln Sie ihn an, breiten Sie die Arme aus und loben Sie ihn mit der Stimme beziehungsweise geben Sie ihm Futter, wenn er da ist, und zwar an Ihrer Seite, sodass er ganz dicht herankommt.

Im Welpenalter erlernt der junge Hund zunächst einmal die Bedeutung unserer Hör- und Sichtzeichen.

Beim Heranrufen beachten

> Nutzen Sie Situationen, in denen die Wahrscheinlichkeit groß ist, dass er zu Ihnen kommen wird.

> Üben Sie das Herankommen immer mal wieder zwischendurch und nicht nur dann, wenn Ablenkung vorhanden ist. Ansonsten wird sich Ihr Hund erst einmal umschauen, was denn los ist, wenn Sie ihn wieder rufen. Ob wohl ein Radfahrer oder Jogger oder etwas anderes Interessantes unterwegs ist?

> Besetzen Sie das Herankommen sehr positiv, indem Ihre Körpersprache freundlich ist, Sie ihn mit der Stimme, mit Futter oder einem Spiel belohnen. Rufen Sie ihn auch mit „Hier" zum Futternapf, damit er das Herankommen besonders positiv verknüpft.

> Als Lob kann auch dienen, dass Sie ihn nach dem Herankommen wieder zum „Objekt der Begierde" laufen lassen: Er spielt mit dem Kind im Garten, Sie rufen ihn ab, er kommt und darf sofort wieder zurück, um weiterhin Spaß zu haben.

> Rufen Sie ihn immer wieder, auch ohne ihn anzuleinen, sonst bedeutet das Kommen irgendwann: Der Spaß ist vorbei, ich muss an die Leine. Andererseits sollte das An-die-Leine-Nehmen absolut positiv besetzt sein und keine Strafmaßnahme darstellen.

> Sinnvoll ist es, Ihren Hund an Ihre Seite kommen zu lassen. Er braucht nicht vorzusitzen, denn das ist wenig einladend. Zudem würde er für das Vorsitzen und nicht für das Herankommen belohnt.

> Möchte man eine Begleithundeprüfung machen, kann das Vorsitzen später noch beigebracht werden. Hunde können im Übrigen sehr gut zwischen Übungsplatz und Alltag unterscheiden.

Am liebsten kommt ein Hund, wenn man sich glaubwürdig freut und den Hund entsprechend motivieren kann.

Was tun, wenn er nicht kommt?

Kommt der Welpe auf Ihren Ruf hin nicht zu Ihnen gelaufen, dann versuchen Sie ihn mit der Stimme stärker zu motivieren. Sie können sich auch ein paar Schritte entfernen. Bitte bedenken Sie jedoch, dass Hunde mit acht/ neun Wochen noch gar nicht so weit sehen und die Lage abschätzen können. Diese Entwicklung kommt erst später.

Trägt er eine Schleppleine, können Sie diese einsetzen, wenn „Plan A" nicht funktioniert. Schnuppert Zwergnase weiter fröhlich vor sich hin und ignoriert Ihren Ruf, laufen Sie mit dem Schleppleinenende in der Hand in die andere Richtung, selbstverständlich auch mit aufmunternder Stimme. Nun kann der Kleine gar nicht anders, als Ihnen zu folgen. Wichtig ist, dass die Leine sofort wieder locker durch-

hängt, denn sonst handelt es sich um ein „Heranangeln" des Hundes.

Er wird auch diesmal sofort gelobt, selbst wenn er mit der Leine kurz „erinnert" werden musste.

Bauen Sie das Heranrufen immer mal wieder in den Alltag ein, damit Ihr Welpe das Hörzeichen „Hier" nach einigen Wiederholungen mit dem Kommen verknüpfen kann. Das wird er auch mit Freude tun, wenn eine tolle Begrüßung auf ihn wartet. Bemühen Sie sich, möglichst gleichklingend zu rufen. Schwingen Aufregung und Hektik in Ihrer Stimme mit, kann das den Hund irritieren.

Gestalten Sie Ihr Lob abwechslungsreich, sodass es immer spannend für Ihren Kleinen bleibt. Wichtig: Bereits der Rückweg des Welpen ist lobenswert und sollte stimmlich entsprechend bestätigt werden.

Herankommen unter Ablenkung

Üben Sie das „Hier" zunächst möglichst immer wieder in ablenkungsfreien Situationen, bis Sie sich sicher sind, dass er das Signal verstanden hat. Anschließend können Sie beginnen, ihn auch unter Ablenkung zu rufen, überlegen sich aber im Vorfeld die Umsetzbarkeit. Sinnvoll ist es, die Ablenkung langsam zu steigern. Beginnen Sie zunächst zum Beispiel mit der Anwesenheit eines gut erzogenen erwachsenen Hundes. Sind mehrere junge Hunde unterwegs und Sie rufen Ihren ab, will dieser vielleicht sogar zu Ihnen kommen, doch ein anderer galoppiert hinterher und bremst Ihren aus. Haben Sie jedoch einen gut erzogenen Hund dabei, kann dieser gestoppt, zum Beispiel ins „Platz" gelegt werden und ist damit uninteressanter als ein tobender Junghund. Gibt sich der Mensch jetzt Mühe, den Welpen mit der Stimme richtig zu motivieren, hat er die besten Chancen, spannender und toller als der vierbeinige Kumpel zu sein.

Es ist wichtig, dass man seine Stimme richtig einsetzt. Rufe ich meinen Hund emotionslos und stehe dann „wie zur Salzsäule erstarrt" da, wird der Welpe keine Veranlassung haben zu kommen. In diesem Fall wird er sich beispielsweise eher für den anderen Hund und den Spaß mit diesem entscheiden.

Der Hund spürt, wenn Sie nicht daran glauben, dass er kommt und Ihre Stimme zögerlich und unsicher klingt. Anders ist es, wenn er „angefeuert" und freundlich begrüßt wird.

Entscheidend ist natürlich auch, dass er nach dem Kommen meistens wieder laufen darf, es also seinem Handeln keinen Abbruch tut, wenn er es kurz unterbricht.

Herankommen soll sich lohnen, vor allem in Ablenkungssituationen. Klappt das, dann hat sich der Welpe Leckerlis verdient.

Günstigerweise haben Sie beim Üben der Leinenführigkeit mehrere Leckerlis in der Hand.

„Bei" – an der lockeren Leine

Der Kleine sollte auch lernen, mit lockerer Leine an Ihrer Seite zu gehen. Dazu verwenden Sie am besten eine kurze, ein bis zwei Meter lange Leine. Animieren Sie den Hund mit einer Hand voll Leckerchen und Ihrer freundlichen Stimme dazu, an Ihrer Seite zu bleiben. Nehmen Sie mehrere Leckerlis in die Hand, damit Sie ihm immer mal wieder eins während des Laufens geben können und diese nicht erst nach und nach müh-

sam aus der Tasche kramen müssen. Soll Ihr Hund links laufen, halten Sie die Leine in Ihrer rechten Hand und das Futter (am besten etwas Kleines, Weiches, damit Ihr Hund es schnell schlucken kann) in der linken, also in der Hand, die näher beim Hund ist.

Wählen Sie ein Signal aus, beispielsweise „Bei". Sagen Sie dieses Signal nur dann, wenn der Welpe wie gewünscht neben Ihnen läuft und loben Sie ihn mit wohlwollender Stimme. Freuen Sie sich zu überschwänglich, veranlassen Sie Ihren Hund eher dazu, schneller zu werden, doch Sie möchten ja, dass er ruhig neben Ihnen geht, also loben Sie entsprechend mit ruhiger Stimme.

Wenn er zieht oder trödelt

Bleibt er zurück oder prescht vor, motivieren Sie ihn mit freundlicher Stimme und führen Sie ihn mithilfe der „Leckerli-Hand" wieder an Ihre Seite. Die Belohnung gibt es immer nur dann, wenn er sich auf Ihrer Höhe befindet und nicht springt.

Bei der „normalen" Leinenführigkeit geht es weniger darum, dass der Welpe exakt an Ihrer Seite läuft, er soll lediglich nicht an der Leine „herumzappeln" und von rechts nach links zerren und ziehen. Zieht der ungeduldige Knirps an der Leine, können Sie abrupt in die entgegengesetzte Richtung gehen und ihn mittels motivierender Stimme wieder an Ihre Seite holen. Laufen Sie zickzack oder einige Wendungen und Richtungswechsel, damit der Kleine sich auf Sie konzentriert.

Besser jedoch ist es, vorausschauend zu handeln: Ändern Sie bereits dann die Richtung, wenn Sie feststellen, dass Ihr Hund gleich von Ihrer Seite weichen wird, wenn er also „gedanklich" mit anderen Dingen beschäftigt ist.

Leinenführigkeit ist für junge Hunde sehr anstrengend. Bitte unterschätzen Sie diese Übung nicht und geben Sie Ihrem Kleinen immer wieder Auszeiten, damit er schnuppern, toben, laufen und Spaß haben kann. Bauen Sie zwei Minuten Leinenführigkeit ein, machen Sie eine Pause, probieren Sie es dann wieder ein paar Minuten – pro Spaziergang zwei bis drei Mal.

Orientiert sich Ihr Hund weg von Ihnen, so gehen Sie direkt (noch bevor die Leine stramm ist), in die entgegen gesetzte Richtung weg.

Ziehender Welpe: Das ist auf die Dauer ganz schön anstrengend für Mensch und Hund ...

Lässt sich Ihr Hund ablenken, wenden Sie sich in die entgegengesetzte Richtung vom Hund ab und motivieren ihn dann wieder, an Ihre Seite zu kommen

Konzentration ist gefragt

Diese Übung bedeutet nicht nur für Ihren Vierbeiner volle Konzentration, sondern auch für Sie. Gleichzeitige Unterhaltungen mit der Nachbarin oder Telefonate mit dem Handy sollten vermieden werden, weil schon der Welpe registriert, wenn Sie abgelenkt sind.

Im Laufe der Zeit sollte Zwergnase zwar lernen, dass die kurze Leine gleichbedeutend mit lockerer Leine ist – auch wenn der Mensch sich unterhält –, aber es wird noch eine Weile dauern, bis er das zuverlässig und über längere Strecken hinweg schafft.

Treffen Sie auf Artgenossen, dann sind Kontakte an der Leine ungünstig, da Ihr Welpe lernt, dass er durch Ziehen seine Ziele erreicht. Er wird beim nächsten Mal umso stärker zu einem anderen Hund hinwollen. Nicht nur bei groß werdenden Hunden kann das ganz schön anstrengend werden. Wünschenswert ist es, wenn der Hund bei seinem Menschen bleibt und Ablenkung ignoriert. Aber auch der Mensch hat eine Aufgabe: Ist der Hund an der Leine, soll dies zu einem Vertrauensbereich werden. Der Hundehalter kümmert sich um frei laufende, aufdringliche Hunde und stellt sich vor seinen Vierbeiner, wenn der vor etwas Angst hat.

Wenn's mal eilig ist

Es wird Situationen geben, in denen Sie es eilig haben und nicht ständig darauf achten können, ob Ihr Hund ordentlich an Ihrer Seite läuft. Sie können dem Welpen in dem Moment, in dem er zieht, ein Hörzeichen geben, zum Beispiel „Zieh". Somit verhalten Sie und er sich „korrekt". Für das „Zieh" wird er allerdings nicht gelobt, sonst verstärken Sie das Zerren an der Leine am Ende noch. Gehen Sie trotzdem Ihren Weg und lassen Sie sich nicht vom Hund nach rechts und links ziehen – er braucht nicht an jedem Grashalm zu schnuppern.

Solche Situationen sollte es möglichst selten geben und sie sollten vor allem weniger werden. Lassen Sie Ihren Vierbeiner besser manches Mal zu Hause, wenn Sie es eilig haben, um stattdessen gezielt Spaziergänge für ihn und mit ihm zu machen, bei denen Sie sich auf ihn konzentrieren können. Schließen Sie lieber einen Kompromiss, der auch so aussehen kann, dass Sie ihn tragen, ehe Sie mühsam versuchen, ihn an lockerer Leine zu führen.

Ein Welpe lässt sich alternativ in einem offenen Rucksack oder in einem Babytragetuch vor dem Bauch transportieren, solange er noch nicht leinenführig ist. So gerät er in Menschenmengen auch nicht unter die Füße.

Es ist angenehm für Mensch und Tier, wenn der Hund uns an lockerer Leine begleitet.

„Sit"

Wir empfehlen das Hörzeichen „Sit" statt „Sitz", zum einen weil es sich in der Endung besser vom „Platz" unterscheidet und sich zum anderen kürzer und prägnanter als „Sitz" aussprechen lässt.

Für die meisten Welpen ist „Sit" eine einfache Übung: Halten Sie ein Leckerchen zwischen Mittelfinger und Daumen, sodass der Zeigefinger nach oben weist. Das Leckerchen wird an die Nase des kleinen Knirpses gehalten und die Hand langsam nach oben geführt. Richtet sich der Kopf nach oben, geht das Hinterteil zu Boden. Geben Sie das Hörzeichen „Sit", während sein Hinterteil den Boden berührt und loben Sie, wenn der Hund richtig sitzt. Anfangs sollte er sofort wieder durch ein „Lauf" freigegeben werden, denn der Welpe kann sich noch nicht lange konzentrieren und sitzen bleiben.

Bitte lassen Sie ihm die Chance, sich selbst zu überlegen, was Sie von ihm wollen, anstatt körperlich einzuwirken, indem Sie an der Leine ziehen oder gar das Hinterteil herunterdrücken. Was man sich selbst „erarbeitet", wird schneller verstanden und bleibt besser im Kopf.

Sitzen bleiben

Der Welpe wird im nächsten Schritt lernen, sitzen zu bleiben (doch das dauert ein paar Tage). Sie geben ihm das Signal „Sit", er sitzt, Sie loben ihn kurz mit der Stimme, bleiben neben ihm stehen und warten einen Moment. Klappt das, geben Sie ihn mit „Lauf" in Verbindung mit einer ausladenden Handbewegung wieder frei.

Steht er jedoch ohne Ihr Signal auf, korrigieren Sie ihn sofort mit „Sit". Halten Sie mehrere Leckerchen bereit, damit Sie ihn sofort motivieren können, sich erneut hinzusetzen.

Loben und das Ende der Übung sollten nicht direkt ineinander übergehen, sondern klar voneinander getrennt werden, damit der kleine Kerl nicht meint, Ihr Lob würde die Übung beenden. Machen Sie lieber eine deutliche Pause dazwischen.

Halten Sie Ihrem Welpen ein Leckerli an die Nase, ohne es ihm zu geben, und führen Sie die Hand ganz langsam nach oben.

Sich vom Hund entfernen

Hat Ihr Hund gelernt, eine Weile sitzen zu bleiben, während Sie neben ihm stehen, können Sie sich versuchsweise von ihm entfernen. Gehen Sie zunächst nur ein paar Schritte weg. Steht Ihr Hund zwischenzeitlich auf, stoppen sie ihn schnell wieder, indem Sie auf ihn zugehen und mit dem dazugehörenden Handzeichen wieder „Sit" sagen.

Hat er sich bereits von der ursprünglichen Stelle entfernt, nehmen Sie ihn an der Schleppleine, in ungefähr einem Meter Abstand vom Halsband, und bringen ihn an die Ausgangsposition zurück. Dort geben Sie ihm bitte erneut das Signal.

Zwar sollten Sie grundsätzlich keine Hörzeichen wiederholen, doch wenn er frühzeitig aufsteht, wird er mit einem weiteren „Sit" korrigiert.

Wenn er aufsteht, liegt es meist daran, dass man die Übungsschritte zu schnell gesteigert hat. Sie sollten sich zunächst nur ein, zwei Meter entfernen, zum Hund zurückkehren und ihn nach dem Loben wieder laufen lassen.

Keine Angst: Mit regelmäßigem Training können Sie sich bald weiter entfernen. Zu Anfang ist die Distanz unerheblich, entscheidend ist, dass der Welpe lernt abzuwarten, bis er freigegeben wird. Hält es Ihr Hund eine Weile sitzend an einem Fleck aus, dann belohnen Sie ihn zwischendurch, indem Sie ihn freundlich, aber ruhig ansprechen.

Später können Sie die Übung festigen, indem Sie im Moment des Aufstehens einen Unmutslaut von sich geben, z. B. ein „Hey", „Na" oder „Oh-Oh". Damit wird er unterbrochen und merkt an Ihrem Tonfall, dass das Verhalten nicht erwünscht ist.

Info Gleich gesprochen

Häufig sagt man im Alltag „Siiit", in einer kritischen Situation (der Hund rennt hinter einem Hasen her) schreit man plötzlich „SIT", dann weiß der Hund aber nicht, was der Mensch meint. Hörzeichen sind deshalb immer gleich auszusprechen, gleich kurz, gleich intensiv, gleich gelassen.

Setzt er sich hin, so sagen Sie in dem Moment das Signal „Sit" und geben ihm eine Belohnung.

Der Welpe darf am Leckerli schnüffeln, welches dann langsam Richtung Boden geführt wird. Die Belohnung erhält er, wenn er sich hingelegt hat.

Was der Mensch vermeiden sollte

Bleiben Sie ruhig und gelassen und vermeiden Sie hektische Bewegungen und Erklärungen nach dem Motto: „Jetzt bleib endlich sitzen, hab ich dir nicht gesagt…, wenn du jetzt brav sitzen bleibst, bekommst du gleich ein Leckerchen …"

Wenn Sie ihn ständig loben oder mit ihm reden, während er sitzt, animieren Sie Ihren Welpen durch Ihre Stimme höchstwahrscheinlich zum Aufstehen. Deshalb setzen Sie lieber nur ein kurzes Lob ein, wenn er sich hingesetzt hat. Es handelt sich um eine ruhige Übung. Mit viel Stimmeinsatz wird Ihr Hund hingegen beschleunigt. Ablenkung kann später dazukommen.

Zurück zum Hund

Anfangs sollten Sie zu Ihrem Hund zurückgehen, und zwar lieber neben ihn, nicht frontal auf ihn zu, statt ihn abzurufen. Schnelle Hunde werden mit lang gezogenen Vokabeln gelobt („braaaver Hund, guuuter Junge"), ein ruhigerer Hund darf mit mehreren Worten und etwas mehr Pepp bedacht werden, bis Sie ihn wieder freigeben.

Es ist zwar toll, wenn der Hund angaloppiert kommt, doch das Heranrufen aus dem „Sit" sollte erst einmal unterlassen werden. Rufen Sie ihn heran, wächst in ihm die Spannung, obwohl er eigentlich ruhig warten soll: „Wann werde ich gerufen, wann werde ich gerufen?"

Außerdem belohnen Sie ihn damit für das Herankommen und nicht mehr für das Bleiben.

Tipp Hörzeichen aufbauen

Geben Sie dem Welpen, der sämtliche Signale erst erlernen soll, bitte nur dann die Hörzeichen, wenn er die entsprechende Handlung ausführt, nicht schon im Vorfeld. Wenn er auf die Welt kommt, weiß er noch nicht, was „Hier", „Sit" und „Platz" bedeuten, es bringt nichts, ihm diese Begriffe immer wieder zu sagen und zu hoffen, dass er sie ausführen wird. Er lernt auf diese Weise nur, dass Ihre Signale keine Bedeutung haben und er sie ignorieren kann oder verknüpft sie sogar falsch. Schaut er – während Sie „Platz" sagen – gerade auf das Leckerli und berührt dabei Ihre Hand, kann es sein, dass er meint, „Platz" bedeutet: „Ich muss die Hand des Menschen berühren".

Besetzen Sie eine Handlung immer wieder mit einem Hörzeichen, so können Sie nach mehreren Wiederholungen das Signal vorab sagen.

In ruhigem Umfeld und mit etwas Geduld erlernt ein junger Hund das Signal „Platz" sehr schnell.

So bauen Sie die Übung auf

> Ihr Welpe erlernt das Hörzeichen „Sit" in Verbindung mit dem Sichtzeichen.
> Sie verlängern die Dauer, die er sitzen bleiben soll, während Sie neben ihm stehen.
> Sie entfernen sich ein paar Schritte, reduzieren dabei aber wieder die Zeitspanne.

Ist Ihr Hund etwas älter, können Sie die Übung folgendermaßen ausbauen:

> Sie gehen weiter weg und lassen ihn längere Zeit sitzen.
> Sie gehen in die Hocke, sammeln Blätter, hüpfen, springen, während der Hund sitzen bleiben soll.
> Hält es Ihr Hund eine Weile sitzend an einem Fleck aus, dann belohnen Sie ihn zwischendurch, in dem Sie ihn freundlich, aber ruhig ansprechen.
> Lassen Sie sich und dem Hund Zeit. Denken Sie an ein gutes und zuverlässiges Fundament – das ist viel mehr wert als auf die Schnelle viele Übungen zu erlernen.

„Platz"

Es gibt verschiedene Möglichkeiten, wie Sie Ihrem Hund das Signal „Platz" beibringen können.

„Folge dem Leckerli"

Zum Beibringen weist der Handrücken der flachen Hand nach oben, die Handinnenfläche zeigt nach unten, unter dem Daumen ist ein Leckerli festgeklemmt.

Lassen Sie Ihren Welpen kurz daran schnuppern und führen Sie Ihre Hand langsam Richtung Boden. Viele Hunde legen sich nach einer Weile automatisch hin, um näher an das Leckerli zu rücken und dieses zu erreichen. Seien Sie geduldig und warten Sie, auch wenn es nicht gleich klappen sollte. Halten Sie Ihre Hand ruhig unten und lassen Sie Ihren Hund „nachdenken" und ausprobieren. Wenn er sich schließlich (zufällig) hinlegt, folgt genau in dem Moment Ihr Signalwort „Platz" und Sie loben den Welpen.

Will es momentan gar nicht funktionieren, ist der kleine Knirps womöglich satt und strengt sich nicht an, an das Futter zu gelangen, er kann sich nicht mehr konzentrieren oder er traut sich nicht. Werden Sie bitte nicht ungeduldig, er weiß ja nicht, was er machen soll. Sie können ein paar Meter weitergehen, damit er entspannen kann, und versuchen es erneut. Das Gute ist, dass Sie kein Hörzeichen verschenken, da Sie es erst während seiner Handlung sagen.

Eine Übung, die größere
Kinder auch schon mit
einem Welpen erfolg-
reich machen können:
„Sit".

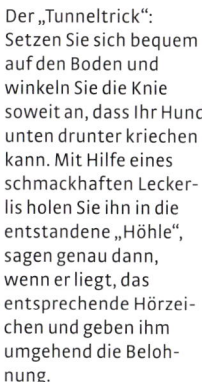
Der „Tunneltrick": Setzen Sie sich bequem auf den Boden und winkeln Sie die Knie soweit an, dass Ihr Hund unten drunter kriechen kann. Mit Hilfe eines schmackhaften Leckerlis holen Sie ihn in die entstandene „Höhle", sagen genau dann, wenn er liegt, das entsprechende Hörzeichen und geben ihm umgehend die Belohnung.

Der Tunneltrick

Geht der Welpe nicht ins Platz, hilft oft ein Trick: Setzen Sie sich auf den Boden, winkeln Sie die Beine an und lotsen Sie den Welpen mit Hilfe von Futter unter Ihren Beinen hindurch. Diese Übung ist auch gut für das Vertrauensverhältnis zwischen Mensch und Hund, da er nah zu Ihnen kommt. Bitte winkeln Sie die Beine entsprechend an, sodass Ihr Hund sich darunterlegen muss, um an das Leckerli zu kommen, aber drücken Sie sie nicht plötzlich herunter, sonst kann der Welpe erschrecken und macht die Übung kein zweites Mal mit.

Eine andere Möglichkeit: Ziehen Sie die Belohnung vor ihm auf dem Boden unter einem Stuhl oder Ähnlichem durch (Günther Bloch). Der Welpe krabbelt hinterher. Für beide Varianten gilt: Liegt er, kommt Ihr Signalwort „Platz" hinzu, anschließend folgt das Lob und direkt danach das „Lauf".

Viele Welpen, vor allem jene mit kurzem Fell, mögen sich nicht gern hinlegen, wenn es draußen kalt und nass ist. Da Ihr Hund „Platz" nicht nur in der warmen Wohnung lernen soll, können Sie sich behelfen: Nehmen Sie ein Handtuch oder eine Decke mit nach draußen, auf die sich der kleine Kerl legen kann. So bekommt er keinen kalten Bauch. Natürlich wird das „Platz" später auch ohne Decke geübt.

Viele kurze Trainingseinheiten

Es sollten mehrere kurze Trainingseinheiten in den Alltag eingebaut werden. Bedenken Sie: Es gibt keinen Unterschied zwischen Alltag und Training und es gelten immer dieselben Spielregeln, sonst lernt Ihr Hund nämlich ganz schnell, dass er nur an einer bestimmten Stelle, zu einer bestimmten Tageszeit oder nur in einer bestimmten Situation gehorchen soll.

Variieren Sie die Übung immer wieder, denn so festigen Sie spielerisch den Gehorsam in allen möglichen Situationen. Üben soll Freude machen und nicht als Disziplinierungsmaßnahme verstanden werden. Sie werden den größten Erfolg haben, wenn Sie sich und den kleinen Kerl nicht unter Druck setzen. Wenn Sie ein neues Signal einüben, sollten Sie die Übungseinheit mit einer Aufgabe beenden, die der Welpe sicher beherrscht. So finden Sie ein positives Ende und er kassiert zum Schluss garantiert eine Belohnung.

„Nein" und „Aus"

„Nein"

Diese Signale können Ihrem Welpen das Leben retten, beispielsweise wenn er Unrat am Straßenrand fressen möchte, dazu ansetzt, an einem Kabel zu knabbern oder einen kleinen, spitzen Gegenstand im Maul hat. Es ist wichtig, dass Sie diese Signale klar übermitteln: Ein „Nein" ist ein „Nein" und kein „Jein". Wenn Sie „Nein" sagen, soll der Welpe seine Handlung unterbrechen, zum Beispiel wenn er gerade Möbel an-

Tipp   Wiederholungen

Welpen verstehen die Bedeutung von Signalen recht schnell. Damit der Knirps sich diese gut einprägt, sind häufige Wiederholungen und Wechsel des Übungsortes wichtig. Denn Hunde generalisieren nicht, können ihr Verhalten also nicht auf andere Situationen übertragen.

frisst oder hinter einem Pferd herrennt. Zum trainieren halten Sie Leckerlis bereit, am besten etwas Kleines, Weiches. Sie legen ein Leckerli auf Ihre flache Hand und sagen ihm „Nimm". Er darf es sich nehmen. Anschließend legen Sie wieder etwas auf Ihre Hand und sagen dieses Mal energisch „Nein", wenn er sich mit seiner Schnauze dem Futter nähert. Parallel dazu schließt sich Ihre Hand, wenn er fressen möchte. Öffnen Sie die Hand wieder und testen Sie, ob er Ihr „Nein" akzeptiert. Hält er Abstand, loben Sie ihn mit der Stimme. Viele Hunde meinen, damit wäre es erledigt und, zack, ist die Hundeschnauze wieder auf dem Weg zum Leckerli. Sollte das der Fall sein, ertönt wieder das „Nein" und die Hand schließt sich. Wenn er darauf reagiert, sich abwendet und Sie ihn mit der Stimme loben können, geben Sie ihm etwas mit „Nimm", damit es nicht zu einer falschen Verknüpfung kommt – nicht, dass der Hund meint, er dürfe nichts mehr aus der Hand nehmen – bei „Nimm" ist es wieder erlaubt.

Bitte variieren Sie immer wieder. Nicht, dass es einmal etwas gibt, einmal nicht. Es kann auch zwei- oder dreimal hintereinander etwas mit der Aufforderung „Nimm" geben. Er soll schließlich auf Ihre Worte achten und kein Schema, das aus „Ja/Nein/Ja/Nein" besteht, entwickeln, sondern explizit auf Ihre Signale reagieren.

Es gibt Hunde, die das Verbot sehr schnell akzeptieren, andere versuchen immer wieder hartnäckig, an das Futter zu kommen. Bitte bleiben Sie konsequent und geben ihm nichts, bis er das „Nein" akzeptiert, sonst würde ihn die Unklarheit nur verwirren.

Festigen Sie das „Nein": Sie legen ein Leckerli auf den Boden. Wenn der Kleine es fressen möchte, folgt Ihr Hörzei-

Linkes Bild: Nähert sich die Hundenase dem Leckerli auf der Hand trotz Hörzeichen „Nein", dann wird die Hand möglichst schnell geschlossen, damit der Welpe keinen Erfolg hat.

Rechtes Bild: Der Welpe hat verstanden, dass er das Leckerli liegen lassen soll.

Mit entsprechender Erlaubnis durch den Menschen darf der Welpe sich das Leckerli nehmen.

chen und Sie versperren ihm zeitgleich den Weg zum Futter. Nehmen Sie jetzt den Fuß wieder weg und der Welpe will wieder zum Leckerli, versperren Sie ihm erneut den Weg. Das geht so lange, bis er Ihr „Nein" akzeptiert und Sie ihn loben.

Andere Übungsmöglichkeit: Sie haben etwas besonders Leckeres (Käsebrötchen, Wurst etc.) auf dem Spazierweg ausgelegt, sehen, dass Ihr Welpe darauf zusteuert und halten schon vorausschauend die Schleppleine in der Hand. Wenn er das „Futter" erspäht und Anstalten macht, es aufzusammeln, können Sie ihn in diesem Moment mit „Nein" unterbrechen, indem Sie ihn mit der Leine „bremsen". Entscheidend ist, dass der Hund nichts von den am Boden liegenden Leckereien erwischen kann. Sofort danach folgt wieder Ihr Lob!

Signale auf einen Blick

Hunde kommunizieren vorwiegend nonverbal, deshalb sollten
Hör- mit Sichtzeichen kombiniert werden. Wir empfehlen:

> „Hier" bedeutet: „Komm direkt und ohne Umschweife zu mir." Dazu hocken
> Sie sich hin und strecken einen Arm zur Seite aus, bis der Welpe da ist. Ganz
> dicht bei Ihnen angekommen, erhält der Welpe die Leckerlis zur Belohnung.

> „Sit" heißt: „Setz dich hin, dort, wo du gerade bist." Deutlich nach oben aus-
> gestreckter Arm und erhobener Zeigefinger, damit dieses Zeichen auch gut
> auf Entfernung zu sehen ist. Das kann eine wichtige „Bremse" sein, wenn
> der Hund zum Beispiel gerade Richtung Straße läuft.

> „Platz" bedeutet: „Leg dich an Ort und Stelle hin." Der Handrücken der
> flachen Hand weist nach oben, die Handinnenfläche zeigt nach unten, die
> Hand wird nicht vor, sondern seitlich neben den Körper gehalten, damit sie
> für den Vierbeiner besser sichtbar ist.

> „Bei" heißt: „Lauf mit lockerer Leine neben mir." Es sollte ein anderes Signal
> für das Gehen an der rechten Seite eingeführt werden als für die linke.

> „Nein" bedeutet: „Unterlass das, was du gerade tust oder zu tun gedenkst."

> „Aus" heißt: „Gib mir, was du gerade im Maul hast."

> „Lauf" besagt: „Die jeweilige Übung ist beendet." Der Hund darf im begrenz-
> ten Rahmen Freiheiten haben, soll aber nicht zwanzig, dreißig Meter weit
> weglaufen, Hühner aufscheuchen oder Kinder verbellen. Er kann sich jedoch im
> Zehn-Meter-Radius um uns herum bewegen, sodass wir ihn im Auge behalten.
> Eine ausladende Handbewegung gibt den Hund frei.

> „Setz dich/leg dich" bedeutet: „Mach's dir irgendwo bequem, aber es muss
> nicht auf der Stelle sein", zum Beispiel im Restaurant.

> „Komm" heißt: „Komm in meine Nähe/Reichweite, auch langsam, aber:
> Rückweg einschlagen!"

„Nein" mit Schnauzgriff

Bei sehr hartgesottenen Sprösslingen, die zum wiederholten Mal am Stuhlbein knabbern, kann es nötig sein, körperlich einzuwirken, um den Kleinen zu stoppen und das stimmliche „Nein" zu unterstreichen. Den Schnauzgriff kennen Hunde aus ihrem eigenen Verhaltensrepertoire. Der Mensch kann ihn imitieren, indem er mit der Hand über die Schnauze greift und dabei schnell und energisch die Lefzen gegen die Zähne drückt – ein zeitgleiches „Nein" dient als Abbruchsignal.

Bleiben Sie dabei möglichst aggressionslos und seien Sie bitte nicht nachtragend. Wenn der Kleine aufhört und die Maßregelung akzeptiert, sind Sie sofort wieder freundlich. Negativeinwirkungen sollten nicht zur Dauereinrichtung werden. Generell sollte eine einmalige Einwirkung reichen, damit er zukünftig bereits auf Ihr Hörzeichen reagiert.

„Aus"

Das „Aus" soll den Welpen dazu veranlassen, etwas herzugeben, das er bereits im Maul hat. Viele Hundebesitzer setzen es auch ein, wenn der Hund etwas unterlassen soll, zum Beispiel das Bellen. Wenn Sie das „Aus" zum Unterlassen seines Handelns benutzen wollen, benötigen Sie ein anderes Signal für das Ausgeben von Gegenständen, denn Vermischungen von Hörzeichen bringen unsere Vierbeiner durcheinander.

Wollen Sie später mit dem Hund apportieren, ist das Signal „Aus" sehr wichtig. Sie können es Ihrem Knirps über ein „Tauschgeschäft" beibringen. Hat er Ihren Schuh im Maul, dann halten Sie ein Leckerli in der Hand parat. In dem Moment, indem der Welpe an das Leckerli möchte und den Schuh aus dem Maul fallen lässt, sagen Sie „Aus" und geben die Belohnung.

Schmuseeinheiten runden Spaziergänge ab und lassen eine noch innigere Mensch-Hund-Beziehung entstehen.

Zu den Bildern auf S.87: Möchten Sie verhindern, dass Ihr Hund Müll aufsammelt, dann können Sie ihn körpersprachlich abblocken (oben), oder aber Sie unterstreichen Ihr stimmliches „Nein" mit einem kurzen Griff ins Fell (Mitte).
Läuft Ihr Welpe brav mit und lässt den Müll dort, wo er ist, dann geben Sie ihm freundliche Rückmeldung (unten).

Gemeinsame Outdoor-Beschäftigungen

Viele Menschen meinen, dass man mit seinem Hund spazieren ginge, damit er „Zeitung lesen" kann. Natürlich soll er auch „Hund" sein dürfen, schnüffeln gehen und toben können.

Aber: Die Spaziergänge sind normalerweise die Zeiten, die wir uns gezielt für unseren vierbeinigen Kumpel nehmen – also soll er doch ruhig Spaß mit uns haben und nicht nur allein. Er hat den ganzen Tag „frei" und möchte zwischendurch auch mal gefordert werden. Damit meinen wir nicht, dass er gedrillt wird und draußen nur Gehorsamsübungen machen soll. Bieten Sie ihm Abwechslung, wählen Sie unterschiedliches Gelände aus und flanieren nicht nur die bekannten Wege entlang. Beschäftigen Sie sich aktiv mit ihm, laufen Sie, rennen Sie ein Stück, lachen Sie, knuddeln Sie ihn, wälzen Sie sich

mit Ihrem Welpen im Gras – sprich: entdecken Sie gemeinsam alles, was die Welt bietet. Wenn Ihr Hund es nicht bemerkt, verstecken Sie Futter im Gras und freuen sich über Ihren Fund. Hunde sind von Natur aus neugierig, wollen sehen, womit wir uns beschäftigen, und wenn Sie es erlauben, darf er auch etwas von Ihrer „Beute" abbekommen.

Der tollste Spielkamerad

Werden Sie zum Nabel seiner Welt, indem sie mit Ihrem Hund gemeinsam spannende Dinge unternehmen. Damit sind Sie toll und haben etwas zu bieten – nicht nur der fremde Hund, den Sie beim Spaziergang treffen und der ein potenzieller Spielkamerad ist. Wir wollen, dass der Hund Freiheiten hat. Doch was passiert, wenn ich ihn „nur" laufen lasse? Er sucht sich anderweitig „Hobbys", geht jagen, rennt Joggern hinterher oder lässt uns auf der Hundewiese stehen, bis er fertig gespielt hat oder, oder …

Beim Spaziergang sollten sich Spaß, Übungen und „Freizeit" die Waage halten – mit Freizeit meinen wir, dass der Hund schnuppern kann und innerhalb des Zehn-bis-fünfzehn-Meter-Radius seiner Wege gehen darf. Hunde sind soziale Lebewesen und entfernen sich nicht weit von ihrer Gruppe – jedenfalls nicht ständig. Das ist so, als würden Sie mit Ihrem Partner spazieren gehen. Der eine läuft zehn Meter vor dem anderen und geht Blümchen pflücken, während der andere telefoniert. Das hat nicht viel mit guter Beziehung zu tun!

Spielen macht klug

Je mehr Herausforderungen ein Hund in seiner Welpenzeit bewältigen konnte, desto leichter wird es ihm auch als erwachsenem Vierbeiner fallen, Aufgaben zu lösen und neue Dinge zu lernen.

Spielen ist ein wichtiger Beitrag: Es macht klug, fördert das Selbstbewusstsein, sorgt für die körperliche Fitness und stärkt die Beziehung zum Menschen: Rangeln Sie um ein Spielzeug und kullern Sie sich gemeinsam auf dem Boden. Der Kleine darf dabei auch ruhig mal auf Ihnen herumhopsen oder das Spielzeug erbeuten, Sie müssen deswegen nicht sofort ein „Rangordnungsproblem" befürchten. Voraussetzung ist jedoch immer, dass das Spiel nach Ihren Regeln abläuft: Sie bestimmen Anfang und Ende. Wird der Kleine zu wild und steigert sich in das Spiel hinein, brechen Sie kommentarlos ab.

Spielabbruch findet auch unter Hunden statt: Wird einer zu heftig und tut dem anderen weh, führt das häufig dazu, dass der gemeinsame Spaß erst einmal vorbei ist.

Gemeinsames Toben schweißt zusammen!

Apportieren kann schon im Welpenalter spielerisch begonnen werden.

Apportieren

Apportieren bedeutet, dass Ihr Hund Ihnen auf Aufforderung einen gewünschten Gegenstand bringt. Wählen Sie einen aus, den Sie „verwalten", der also nicht zur freien Verfügung steht, sonst wird er uninteressant. Es sollte etwas sein, das liegt, wenn es geworfen wurde, also kein Ball.

Ab und zu packen Sie den Gegenstand aus und machen ihn spannend, indem Sie ihn in die Luft werfen und sich damit beschäftigen. Ziehen Sie das „Apportel" auch mal über den Boden, weg vom Welpen, sodass dieser hinterherrennen und es fangen möchte.

Zeigt er großes Interesse an dem Gegenstand, drängelt aber nicht übermäßig, werfen Sie diesen weg, und Ihr Hund darf sofort hinterhersausen. Viele Hunde nehmen das Apportel schnell auf, wenn es im Vorfeld spannend gemacht wurde. Loben Sie Ihren Welpen

Tipp Das Futtersuchspiel

Eine tolle Sache zur geistigen Auslastung, zum Intensivieren der guten Beziehung und des Gehorsams ist das Futtersuchspiel:
Nehmen Sie sich eine Hand voll Futter. Halten Sie sich ein einzelnes Leckerli vor die Nase und sagen „Schau". Wenn Ihr Hund Sie ansieht, rollen Sie dieses Leckerli über den Boden von ihm weg und lassen ihn mit „Such" hinterherlaufen. Hat er das Leckerli erreicht, geben Sie es mit „Nimm" zum Verzehr frei und rufen ihn mit „Hier" wieder zurück. So kann man das Herankommen spielerisch einbauen.
Generell sollte der Kleine nichts Fressbares vom Boden aufsammeln, wie schon beim „Nein" erwähnt, aber in dem Fall erlauben Sie es ja durch die Signale „Such" und „Nimm".

überschwänglich und motivieren Sie ihn, zu Ihnen zu kommen. Sollte das klappen, dann konzentrieren Sie sich bitte weiterhin auf Ihren Hund, nicht auf das Apportel. Lassen Sie ihm einen kleinen Moment die „Beute", bevor Sie sie nebenbei abnehmen. Vielen Hunden vergeht die Lust am Apportieren, weil wir auf sie zustürmen und den Gegenstand wegnehmen. Im Lauf der Zeit können Sie die Apportierübungen mehr und mehr ausbauen: Ihr Hund bleibt sitzen und wartet gelassen, bis Sie ihn losschicken, der Gegenstand wird weiter geworfen, Sie verstecken ihn im Gebüsch und lassen ihn suchen. Je schwieriger die Leistung, desto größer fällt das Lob aus!

Weniger gute Beschäftigungen

Zerrspiele, bei denen sich Ihr Hund hochschaukelt und die nicht mehr Ihrer Kontrolle unterliegen bzw. die ein reines Gegeneinander bedeuten. Fast jeder (Erst-)Hundebesitzer spielt sie gern, aber sie sind eher kontraproduktiv, weil sie die Rauflust des Hundes fördern können. Zumindest, wenn sich der Hund in das Zerren übermäßig hineinsteigert.

Geworfene Bälle können weit rollen. Wenn der Hund den Ball stoppen will, springt er mit den Vorderpfoten darauf. Das geht sehr auf die Gelenke! Außerdem sind Ballspiele eher stupide und können den Menschen zur Ballmaschine degradieren. Zudem ähnelt der wegfliegende Ball fliehender Beute und kann bei Hunden mit jagdlichen Veranlagungen das Muster des Jagdverhaltens manifestieren.

Ihr Hund sollte also immer trotz eines Apportiergegenstandes oder eines Spielzeugs seinen Menschen wahrnehmen und sich nicht zum „Balljunkie" entwickeln.

Fast jeder Welpe trägt gern etwas. Diese Veranlagung in die richtigen Bahnen gelenkt, können später unterschiedliche Apportierübungen für Abwechslung sorgen.

Ein Welpe durchläuft von seiner Geburt an verschiedene Phasen der Entwicklung. Aus einem hilflosen und ganz und gar von der Mutter abhängigen Wurm wird ein Hund, der mehr und mehr Erfahrungen sammelt, von denen sein weiterer „Werdegang" abhängt. Mit zunehmender Funktionalität seiner Sinnesleistung möchte der junge Hund seine Umwelt intensiver erkunden.

Früh beginnen

In den ersten Wochen lernen Welpen immens viel, es ist fast so, als hätten wir eine „Festplatte" vor uns, die nach und nach mit Informationen gefüllt wird. Wir Menschen haben eine große Aufgabe und Verantwortung, wenn wir ihn vernünftig auf sein Leben vorbereiten wollen.

Allerdings: Je mehr ein Hund kennt, desto klüger wird er! Es erweitert sein Spektrum und öffnet „Schubladen". Das kann durchaus auch anstrengend werden, zum Beispiel was das Maß an Beschäftigung und Training anbelangt. Wenn man sonst immer konsequent ist, erkennt er schnell, wenn man's mal nicht ist. Er sucht und findet dann eher Lücken.

Nutzen Sie Welpenspielstunden

Das Spiel unter gleichaltrigen Vierbeinern ist für den Welpen durch nichts zu ersetzen. Hier werden viele wichtige Lernerfahrungen gesammelt – vorausgesetzt, die Spielstunden laufen vernünftig und qualifiziert ab. Der Besuch von Welpengruppen bietet sich zum

In der Welpenstunde werden die Hunde an neue Situationen herangeführt und mit ihnen vertraut gemacht.

Erlernen, Verfeinern und Festigen der Hundesprache und des innerartlichen Sozialverhaltens an. Des Weiteren ist das Kennenlernen von diversen optischen und akustischen sowie taktilen Reizen und die unterstützende Sozialisation auf Menschen ein Bestandteil von Welpenspielgruppen.

Gute Welpenspielgruppen finden

Hundeschulen und Vereine, die Welpengruppen anbieten, gibt es viele – gute sind jedoch selten. Folgende Kriterien sollten gute Welpenkindergärten erfüllen: Der Trainer/die Trainerin (ab sofort verwenden wir der Einfachheit halber die männliche Schreibweise) nimmt sich vor dem ersten Welpenspiel genügend Zeit, um den Ablauf zu erläutern und Ihre Fragen zu beantworten.

Die „neuen" Welpen werden etwas eher zur Welpengruppe bestellt, damit sie sich in Ruhe mit dem Platz vertraut machen können.

Bei der Zusammenstellung der Gruppen achtet der Trainer darauf, dass die Welpen zusammenpassen, was nicht unbedingt mit der Größe, sondern viel mehr mit der individuellen Entwicklung und dem Alter der Hunde zusammenhängt.

Sinnvoll ist es, die Gruppen zu unterteilen: 1. Gruppe: 8. bis 12. Woche, 2. Gruppe: 13. bis 16. Woche. Das dient der Orientierung. Die Aufteilung sollte jedoch nicht statisch, sondern individuell passend der Entwicklung des Hundes vorgenommen werden.

Pro Aufsichtsperson werden nur so viele Hunde angenommen, dass eine optimale Betreuung gewährleistet ist – pro Trainer sind das höchstens acht Welpen. Optimal sind generell zwei bis drei Trainer pro Spielstunde, um sowohl die Hunde im Spiel beobachten zu können als auch die Hundebesitzer zu betreuen. Die Gesamtgruppengröße sollte jedoch auch dann acht bis zehn Hunde nicht überschreiten.

Sozialkontakte mit Gleichaltrigen sind ein „Muss".

Die Gruppen sind idealerweise offen, damit Ihr Hund nicht nur immer die gleichen Welpen in seiner Welpenzeit kennenlernt, sondern immer wieder neue. Deshalb ist es notwendig, dass im Lauf der Zeit ein Wechsel stattfindet und einer der „Älteren" der ersten Gruppe in die zweite wechselt, sodass die Neuen „nachrutschen" können. So ist eine größere Vielfalt gewährleistet.

In diesen Stunden brauchen die Welpen unbedingt die Möglichkeit, frei zu „spielen". Spielen sie immer oder lernen sie im Spiel? Es ist ähnlich wie mit unseren Kaufmannsladenspielen, als wir noch klein waren. Haben wir damals gespielt oder fürs Leben trainiert?

Die Welpen dürfen ausgelassen miteinander kommunizieren, ohne dass die anwesenden Menschen permanent eingreifen, auch wenn es einmal wild zugeht. Dennoch muss die Welpenspielgruppe nach gewissen Regeln ablaufen. Wenn es zu heftig wird, unterbrechen die Trainer. Auf keinen Fall sollten die Treffen so aussehen, dass die Welpen sofort abgeleint werden und sich selbst überlassen bleiben, während ihre Menschen zusammenstehen und sich unterhalten.

Wird ein Welpe der Gruppe von seinen Artgenossen gemobbt (es nehmen zwei oder mehrere den Kleinen in die Mangel und er hat keine Chance, sich aus dieser Situation zu befreien), ist zweibeinige Hilfe angesagt. Jede Begegnung, alles was passiert, verändert den Hund. Den einen mehr, den anderen weniger. Die Einstellung: „Die machen das untereinander aus" ist deshalb als veraltet anzusehen.

Beim Welpenspiel können die Trainer schon Tendenzen der einzelnen Hunde erkennen. Wenn beispielsweise ein Border Collie, ein Hütehund, permanent hinter anderen Hunden herrennt, um sie zusammenzutreiben, sollte dieses Verhalten reduziert, umgelenkt oder sogar im Keim erstickt

aber ignoriert wird, er kann sitzen, stehen, liegen – wie er mag (siehe Seite 66). Das Warten sollte maximal fünf Minuten dauern. Im Winter können vor allem kleine und kurzhaarige Hunde unter die Jacke genommen werden oder eine Decke untergelegt bekommen.

Die Trainer erläutern und zeigen exemplarisch, wie man „Sit" und „Platz" beibringt, das Üben an sich sollte aber erst einmal an anderer Stelle mit wenig Ablenkung durchgeführt werden. Das Welpenspiel ist anstrengend genug für die Kleinen.

Gute Hundeschulen bieten Einzelunterricht an, um individuell auf die jeweiligen Belange von Hund und Mensch einzugehen und den Hundebesitzer intensiv zu coachen. Dabei lernen die Hundebesitzer vieles über Körpersprache, Ausdrucksverhalten und Bedürfnisse ihres Vierbeiners sowie das korrekte Ausführen von Hörzeichen.

Im Bällebad lässt es sich so herrlich herumstöbern.

werden, wenn er später nicht hüten soll. Sonst haben die Besitzer unter Umständen bald einen Hund, der Artgenossen, Radfahrern, Schafen etc. hinterherjagt. Ebenso sollten ganz kleine Rassen (zum Beispiel Yorkshire Terrier) lernen, dass es auch große Hunde gibt. Deren Besitzer sollten den Knirps nicht ständig auf den Arm nehmen. Voraussetzung ist, dass der große Hund nicht zu grob mit dem kleinen umgeht.

Ein bisschen Theorie

Zwischendurch werden die Welpen wieder an die Leine genommen, damit sie zur Ruhe kommen und warten lernen. Diese Phasen werden für einen Theoriepart genutzt, dabei geht es um Themen wie Stubenreinheit, Auslastung von Hunden, Ernährung, Lernverhalten, Gesundheit usw. Währenddessen stehen die Besitzer auf der Leine ihres Hundes, damit er bei ihnen bleibt,

Hindernisse überwinden

In Welpengruppen wird außerdem die Überwindung von kleinen Hindernissen, die Gewöhnung an unbekannte Bodenbeläge und Geräusche geübt. Dabei sollte der Welpe zu keiner Übung gezwungen werden, sondern diese durch entsprechende Motivation aus eigenem Antrieb bewältigen. Lernerfahrungen, die mit Zwang und Angst verbunden sind, bewirken das Gegenteil des Lernziels. Wenn der Welpe

Tipp   Hundekontakt

Hunde müssen auch nach dem Welpenalter unbedingt weiterhin Kontakt zu Artgenossen haben. Viele Hundeschulen und Vereine bieten Junghundespielstunden an, die regelmäßig besucht werden sollten..

nicht über die Wippe gehen möchte und darübergezogen wird, kann er Angst vor dem Hindernis bekommen und es schadet dem Vertrauensverhältnis zum Menschen.

Die Leine sollte während der Übungen locker bleiben. Der Welpe wird beim Bewältigen des „Parcours" mit Stimme und Leckerlis motiviert.

Menschen aller Art

Beim Züchter und danach bei Ihnen sollte Ihr Welpe mehrmals in der Woche Kontakt zu fremden Menschen erhalten, die freundlich und sachkundig mit ihm umgehen.

Handelt es sich um für den Welpen bisher unbekannte Menschen (Rollstuhlfahrer, Menschen an Krücken, Menschen mit abweichendem Bewegungsablauf), lassen Sie ihn, wenn erwünscht und möglich, Kontakt zu ihnen aufnehmen. Das bietet dem Welpen die Möglichkeit, Menschen kennenzulernen, die nicht seiner bisherigen Erfahrung entsprechen.

Lassen Sie nicht zu, dass fremde Menschen Ihren Hund mit Leckerlis vollstopfen, weil er ja sooo süß ist, ansonsten hängt er später an jeder Hosentasche, und das kann ganz schön lästig sein. Auch in der Spielstunde haben nur Sie und der Trainer das Recht, den Kleinen zu belohnen. Ist Ihr Hund allerdings eher zurückhaltend und sehr vorsichtig fremden Menschen gegenüber, dann sollte er ruhig positive Erfahrungen sammeln, zum Beispiel, indem er ab und zu von Fremden gefüttert wird.

Vertrauen gewinnt der unsichere Typ aber vor allem, indem Sie es verhindern, dass er sich bedrängt fühlt. Überbeugen und die Hand Richtung Kopf strecken ist gerade für einen unsicheren Hund sehr unangenehm.

„Toll, am Ende des Tunnels wartet nicht nur Licht, sondern auch Frauchen mit einer Belohnung!"

In der Stadt gibt es für einen Welpen einiges kennenzulernen: von Passanten über Straßenbahnen bis hin zu Kaufhäusern.

Jogger, Radfahrer und Inlineskater

Alles, was sich schnell bewegt, kann einen magischen Reiz auf einen Welpen ausüben, viele wollen hinterherrennen. Bei einem Welpen sieht das auch noch drollig aus. Läuft aber ein ausgewachsener Rhodesian Ridgeback oder Schäferhund hinter einem Jogger her, ist Schluss mit lustig. Übrigens: Sie machen die Ablenkung erst richtig spannend, wenn Sie selbst viel Aufhebens veranstalten. Deswegen sollte Ihr kleiner Vierbeiner bei den Spaziergängen anfangs mit Schleppleine laufen, damit Sie sich bei Ablenkung kommentarlos auf die Leine stellen können.

Briefträger

Zu Postboten haben viele erwachsene Hunde ein gespaltenes Verhältnis, das sich aus monatelanger Erfahrung aufgebaut hat. Von klein auf konnten sie eine Person beobachten und hören, die sich dem Grundstück nähert und sich geräuschvoll am Haus „zu schaffen macht". Meist (aus Verunsicherung) bellen sie lautstark – mit einem überwältigenden Ergebnis: Sie schlagen den Eindringling jedes Mal erfolgreich „in die Flucht". Machen Sie deswegen den Kleinen frühzeitig mit dem Briefträger bekannt, wenn dieser mitmacht, damit er ihn als „netten Bekannten" und nicht als Eindringling kennenlernt. Zum Beispiel kann der Welpe zu einem kurzen Schnack am Gartentor mitkommen.

Menschenansammlungen

Menschenansammlungen trifft man in der Stadt, am Bahnhof, auf dem Marktplatz oder in Einkaufszentren.

Aus der Sicht eines Welpen können Menschenmengen bedrohlich sein. Setzen Sie sich an einem Samstagvormittag mitten in die Fußgängerzone, dann können Sie es nachempfinden. Dennoch sollten Sie den Kleinen behutsam daran gewöhnen. Länger als 15 bis 20 Minuten darf die Übung allerdings nicht dauern. Setzen Sie sich in der Fußgängerzone zu Zeiten, in denen wenig los ist, auf eine Bank und geben Sie dem Welpen die Gelegenheit, sich das Treiben aus sicherer Entfernung anzusehen. Ebenso können Sie sich in der Nähe ei-

Friedliche Begleitung im Café zu sein, will gelernt sein.

nes Supermarktparkplatzes aufhalten. Wenn das nicht mehr allzu aufregend ist, gehen Sie dort spazieren, der Hund sollte jedoch schon mit der Leinenführigkeit (siehe Seite 74, „Bei") vertraut sein. Achten Sie unbedingt darauf, dass er nicht getreten, angerempelt oder erschreckt wird. Wird das Gedränge zu groß, sollten Sie den Winzling kommentarlos und ohne ihn zu trösten auf den Arm nehmen, bevor er negative Erfahrungen macht.

Weil Welpen ohnehin noch nicht so lange laufen sollen, kann ein Babytragetuch benutzt werden, in dem Sie ihn zwischendurch tragen können. Ab und zu darf er wieder für kurze Zeit hinunter, um die Umwelt zu erkunden.

Stadtgang auch für „Landeier"

Hunde sollten generell nicht mit in die volle Stadt geschleppt werden, weil die zahlreichen Eindrücke sehr anstrengend sind – viele Menschenbeine, fremde Gerüche und Geräusche, andere Lichtsituationen und vieles mehr. Allerdings sollten Sie Ihren jungen Hund unbedingt an Fußgängerzone und Co.

gewöhnen, und zwar zunächst, wenn es dort recht ruhig ist, nämlich vormittags. Auch wenn Sie auf dem Lande wohnen, wo nicht viel los ist, braucht er diese Eindrücke. Warum? Vielleicht fahren Sie in den Urlaub und lassen Ihren Hund für diese Zeit von einem Bekannten betreuen, der in der Innenstadt wohnt. Dann ist es gut, wenn Ihr Hund das urbane Treiben kennt.

Besuch im Café

Gewöhnen Sie Ihren Welpen auch daran, sich im Café und in der Kneipe ruhig zu verhalten. Am besten geht das nach einer Spielstunde oder einem Spaziergang, wenn der Kleine sowieso müde ist. Achten Sie darauf, dass er vorher ausreichend Möglichkeiten hatte, sich zu lösen. Setzen Sie sich an einen Tisch, der nicht mitten im Trubel steht, legen Sie eine Decke/ein Handtuch für ihn hin, etwas zum Kauen und stellen Sie dann einen Fuß auf die Leine, damit er nicht umherlaufen kann (siehe Seite 66). Nach einer Weile hat der Welpe sich meist beruhigt, rollt sich auf der Decke zusammen und schläft.

Bereits der Welpe sollte Erfahrungen im Umgang mit erwachsenen Hunden sammeln können.

Artgenossen und andere Tiere

Hunde sollten von der Welpenzeit an Erfahrungen mit einzelnen Artgenossen aller Couleur, Größen und Altersstufen machen, um später sozialverträglich mit ihnen umgehen zu können.

Die Sache mit dem Welpenschutz

Mögen Sie es, wenn ein Vierjähriger Ihnen an der Supermarktkasse lachend den Einkaufswagen in die Beine rammt? Auch wir reagieren hier sehr unterschiedlich. Die einen verzeihen großzügig, die anderen werden laut oder gar unflätig. Ein Welpe, der ungehemmt auf erwachsene Hunde zuläuft, macht nichts anderes. Er ist schlicht und ergreifend distanzlos und der erwachsene Hund zieht daraus seine Konsequenzen. Selbstverständlich tolerieren viele erwachsene, sozialverträgliche Hunde Welpen mit einer ausgesprochenen Großzügigkeit, aber nicht per se. Welpenschutz bleibt dem eigenen Nachwuchs vorbehalten, und selbst hier gibt es Hundemütter, die rigoros mit ihren Welpen umgehen.

Behalten Sie den Kleinen bei Hundebegegnungen erst einmal bei sich, bis Sie ihn gegebenenfalls nach Absprache mit dem anderen Hundebesitzer laufen lassen. Fragen Sie vorher und stimmen Sie sich mit dem Hundehalter ab, ob der erwachsene Vierbeiner erfahrungsgemäß freundlich oder zumindest geduldig mit Welpen umgeht. Dann können Kontakt und Spiel unter Ihrer Aufsicht stattfinden. Es ist wichtig, dass Ihr Kleiner nur Erfahrungen mit gut sozialisierten Hunden sammelt, die ihn zwar nach Hundeart zurechtweisen, sich aber angemessen verhalten. Nur so kann er einen unvoreingenommenen Umgang mit Artgenossen aller Art lernen.

Der viel beschworene Welpenschutz existiert nur innerhalb des eigenen Rudels. Fremde Hunde haben keine Veranlassung, andere Welpen zu schützen. Nicht jeder erwachsene Hund mag oder toleriert ungestüme Welpen und kann schlimmstenfalls zubeißen.

Andere Tiere

Machen Sie das Kerlchen frühzeitig mit anderen Tieren vertraut, damit diese nicht zu etwas Außergewöhnlichem werden, mit denen wild gespielt wird oder die es zu jagen lohnt. Das sollte

Bei angeleinten Hunde-
begegnungen wird Ihr
Welpe günstigerweise
auf der äußeren Seite
vorbeigeführt.

regelmäßig auf dem Tagesprogramm stehen.

Denken Sie dabei an alle Tiere, denen der Welpe auch als erwachsener Hund begegnen könnte, dazu gehören Katzen, Kühe, Pferde, Ziegen und Schafe, aber auch Kleinsäuger wie Meerschweinchen, Kaninchen oder Vögel und Wildtiere.

Gehen Sie gelassen an die Sache heran und machen Sie die anderen Tiere nicht extrem wichtig, indem Sie „Schau, da sind die Kühe! Jetzt schau doch mal! Ui, so große Hundis!" sagen. Wir können Ihnen versichern, Ihr Hund weiß, dass diese Tiere vor ihm stehen. Sie sollen für ihn das Normalste der Welt sein. Das sind sie allerdings nicht mehr, wenn Sie viel Wirbel um

sie veranstalten. Zeigt Ihr Welpe Unsicherheit, sollten Sie, wenn möglich, zu dem anderen Tier gehen, es streicheln und sich darüber freuen. Sprechen Sie es freundlich an, damit Ihr Hund spürt, dass Ihre Stimmung positiv ist.

Auto fahren

Viele Welpen sind anfangs etwas ängstlich, was das Autofahren anbelangt, zumal ihnen dabei leicht übel werden kann. Sie sollten deshalb täglich eine kurze Runde drehen, damit dies zu einer ganz normalen Sache wird und seine Besonderheit verliert. Zeigt das kleine Kerlchen Unsicherheit, sollten Sie ihn öfter mal in das Auto setzen, ohne zu fahren, sondern um ihn darin zu füttern oder mit ihm zu spielen. Auf diese Art und Weise können Sie das Auto positiv besetzen. Zeigt er sich angstfrei, wird der Motor kurz angestellt und diese Zeit verlängert, bis der Kleine seine erste kurze Strecke fahren darf. Welpen und kleine Hunde sollten im Auto in einer Transportbox untergebracht werden, große Hunde

Tipp   Im Dunkeln

Trainieren Sie mit Ihrem Welpen Begegnungen mit Menschen und Tieren auch im Dunkeln. Denn gerade in der Dämmerung sind viele Hunde besonders misstrauisch Fremdem gegenüber und müssen durch das Training lernen, dass ihnen auch jetzt keine Gefahr droht.

Dieser Welpe ist schon ein „Profi" in Sachen Autofahren.

mit einem Gurt gesichert oder hinter einem stabilen Gitter im Kofferraum eines Kombis mit auf die Reise gehen. Viele Hunde fühlen sich im Fußraum zwar wohl, diese Form des Transportes ist allerdings verboten. Klappt das Autofahren gut, können Sie auch mal durch die Autowaschstraße fahren. In dem Fall sollte er allerdings nicht ganz allein hinten sitzen müssen, sondern einen vertrauten Menschen neben sich haben.

Öffentliche Verkehrsmittel

Auch wenn Sie ein Auto besitzen, sollten Sie Ihren Vierbeiner an öffentliche Verkehrsmittel gewöhnen, es kann immer mal die Situation eintreten, dass Sie gemeinsam mit Ihrem Hund mit dem Zug oder dem Bus unterwegs sind. Fangen Sie damit an, dass Sie sich am Busbahnhof oder dem Bahnsteig auf eine Bank setzen und den Reisenden zusehen.

Sobald der Kleine sich entspannt verhält, steigen Sie in den Bus oder Zug und fahren eine kurze Strecke. Kleine Welpen sollten Sie beim Ein- und Aussteigen auf den Arm nehmen, später können die Hunde selbst einsteigen. Lassen Sie den Vierbeiner dabei bitte angeleint.

Lärm

Haushaltslärm

Staubsauger, Föhn, Rasenmäher und andere Maschinen wirken auf viele Welpen bedrohlich. Deswegen sollten diese Geräte ab und zu angeschaltet werden, während Sie Ihrer ganz normalen Tätigkeit nachgehen, ohne diesen besondere Aufmerksamkeit zu widmen. Der Welpe sollte sich an plötzliche, laute, fremde Geräusche gewöhnen, damit er gelassen bleibt, sonst kann es passieren, dass er beim Spaziergang in Panik gerät und wegläuft, wenn er beispielsweise einen Schuss oder das Knallen eines Auspuffs hört. Setzen Sie den Welpen gelegentlich verschiedenen Geräuschen aus und zeigen Sie sich selbst völlig unbeeindruckt.

Straßenlärm

Wie Ihr Welpe auf Straßenverkehr reagieren wird, hängt natürlich auch davon ab, wo er aufgewachsen ist. Kennt er eine viel befahrene Straße aus der Zeit beim Züchter, wird er erfahrungsgemäß recht cool damit umgehen. Ist er jedoch ländlich und sehr abgeschieden aufgewachsen, können ihn der Verkehrslärm und die vorbeifahrenden Autos erschrecken. Immer wieder sollte die Gewöhnung an den Straßenverkehr auf dem Programm stehen. Fangen Sie an einer wenig befahrenen Straße an, später können Sie auch an verkehrsreichen Strecken üben.

Apropos Lärm: Wenn es bei Ihnen in der Nähe einen Schießstand gibt, in dessen Umgebung Sie spazieren gehen können, dann nutzen Sie diese Möglichkeit, damit Ihr Welpe auch Schusslärm kennenlernt.

Unterschiedliche Bodenbeläge und Treppen

Lernt der Welpe nicht, sich auf unterschiedlichen Belägen fortzubewegen, kann es zu Problemen kommen, wenn Sie in der Stadt ein Gitter oder einen glatten Boden überqueren wollen. Deswegen sollten Sie, wann immer sich die Gelegenheit dazu bietet, mit ihm gemeinsam Metallboden, Plastikplanen, Stege an einem See und Ähnliches betreten. Animieren Sie den Kleinen, Ihnen zu folgen, und loben Sie ihn, wenn er sich tapfer darauf bewegt.

Bitte vermeiden Sie es, Ihren Hund an der Leine auf den fremden Untergrund zu ziehen, sollte er sich zunächst nicht trauen. Das schürt nur Ängste. Besser ist es, der Welpe nähert sich freiwillig, unterstützt durch Ihre motivierende Stimme.

Im Welpenalter gilt es, Hunde mit optischen, akustischen und taktilen „Reizen" vertraut zu machen.

Hunde sind nicht nur Fleischfresser, sondern Allesfresser. Sie lieben die Abwechslung in Form von Gemüse, Obst, Nudeln, Kartoffeln oder Reis. Auch Milchprodukte verfeinern den Speiseplan. Bereits der Welpe sollte eine abwechslungsreiche Ernährung kennenlernen, damit er sich frühzeitig an Vielerlei gewöhnt.

Der Nährstoffbedarf

Der Nährstoffbedarf eines Welpen unterscheidet sich von dem eines erwachsenen Hundes. Hinzu kommen individuelle Unterschiede, je nach späterer Endgröße und Belastung des Vierbeiners. Die richtige Zusammensetzung des Futters zu berechnen, ist eine komplizierte Angelegenheit und erfordert großes Fachwissen in der Ernährungsmittelkunde. Wer seinen Welpen mit selbst zubereitetem Futter ernähren will, sollte sich deswegen vorher mit dessen Ansprüchen intensiv beschäftigen oder direkt auf ein gutes, hochwertiges Fertigfutter zurückgreifen. Lassen Sie sich hierbei von Ihrem Züchter oder Tierarzt beraten. Je nach Nährstoffbedarf wird entsprechendes Futter benötigt.

Wenn Sie Essensreste verfüttern, geben Sie Ihrem Hund bitte nichts scharf Gewürztes und stark Gesalzenes.

Still halten für Untersuchungen, zum Bürsten und Abtrocken sollte regelmäßig geübt werden.

Ein Welpe sollte mehr-fach täglich kleine Futterportionen er-halten.

Die Fütterung

Die Verdauung des Hundekindes ist noch nicht darauf eingestellt, große Portionen zu verarbeiten und zu verwerten. Deswegen sollten Welpen mehrere Mahlzeiten pro Tag erhalten, um ihnen eine bestmögliche Nährstoffaufnahme zu ermöglichen. Von der achten bis zur zwölften Woche sollten Sie die gesamte Tagesration auf vier bis fünf Mahlzeiten verteilen. Anschließend können Sie alle vier Wochen eine Mahlzeit wegfallen lassen, bis der halbjährige Vierbeiner schließlich nur noch zweimal täglich gefüttert wird.

Wie viel der Welpe bei jeder Fütterung bekommt, ist individuell verschieden. Selbst zwei Geschwister, die unter denselben Bedingungen leben, können unterschiedliche Ansprüche an die Nahrungsmenge haben. Fragen

Sie am besten Ihren Züchter oder die Person, von der Sie den Welpen erworben haben, um Rat. Sie können Ihnen einen Richtwert nennen und Sie probieren aus, ob es dem Welpen genügt oder ob er mehr bekommen sollte. Letztendlich ist entscheidend, wie der Welpe aussieht und wie er das Futter verträgt: Können Sie, wenn Sie mit der Hand über seinen Brustkorb streichen, die Rippen ansatzweise spüren oder müssen Sie sich durch eine Fettschicht bohren?

Info Keine Süßigkeiten!

Süßigkeiten, vor allem (Zartbitter-) Schokolade, sind für Hunde tabu! Das in Schokolade enthaltene Theobromin führt zu Vergiftungen und kann bei entsprechenden Mengen sogar tödlich wirken!

Zeitlimit

Grundsätzlich sollten Sie dem Welpen das Futter nur eine Viertelstunde lang anbieten. Was er bis dahin nicht angerührt hat, kommt wieder weg. Achtung: Es gibt Hunde, die sehr langsam fressen. Denen wird der Napf natürlich nicht unter der Nase weggezogen, wenn er nach dieser Zeit nicht fertig ist! Viele Hunde, die ständig Zugang zu ihrem gefüllten Napf haben, entwickeln sich zu „schlechten Fressern". Durch das Zeitlimit beugen Sie dem vor.

Sie brauchen sich auch keine Sorgen zu machen, wenn der Welpe einmal keinen Hunger hat oder nur wenig frisst. Das kann insbesondere während der Wachstumsphasen immer mal der Fall sein. Zeitweise fressen sie wie die „Scheunendrescher", ein anderes Mal scheint nichts zu schmecken. Solange der Kleine munter ist, sein Verhalten nicht abweicht und er bei den Übungen zwischendurch Leckerlis annimmt, ist alles in Ordnung. Ansonsten sollten Sie ihn vom Tierarzt untersuchen lassen.

Bitte kommen Sie nicht auf die Idee, ihm ein anderes Futter anzubieten, denn ganz schnell schmeckt ihm auch das nicht mehr, etwas Neues aber schon. Womöglich fangen Sie an zu kochen, damit er zufrieden ist, vielleicht wird er auch hier die Nase rümpfen – und damit hat der Hund Sie und nicht Sie den Hund erzogen.

Übrigens: Sie sollten kein Futter direkt aus dem Kühlschrank verfüttern, denn das kann Durchfall verursachen. Das Futter sollte immer Zimmertemperatur haben.

Futterumstellung

Geben Sie dem Welpen mindestens zwei Wochen lang das gewohnte Futter und stellen Sie (falls gewünscht) erst um, wenn er sich bei Ihnen eingewöhnt hat. Um das Futter zu wechseln, sollten Sie den Anteil des neuen Futters langsam erhöhen und das gewohnte im Gegenzug reduzieren. Zu schnelle Futterumstellungen bewirken manchmal Magenprobleme.

„Tischmanieren"

Ignorieren Sie den Kleinen, wenn er sein Futter von Ihnen fordert, indem er sich vor Sie setzt und Sie herzerweichend ansieht, wenn Sie das Essen für die Familie zubereiten. Nicht er bestimmt, wann es etwas gibt, sondern Sie. Ansonsten wird er zukünftig mehr und mehr quengeln, bis es Futter gibt.

Bereiten Sie sein Futter vor, lassen Sie ihn so lange im Laufstall, später in seinem Körbchen warten, bis Sie ihn zu

Wer erst abwarten kann, ohne zu drängeln, den erwartet dann ein voller Futternapf.

sich rufen, damit er sein Futter bekommt. Er kann ab und an ein „Sit" ausführen, bevor er seinen Napf erhält. Wichtiger als das Hinsetzen ist aber, dass der Welpe nicht drängelt und Sie dazu nötigt, sich zu beeilen, um ihm sein Futter zu liefern.

Vermeiden Sie es, ihn mit der Stimme zu unterstützen: „Ja, gleich kriegst du ja was! Ich beeile mich ja schon." Ihr Hund bekäme das Gefühl, er könne Sie antreiben und würde von Mal zu Mal unruhiger werden.

Futterzeiten

Variieren Sie die Zeiten ein wenig. Er braucht nicht um Punkt 12.00 Uhr, 18.00 Uhr usw. seine Mahlzeit. Warum? Die festen Fütterungszeiten haben den Nachteil, dass Sie gebunden sind. Es ist lästig, wenn Sie während des Kinofilms nach Hause eilen müssen, um Ihren Vierbeiner zu versorgen.

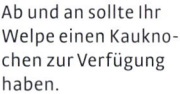

Ab und an sollte Ihr Welpe einen Kauknochen zur Verfügung haben.

Gib mir dein Futter

Wichtig ist, dass Ihr Welpe – und auch später der erwachsene Hund – Ihnen das Futter überlässt, wenn Sie es von ihm verlangen. Es kann passieren, dass er Unrat oder Schädliches ins Maul nimmt, was Sie ihm abnehmen möchten – es ist also gut, hin und wieder zu üben, dass er Ihnen sein Futter/seinen Kauknochen gibt. Nehmen Sie ihm bitte nicht ständig seinen Napf weg, denn das kann das Gegenteil bewirken und ihn dazu veranlassen, sein Futter zu verteidigen. Vielmehr muss der Kleine lernen, dass Sie ihm seine Nahrung nicht streitig machen wollen und er sich sicher fühlen kann, wenn Sie sich ihm nähern, während er frisst.

Teilen Sie ab und zu seine Ration in mehrere Portionen ein und geben Sie ihm zuerst nur einen Teil. Gehen Sie weg und kommen Sie anschließend zurück, um eine weitere Portion in seinen

Napf zu füllen. So lernt der Welpe, dass der Mensch keine Bedrohung für ihn ist, sondern sogar gute Sachen mitbringt. Sie können sich um ihn herum bewegen, Küchenarbeiten erledigen und ihn ignorieren. Damit signalisieren Sie, dass Sie nichts von ihm wollen.

Noch schwieriger fällt es den meisten Hunden, ihren Kauknochen herzugeben. In dem Fall ist mal wieder Tauschen angesagt. Geben Sie ihm stattdessen etwas anderes Leckeres, zum Beispiel Käse- oder Wurststückchen, kurz danach erhält er seinen Kauknochen wieder.

Betteln verboten

Von vornherein sollten Sie aufpassen, dass Ihr Welpe nicht neben dem Esstisch, an dem Sie sitzen, steht, in der Absicht, etwas abzustauben. Die beste Vorbeugung ist, ihm niemals etwas vom Tisch zu geben, auch wenn er Sie noch so Mitleid erregend ansieht. Entscheidend ist dabei das Durchhaltevermögen aller Familienmitglieder. Wenn der Hund einmal ein Erfolgserlebnis hatte, wird er natürlich versuchen, dieses zu wiederholen.

Am besten ignorieren Sie den Vierbeiner vollständig, während Sie essen, und beachten ihn nicht, außer er drängelt übermäßig, sodass er besser vom Tisch weggeschickt werden sollte.

Leckerchen

Leckerlis sollten nur zur Motivation beim Einüben neuer Signale und als Belohnung bei korrektem Verhalten sowie gut ausgeführten Übungen eingesetzt werden. Wenn Sie dem Kleinen zwischendurch immer wieder einen besonderen Leckerbissen zustecken, verbauen Sie sich viele Möglichkeiten, ihn zum Mitmachen zu animieren, da sie nichts Besonderes mehr darstellen. Bekommt ein Welpe zu viele Leckerlis, hat er auch bei den Hauptmahlzeiten keinen richtigen Hunger mehr und wird in der Folge nicht mehr ausgewogen ernährt. Zudem kann es passieren, dass Sie unbeabsichtigt ein Verhalten

Leckerlis erleichtern die Erziehung des Welpen ungemein.

bestätigen, das unerwünscht ist, beispielsweise wenn er bellt. Wenn er Aufmerksamkeit fordert und Sie ihm dann etwas zustecken, belohnen Sie ihn dafür, dass er Sie angebellt hat. Das kann schnell zum Selbstläufer werden, bellen lohnt sich ganz offensichtlich und der Hund wird dieses Verhalten immer häufiger zeigen.

Leckerlis sind in der Hundeerziehung umstritten, häufig werden sie als Bestechung angesehen. Gegen diese Form der Belohnung ist jedoch nichts einzuwenden, wenn sie gezielt in der Erziehung eingesetzt wird und wir uns vom Hund nicht manipulieren lassen. Wir arbeiten schließlich auch gegen Bezahlung und sehen den Lohn nicht als Bestechung.

Die Belohnung darf etwas besonders Leckeres sein, wofür sich auch außergewöhnliche Anstrengungen aus seiner Sicht lohnen. Gut geeignet sind beispielsweise kleine Käsestückchen oder winzige Brocken gekochtes Putenfleisch.

Wenn Sie möchten, können Sie seine Futterration ausschließlich aus der Hand verfüttern, in Verbindung mit kleinen Übungen, statt es im Napf zu reichen. Das kann den Beziehungsaufbau unterstützen und fördert den Spaß und die Aufmerksamkeit beim Üben.

Gelobt wird immer! Führt Ihr Hund von Ihnen gegebene Hör- bzw. Sichtzeichen jedoch zuverlässig aus, sollten Sie die Häufigkeit der Futterbelohnung langsam abbauen.

Wasser

Wasser ist für jedes Lebewesen wichtig, um die Körperfunktionen aufrechtzuerhalten. Auch Ihrem Welpen muss ständig frisches Wasser in einem sauberen Napf zur Verfügung stehen. Sind Sie samt Vierbeiner unterwegs, sollten Sie immer Wasser und einen Napf dabeihaben, um ihm zwischendurch die Gelegenheit zu geben, seinen Flüssigkeitshaushalt auszugleichen. Das ist besonders im Sommer sehr wichtig.

Körperpflege

Fellpflege

Je nach Rasse wird sich die Pflege Ihres Welpen und vor allem des erwachsenen Hundes mehr oder weniger aufwändig gestalten. Bei kurzhaarigen Vertretern ist dies meist schnell erledigt. Bei üppig behaarten erwachsenen Hunden, wie beispielsweise dem Bobtail, sollten mehrere Stunden wöchentlich für die Fellpflege eingeplant werden. Bei allen Hunden – besonders aber bei den letzten Kandidaten – ist es wichtig, dass schon die Welpen lernen, gebürstet und gekämmt zu werden, sonst kann die regelmäßige Prozedur für alle Beteiligten sehr nervenaufreibend werden, wenn der erwachsene Hund sich dagegen sträubt, nicht stillhalten will oder sogar schnappt.

Fangen Sie mit kurzen Einheiten an, zeigen Sie dem Welpen zuerst die Pflegewerkzeuge und fahren Sie ihm damit durch das Fell. Lässt der Hund sich das gefallen, loben Sie ihn mit freundlicher, ruhiger Stimme, denn durch helles, aufgeregtes Sprechen werden Welpen oftmals zappelig. Wehrt er sich, machen Sie ruhig und bestimmt weiter, bis er sich entspannt. Würden Sie ihn in so einem Moment loslassen, lernt er bald, dass sein unruhiges Verhalten erfolgreich ist und er wird es wieder anwenden, um sich freizustrampeln. Steigern Sie die Zeit der Pflege etwas, bis Sie schließlich alle Körperstellen ohne Probleme bürsten und kämmen können. Übertreiben sollten Sie es jedoch nicht, denn der Welpe sollte nur zu Gewöhnungszwecken gebürstet werden.

Bürsten gehört zu den regelmäßigen Pflegemaßnahmen, besonders während des Fellwechsels.

Baden

Grundsätzlich sollten Hunde nur gebadet werden, wenn es wirklich notwendig ist, beispielsweise wenn sie sich in stinkendem Aas gewälzt haben oder der Tierarzt dies verordnet hat. Hat der Kleine in einem Maulwurfhügel gebuddelt, reicht es normalerweise aus, ihn abzubürsten und ihn anschließend gründlich abzurubbeln. Zu Übungszwecken kann er zwar mal gebadet werden, dann aber lediglich mit Wasser ohne Shampoo.

Ist Shampoo nötig, sollte er nicht mit Shampoo für Menschen gebadet werden, denn das würde der natürlichen Fettschicht schaden. Verwenden Sie stattdessen ein spezielles Hundeshampoo. Dieses wirkt rückfettend und trocknet das Fell nicht aus.

Achten Sie darauf, dass Ihr Welpe einen sicheren Stand hat, beispielsweise durch das Unterlegen einer Gummimatte, und kein Wasser oder Shampoo in Augen und Ohren gelangt. Das Wasser sollte handwarm sein, auf keinen Fall wärmer, denn das wäre dem Hund sehr unangenehm. Zuerst wird er gründlich nass gemacht und dann mit verdünntem Shampoo eingeschäumt. Anschließend sollte das Shampoo wieder gründlich ausgespült werden. Es dürfen sich keine Reste im Fell befinden, denn das kann Haut und Haar schaden. Nach dem Baden wird der Welpe gründlich abgerubbelt. Wieder nach draußen darf der Kleine bei kühleren Temperaturen erst, wenn er vollkommen trocken ist. Im Sommer kann er sich auch im Garten „trocken toben".

Körperkontrolle

Gewöhnen Sie den Welpen daran, sich von Ihnen an allen Körperteilen anfassen zu lassen und dabei stillzuhalten. Hat er in diesem Alter gelernt, dass das

Spielerisch wird der Welpe auch mal auf den Rücken gedreht.

gar nicht schlimm ist und Spaß machen kann, dann haben Sie es später wesentlich einfacher, Zecken zu entfernen, Pfoten abzuputzen und ihn auf Verletzungen hin zu untersuchen. Drehen Sie ihn liebevoll beziehungsweise spielerisch auf den Rücken. Das dient nie der Unterwerfung! Er sollte diese „Untersuchung" ohne Angst kennenlernen, ohne steif und angespannt zu sein, und diese vertrauensvoll genießen können.

Trainieren Sie all dies bereits jetzt, auch wenn kein konkreter Anlass dafür besteht. Später, wenn er beispielsweise eine Ohrenentzündung hat, die Schmerzen verursacht, wird dieses notwendige Handling ungleich problematischer, wenn er es nicht kennt, sich in die Ohren schauen zu lassen.

Bei dieser regelmäßigen Untersuchung werden Ihnen auch Veränderungen am Hund auffallen, die eventuell von einem Tierarzt untersucht werden sollten. Zudem werden tierärztliche Behandlungen für beide Seiten wesentlich stressfreier ablaufen, wenn es der Hund gewohnt ist, dabei stillzuhalten. So manchem Hund blieb dadurch eine Narkose erspart, weil eine lokale Betäubung ausreichte.

Augencheck

Die Bindehäute sollten hellrosa sein. Sind sie hingegen feuerrot, suchen Sie bitte einen Tierarzt auf. Viele Junghunde haben Follikel auf dem dritten Augenlid, kleine Bläschen, die behandelt werden sollten. Verschwinden sie im Laufe der Zeit nicht, dann wird der Tierarzt empfehlen, sie durch Ausschaben zu entfernen.

Gelber Schleim weist oft auf eine Bindehautentzündung hin. Wenn Sie dies bei Ihrem Welpen feststellen, sollten Sie zum Tierarzt gehen.

Es zeugt von Vertrauen, wenn der Welpe entspannt auf dem Rücken liegt.

Info Milder Stress

Welpen sind robuster, als es den Anschein hat. Milder Stress gehört zu einer positiven Entwicklung dazu, denn dadurch wird das Immunsystem gestärkt. Dazu zählt auch, bei Wind und Wetter ins Freie zu gehen. Hundewelpen dürfen auch bei Regen hinaus oder im Schnee toben. Aber natürlich sollte kein Welpe bei minus 4 °C stundenlang in der Nordsee baden! Solange der Kleine in Bewegung ist, wird er auch nicht krank. Wenn es dann aber wieder ins Auto oder nach Hause geht, sollten Sie den Knirps gut abtrocknen, damit er nicht pitschnass auf seinem Platz liegt, auskühlt und sich dann erkältet. Es ist praktisch, wenn man immer alte Handtücher im Auto parat liegen hat, um den Hund abtrocknen zu können.

Dieser Australian Shepherd Welpe lässt sich bereitwillig Ohren und und Zähne untersuchen.

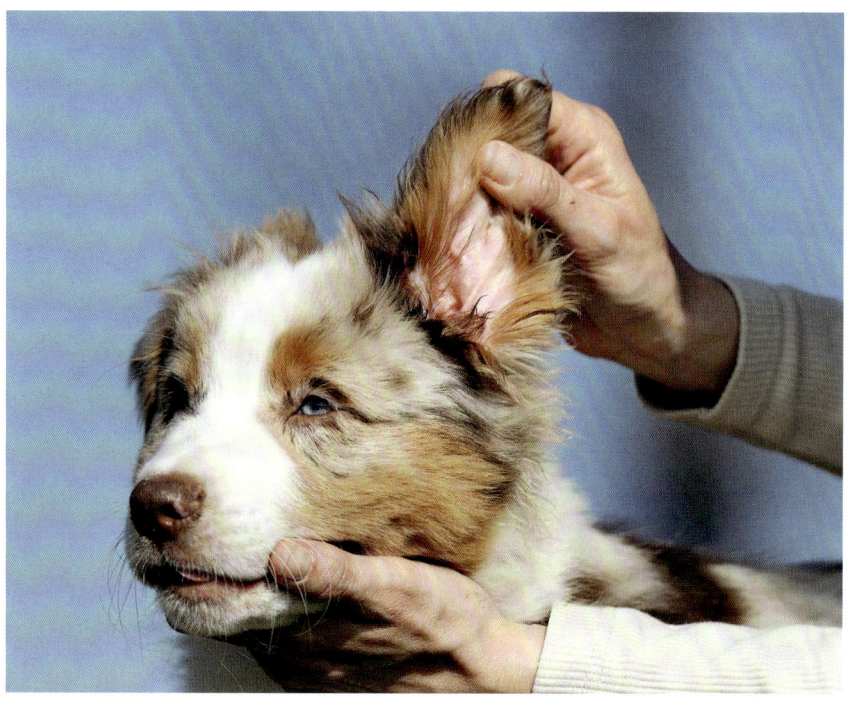

Info Dringend zum Tierarzt

Versuchen Sie nicht, mit Hausmittelchen zu experimentieren, wenn Ihr Welpe krank ist. Obwohl die kleinen Kerlchen sehr robust sind, können ihnen akute Erkrankungen sehr zusetzen und den kleinen Körper schnell schwächen. Besonders gefährlich ist ein Flüssigkeitsverlust bei Welpen. Rufen Sie im Zweifelsfall lieber einmal zu viel beim Tierarzt an, um zu fragen, ob er den Welpen sehen möchte, bevor Sie zu lange damit warten.

Wenn Ihr Welpe folgende Krankheitsanzeichen zeigt, muss er auf dem schnellsten Weg zum Tierarzt:

> Apathie
> Starker Durchfall
> Blut im Kot
> Blut im Urin
> Mehrfaches oder starkes Erbrechen
> Fieber (über 39 °C)
> Lahmen
> Anhaltende Schmerzäußerungen (Wimmern, Aufschrei bei Berührung)
> Wunden (kleine Schrammen sind meist harmlos)
> Ständiges Kopfschütteln
> ständiges Reiben der Augen mit den Pfoten
> Husten
> Eitriger Nasenausfluss

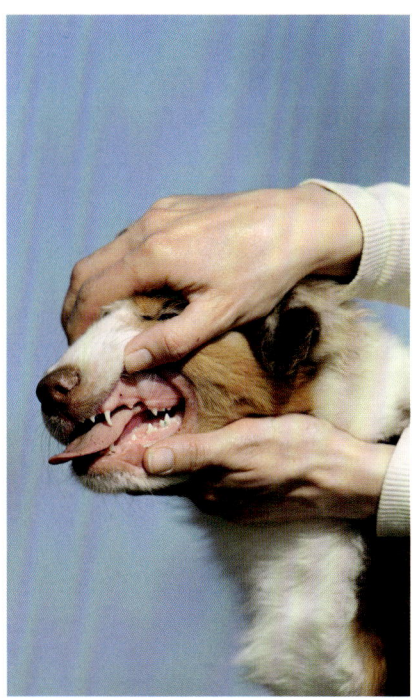

Gepflegte Ohren

Wischen Sie die Ohren des Welpen immer mal mit einem sauberen Tuch aus, jedoch nur außen – gehen Sie niemals tiefer in den Gehörgang, das kann für den Hund sehr schmerzhaft und gefährlich sein. Träufeln Sie bitte nichts in die empfindlichen Hundeohren hinein, außer Ohrenreiniger, den Ihnen der Tierarzt empfohlen hat.

Im Sommer können Grannen in die Ohren geraten. Ihr Hund wird plötzlich den Kopf schief halten, sich kratzen und schütteln. Bitte lassen Sie den Tierarzt umgehend ins Ohr schauen, denn die Grannen arbeiten sich immer tiefer in den Gehörgang hinein und sind daher nicht ungefährlich.

Zähne zeigen

Werfen Sie immer mal wieder einen Blick ins Maul und auf das Gebiss des Welpen. Das ist vielen Hunden unan-genehm, deshalb beginnen Sie am besten mit kurzen Zeitintervallen.

Mit ca. dreieinhalb bis vier Monaten kommen Welpen in den Zahnwechsel. Kontrollieren Sie regelmäßig, ob der Zahnwechsel reibungslos verläuft. Meist findet man die ausgefallenen Zähne allerdings nicht. Sie werden verschluckt oder landen irgendwo im Gras. Stellen Sie bei der Kontrolle fest, dass die neuen Zähne bereits durchgebrochen und deutlich sichtbar hochgewachsen sind und die Milchzähne parallel dazu festsitzen, müssen die Milchzähnchen eventuell gezogen werden. Wenn man damit zu lange wartet (mehr als zwei Wochen), können Zahnfehlstellungen entstehen.

Pfotenpflege

Normalerweise nutzen sich die Krallen des Hundes ausreichend ab, wenn er genügend Gelegenheit hat, auf hartem Untergrund zu laufen. Sind Sie aber meist in Feld und Wald unterwegs, können die Krallen sehr lang werden. Das kann bei bestimmten Rassen vermehrt auftreten oder der Fall sein, wenn der Hund einmal krank oder alt ist und nicht (mehr) viel laufen kann oder sich nur auf weichen Böden bewegen darf. Gewöhnen Sie Ihren Welpen an das Kürzen der Krallen. Beim Welpen können Sie anfangs noch einen Nagelknipser verwenden, später sollte es eine spezielle Krallenschere sein. Achten Sie darauf, beim Kürzen keine Ader zu verletzen, das ist für den Hund sehr schmerzhaft. Sind Sie sich unsicher, wie kurz Sie schneiden dürfen, lassen Sie sich von einer Person helfen, die sich damit auskennt. Ihr Welpe sollte auch lernen, dass Sie die Zwischenräume zwischen den Ballen untersuchen, um festzustellen, ob er sich etwas eingetreten hat.

Das Immunsystem ist beim Welpen meist noch nicht so gefestigt.

Impfungen

Mit der ersten Muttermilch, der sogenannten Kolostralmilch, nehmen Welpen wichtige Antikörper gegen Infektionskrankheiten auf und sind in den ersten Wochen recht gut geschützt, wenn sie von einem vernünftigen Züchter kommen. Nach einigen Wochen ist dieser Schutz jedoch „aufgebraucht" und das Immunsystem sollte unbedingt mithilfe von Impfungen gegen gefährliche Krankheiten geschützt werden, die tödlich enden können.

Nach der Grundimmunisierung im zweiten und im dritten Monat müssen diese Impfungen in regelmäßigen Abständen aufgefrischt werden. Lassen Sie sich von Ihrem Tierarzt beraten, welche Impfintervalle und Vorsorgeimpfungen für Ihren Welpen empfehlenswert sind. Geimpft wird in der Regel gegen Staupe, Hepatitis, Parvovirose, Leptospirose, Zwingerhusten und Tollwut. Die Borrelioseimpfung sollte je nach Gefährdungslage vorge-

nommen werden, hilft allerdings nicht gegen alle Erreger. Wichtiger ist hier die Prophylaxe in Form eines Zeckenhalsbandes oder durch andere Mittel, zum Beispiel Spot On.

Vorschriften zu Impfungen gibt es nicht, doch zumindest die Tollwutimpfung muss nachgewiesen werden, wenn der Hund an Ausstellungen oder Turnieren teilnehmen soll oder mit ins Ausland reist. In Deutschland treten immer wieder Tollwutfälle auf. Nicht geimpfte Haustiere werden bei Kontakt zu erkrankten Tieren getötet.

Krankheiten aus südlichen Ländern

Da immer mehr Menschen ihre Hunde mit in den Urlaub, besonders nach Südeuropa, nehmen, ist ein besonderer Schutz vor Krankheiten, welche durch Sandfliegen übertragen werden, nötig. Nach einem Aufenthalt in gefährdeten Gebieten sollte zur Sicherheit eine Blutuntersuchung durchgeführt werden. Lassen Sie sich von Ihrem Tierarzt beraten.

Entwurmen

Der Züchter wird den Welpen vor der Abgabe (hoffentlich) bereits mehrmals entwurmt haben. Eine Entwurmung wirkt nicht prophylaktisch, der Welpe kann kurz danach erneut mit Würmern befallen sein.

Besonders Welpen schnuppern an Kot oder fressen gar den Kot von Wild-, Haus- und Nutztieren, die manchmal von Darmparasiten befallen sind, und infizieren sich so immer wieder neu.

Da einige Wurmarten auch auf den Menschen übertragbar sind und diesem auch sehr gefährlich werden können, ist es wichtig, gegen Parasiten vorzubeugen.

Äußere Parasiten

Flöhe

Flöhe sind der Schrecken vieler Hundebesitzer und starker Flohbefall kann gerade Welpen sehr zu schaffen machen. Oft reicht ein einziger Flohbiss aus, um eine Flohallergie auszulösen. Kratzt Ihr Hund sich ständig, sollten Sie sein Fell mit einem besonders eng-zinkigen Flohkamm durchkämmen. Bleiben braune Krümel im Kamm hängen, sollten Sie diese auf ein helles Tuch geben, anfeuchten und verreiben. Färben sie sich rötlich braun, handelt es sich meist um Flohkot. Die Flöhe selbst bekommt man selten zu sehen, es sei denn, der Hund ist stark befallen.

Stellen Sie bei Ihrem Welpen Flohbefall fest, kann Ihr Tierarzt wirksame Präparate verordnen, mit denen Sie den Vierbeiner und das Umfeld behandeln können.

Zecken

Zecken sind nicht nur unangenehm, sondern können auch Borreliose, Ehrlichiose und Babesiose übertragen und FSME (eine Hirnhauterkrankung) verursachen. Deswegen sollten Sie Ihren Hund in der Zeit vom Frühjahr bis zum Herbst nach jedem Spaziergang nach diesen Plagegeistern absuchen. Hat sich bereits eine Zecke festgesetzt, entfernen Sie diese möglichst bald mit einer speziellen Zeckenzange.

Sowohl für Flöhe als auch für Zecken gibt es Mittel, die vorbeugend Schutz vor den Parasiten bieten. Lassen Sie sich vom Tierarzt beraten.

Bei übermäßig häufigem Kratzen nehmen Sie Fell und Haut „unter die Lupe".

Die Mensch-Hund-Beziehung

Was macht eine gute Mensch-Hund-Beziehung aus? Muss ein Hund sich an Geräusche gewöhnt haben, ruhig auf dem Tierarzttisch sitzen, ordentlich an der Leine laufen? Muss Ihr Hund hierfür „Sit" und „Platz" können? Sicher, all das macht beiden Seiten das Leben leichter.

Für ein harmonisches Miteinander

Eine gute Mensch-Hund-Beziehung beinhaltet jedoch viel mehr. „Gehorsamsübungen" sind dann nur noch Nebenprodukt, wenn Mensch und Hund einen gemeinsamen Weg der Kommunikation finden.

Der erste Schritt auf dem Weg zu einem richtigen Team ist gelegt, wenn wir versuchen, unsere Vierbeiner zu verstehen. Was sagen sie, wenn sie mit der Rute wedeln – ist das immer gleichbedeutend mit Freude?

Nein, es kann sich auch um einen Erregungszustand handeln, zum Beispiel wenn zwei fremde Hunde aufeinandertreffen und sie sich erst einmal steifbeinig umkreisen.

Hundesprache ist viel komplexer und spannender, als man auf den ersten Blick denken mag. Versuchen Sie, Ihren Hund „lesen" zu lernen, um verstehen zu können, warum er wie handelt. Lernen Sie im Vorfeld zu „sehen", wie er sich im nächsten Moment verhalten wird.

Ein harmonisches Team!

Je klarer der Mensch agiert, desto besser kann sich der Hund an ihm orientieren.

Überdenken Sie des Weiteren, welche Bedürfnisse Ihr Hund hat: Was braucht er und was können Sie ihm bieten (Beschäftigung, Bewegung, Kontakt zu Artgenossen)?

Was noch zu einer guten Beziehung gehört

Eine ganz entscheidende Rolle spielt das Vertrauen, und zwar das Vertrauen des Menschen in den Hund, aber auch Vertrauen des Hundes in den Menschen. Und spätestens hier wird deutlich, dass eine Beziehung etwas ist, das wachsen muss und nicht von heute auf morgen entstehen kann.

Vertrauen kann sich aufbauen, wenn man über einen längeren Zeitraum feststellt, dass man einen Partner an der Seite hat, der für einen da ist, der positiven Sozialkontakt bietet, der Gefahren fernhält und der einen Plan hat, von dem, was er tut (Günther Bloch).

Ein positives Mensch-Hund-Verhältnis ist vergleichbar mit einer guten Beziehung zwischen Eltern und Kindern: Die Eltern achten darauf, dass ihr Kind versorgt ist, was Nahrung, Kleidung und Gesundheit anbelangt. Sie machen Unternehmungen miteinander, die dazu dienen, im Schutz „der Großen" das Leben kennenzulernen. Doch die gemeinsamen positiven Erlebnisse schweißen auch mehr und mehr zusammen.

Sie haben Fürsorgepflicht und achten zum Beispiel im Kleinkindalter darauf, dass es nicht vor ein Auto rennt oder im Supermarkt alle Fruchtzwerge aufreißt. Sie stellen Regeln auf, unter anderem, um das Kind vor Gefahren zu bewahren, aber auch, um ihm Orientierung zu geben. Das ist erlaubt und das ist nicht erlaubt: Kinder-TV ja, der 20.00-Uhr-Krimi nicht! Sie lassen aber idealerweise genug Freiheiten, dass das

Kind seine eigenen Erfahrungen sammeln kann und nicht nur in Watte gepackt und behütet wird. Es darf auf dem Spielplatz auf dem Klettergerüst herumturnen, die Eltern sind da und haben ein Auge auf ihr Kind, stehen aber nicht direkt dahinter, damit es sich ja nicht verletzt.

Ja, Sie haben recht: Menschen sind Menschen und Hunde sind Hunde.

Info Die Stimmung

Trost und beruhigenden Zuspruch empfindet der Welpe als Bestätigung für sein Verhalten. Hektik und Aufregung, verbunden mit erhöhtem Herzschlag, Atemfrequenz und verändertem Geruch des Menschen, können aus Hundesicht Gefahr signalisieren.
Entspannt kann Ihr Welpe aufwachsen, wenn er spürt, dass Sie von der Grundeinstellung her fröhlich sind und dabei sicher auftreten. Das braucht Ihr kleiner Kerl, wenn er jetzt die Welt entdeckt.

Kindern können wir etwas erklären, Hunden nicht.

Dennoch: So unterschiedlich sind wir gar nicht. Es lässt sich einiges vom menschlichen Umgang auf Hunde übertragen.

Hunde leben von Natur aus in einem sozialen Verband und sind bereit, sich jemandem anzuschließen, der dieses „Jobs" würdig ist. Würdig ist der, mit dem man vertrauensvoll durchs Leben geht und der dabei Sicherheit vermittelt. Damit sind wir bei dem wichtigen Punkt „Stimmungsübertragung".

Wie sich Stimmungen übertragen

Immer wieder gibt es für einen Welpen neue Situationen oder Dinge, die ihm fremd sind. Schnappen Sie sich beispielsweise Ihren Welpen und laufen eiligen Schrittes nach Hause, weil ein Gewitter naht, setzen Sie ein Signal. Der Kleine lernt unter Umständen, dass ein Gewitter etwas Bedrohliches ist. Sie brauchen sich nicht zu wundern, wenn er künftig bei Regen und Gewitter das Haus nicht verlassen mag und sogar Angst davor entwickelt. Dies lässt sich auf verschiedene Situationen des Alltags übertragen, beispielsweise wenn Sie den Welpen bei der Annäherung eines anderen Hundes oder bei einem vorbeifahrenden Lastwagen – in Sorge um den Kleinen – auf den Arm nehmen. Ihm können Sie nichts vormachen, entscheidend ist, wie Sie sich fühlen! Wenn Sie sich unwohl fühlen, dann wird der Knirps es spüren.

Bitte nicht trösten

Trost und beruhigendes Zureden wie auch besorgtes Untersuchen auf kleine

Wenn ein Hund Schutz benötigt, dann sollte er die Nähe des Menschen aufsuchen dürfen.

Verletzungen werden vom Hund als Bestätigung für ängstliches Verhalten aufgefasst. „Wenn ich mich fürchte, bekomme ich Zuwendung, also ist es richtig, Angst zu haben." Dies ist die Lehre, die der Welpe daraus zieht, und er wird sich zunehmend unsicher verhalten. „Mein Mensch fürchtet sich, ich habe dazu wohl auch allen Grund."

Stattdessen „freuen" Sie sich lieber über einen Gegenstand, über Gewitter oder über Lärm, und zwar ganz laut und deutlich. Angenommen, er weicht vor dem Staubsauger ängstlich zurück, freuen Sie sich lautstark über diesen: „Mensch, das ist ja ein prima Staubsauger, den wir hier haben, der ist ja klasse!" Machen Sie das bitte einfach nur für sich, ohne den Welpen mit Zwang dorthin zu drängen. Schauen Sie dabei zum Staubsauger statt auf Ihren Hund.

Schutz ist eher passiv zu gewähren. Das bedeutet: Ihr Hund kann sich in Ihre Nähe begeben, wird dort jedoch nicht getröstet.

Es gibt Situationen, in denen der Besitzer dafür sorgen sollte, dass Hunde oder andere Menschen die Individualdistanz respektieren.

Gefahrenabwehr

Aktiv sollten Sie werden, wenn es um „Gefahrenabwehr" geht.

Beispiel: Sie gehen mit Ihrem angeleinten Welpen spazieren und ein anderer Hund stürmt bellend auf Sie zu. Nun ist es Ihre Pflicht, dafür Sorge zu tragen, dass dieser Hund Ihrem Kleinen nicht zu nahe kommt und ihn in Angst und Schrecken versetzt. Das können Sie tun, indem Sie mit einem großen Schritt und einer Abwehrgeste auf den fremden Hund zugehen und ihn laut ansprechen. Die meisten Hunde verabschieden sich dann.

Warum das so wichtig ist? Würde dieser Hund jetzt zu Ihrem Welpen flitzen und ihn bedrängen, vielleicht sogar beißen, dann hätten Sie als – nennen wir es mal – „Aufsichtsperson" versagt. Trotz Ihrer Anwesenheit ist dem Kleinen etwas zugestoßen. Sie wollen aber eine gute Beziehung und ein Vertrauensverhältnis aufbauen. Wird dieses enttäuscht, wird der Hund Ihnen möglicherweise nicht mehr so einfach „glauben", weil Sie ja nicht im Stande waren, ihn zu schützen.

Dies ist einer der Gründe, weshalb erwachsene, angeleinte Hunde häufig andere Hunde anbellen: Der Mensch ist aus Hundesicht nicht dazu in der Lage, die Situation zu meistern, und einer muss sich ja um die Gefahrenabwehr kümmern.

Natürlich darf und soll Ihr Welpe mit erwachsenen Hunden spielen – das ist keine Frage. Aber Sie treffen hierbei die Entscheidung, wer der Spielkamerad sein sollte. Gefahrenabwehr bedeutet nicht, dass Sie permanent hinter Ihrem Welpen herlaufen sollen, damit ihm ja nichts passiert. Er würde unsicherer und „dümmer" gemacht, wenn wir ihm alles abnehmen und jeden Hund von ihm fernhalten, weil der eigene umgeschubst werden oder er im Spiel gegen einen Zaun stoßen könnte. Achten Sie von Beginn an darauf, dass Sie in den verschiedensten Bereichen die Entscheidungen treffen, zum Beispiel lassen Sie ihn zunächst warten, bevor er mit Ihrer Erlaubnis zu einem anderen Hund hinlaufen darf, sonst drängelt er im Laufe der Zeit umso mehr dorthin. Begrüßen Sie zuerst Personen, statt dass Ihr Hund dies übernimmt. Zum einen vermeiden Sie, dass er hochspringt, was die meisten Menschen nicht wollen, zum anderen sorgen Sie für mehr Vertrauen, wenn Sie in der ersten Reihe stehen, statt Ihrem Hund das Management zu überlassen. Bei den einen Hunden führt es sonst dazu, dass sie immer mehr und mehr eigene Entscheidungen treffen und sich zum Beispiel überlegen, ob sie kommen wollen, wenn sie gerufen werden. Bei den anderen führt es zu einer größeren Verunsicherung bis hin zur Überforderung, wenn sie das Gefühl haben, sie sollen Situationen regeln.

Spaß und Grenzen

Wir hatten bereits angesprochen, dass gemeinsamer Spaß immens wichtig ist, um eine gute Beziehung aufzubauen. Nur Sonnenseiten? Nein, es gehören auch Grenzen zur Hundeerziehung. Dabei sollte einer, und zwar Sie, das „Zepter" in der Hand halten, denn der Hund wäre damit überfordert. Chefsein hat nicht nur Vorteile, sondern ist sehr anstrengend, weil man Entscheidungen treffen muss und die Verantwortung trägt.

Wünschenswert aus Sicht des Hundes ist, dass Sie dafür Sorge tragen, dass das soziale Miteinander funktioniert. Sie geben die Strukturen und nehmen dafür Stress und Unruhe.

Beherzigen Sie dies bitte von Anfang an und warten Sie nicht erst, bis sich der Kleine eingelebt hat. Es ist für ihn viel schwerer, sich umzugewöhnen, als es gleich richtig zu lernen.

In der Vielzahl der Situationen sollten Sie es sein, um den Hund zu gemeinsamen Unternehmungen zu bewegen. (Er kommt, wenn Sie ihn rufen. Sie lassen ihn zum gemeinsamen Spaß auf einen Baumstamm springen usw.)

Privilegien
Haben Sie keinerlei Schwierigkeiten mit Ihrem Vierbeiner und er gehorcht zuverlässig, dann darf er gerne gewisse Privilegien genießen, im Bett schlafen, Sie zum Spielen auffordern oder bei Tisch betteln. Natürlich können Sie auch mal über ihn steigen, wenn er im Weg liegt, aber nicht permanent, denn

der Hund merkt natürlich, dass wir es ihm passend machen.

Mit dem Welpen gehen wir anfangs noch langsam spazieren, bleiben aber bald, wenn er flotter unterwegs ist, nicht alle drei Meter stehen, weil er mal schnüffeln oder einen entgegenkommenden Hund begutachten möchte. Ist das ab und zu der Fall, dann mag das kein Problem sein – die Summe der Situationen ist entscheidend. Und: Wer sich im Haus als Chef fühlt, der tut das auch draußen!

Mit diesen Überlegungen sind wir, liebe Leser, am Ende unseres Buches rund um den Hundewelpen angelangt. Wollen Sie Ihrem Hund etwas Gutes tun (und wer will das nicht), dann sehen Sie eine intensive Bindung und Vertrauen als die Grundlage der Mensch-Hund-Beziehung und damit auch als den Schlüssel zur Erziehung Ihres Hundes. Seien Sie vergnügt, seien Sie geduldig, bleiben Sie konsequent und vor allen Dingen gelassen und denken Sie daran: Die Erziehung Ihres Hundes ist niemals abgeschlossen. Daran werden Sie erinnert, wenn Ihr Welpe auf dem Weg zum Hund in seine „Rüpelphase", kommt. Aber das ist wieder eine andere Geschichte.

„Herrchen, wir zwei gehören zusammen …"

Vom Wolf zum Hund

Hunde sind die ältesten Haustiere des Menschen. Kein Tier lebt so eng mit uns zusammen und passt sich optimal unseren Lebensumständen an. Doch wie kam es zu dieser engen Freundschaft, wie kam der Mensch auf den Hund? Und warum gibt es immer noch so viele Missverständnisse zwischen Menschen und Hunden?

Die Vorfahren der Hunde

Die Urahnen unserer heutigen Hunde, in ihrer ganzen Vielfalt, sind Wölfe. Im letzten Jahrhundert wurden auch Kojoten und Schakale als wilde Vorfahren diskutiert. Mittlerweile weiß man, dass sie an der Entstehung der unterschiedlichen Erscheinungsformen, mit denen unsere heutigen Hunde daherkommen, nicht ursächlich beteiligt waren. Hin und wieder hat es sicher auch Verpaarungen zwischen Hunden und Schakalen oder auch Kojoten gegeben. Dies blieben jedoch Ausnahmen und stellten keine Regel dar.

Auch dieser Beagle stammt ursprünglich vom Wolf ab.

Wie aus Wölfen Hunde wurden
Aufgrund von Untersuchungen am Genom (Erbmasse) von Wölfen und Hunden in den letzten Jahren geht man heute davon aus, dass die Domestikation des Wolfes vor über ca 50.000 Jahren begonnen hat. Abhängig von den jeweils herrschenden Umweltbedingungen gab es zu Beginn der Domestikation des Hundes verschiedene Typen und Unterarten von Wölfen auf der Erde. Die Domestikation hat sich dann parallel an verschiedenen Orten gleichzeitig vollzogen, und so fanden die unterschiedlichen Erscheinungsformen des Wolfes ihren Weg in das Hundegenom und bildeten die Basis für die Entstehung unterschiedlicher Rassen.

Zwischen Hunden und Menschen können sich enge soziale Bindungen entwickeln.

Mensch und Hund eine enge Bindung bestanden haben muss. Auch wenn man sich noch nicht so ganz sicher ist, ab wann genau Wolf und Mensch beschlossen, auf die eine oder andere Art intensiver zusammenzuleben … spätestens vom Zeitpunkt der genannten Grabfunde an, redet man nicht mehr vom Wolf sondern vom Hund. Dabei waren diese frühen Hunde vom Äußeren her sicher nicht mit unseren heutigen Hunden vergleichbar, was die Vielfalt an äußeren Erscheinungen (Größe, Farbe, Ohrform etc.) anbelangt.

Info Domestikation

Domestikation ist der Fachausdruck für die Entstehung einer Haustierart aus einer wilden Tierart..

Vom Wildtier zum Haustier

Domestikation ist ein Vorgang, der sich über Hunderte bis Tausende von Generationen hinzieht. Ganz langsam verändern sich bestimmte charakterliche Eigenschaften (und damit auch äußerliche Erscheinungen) des wilden Tieres. Bestimmte Wolfsgruppen haben sich prähistorischen Menschen vor ca. 50.000 Jahren aus den hier genannten Gründen näher angeschlossen. Diese Wölfe haben den ersten Schritt sicher aus „praktischen" Erwägungen vollzogen – es muss damals aber auch bei ihnen schon eine angeborene Veranlagung vorhanden gewesen sein, über längere Zeit in der Nähe von Menschen zu bleiben und sich dort auch fortzupflanzen. Die prähistorischen Menschen haben sicher noch keine kontrollierte Zucht betrieben und Tiere bewusst verpaart, die für sie nützliche Eigenschaften mitbrachten.

Warum der Mensch begann, den Wolf zu domestizieren, kann nicht mit letzter Gewissheit gesagt werden. Am wahrscheinlichsten gilt, dass der Domestikationsprozess aufgrund von Vorteilen für beide Arten ins Rollen kam: Wölfe fanden in der Nähe von Menschengruppen Nahrungsreste und die etwas weniger ängstlichen Wölfe haben damals vermutlich auch ihre Jungen in der Nähe menschlicher Behausungen aufgezogen. Menschen entdeckten Wolfswelpen, haben diese vielleicht anfangs rein als Nahrungsquelle bei sich aufgenommen und später irgendwann Wölfe als Jagdhelfer genutzt. Man half sich vermutlich auch bei der Warnung vor und Bekämpfung von gemeinsamen Feinden. Einige Wissenschaftler meinen sogar, dass der Mensch eine angeborene Veranlagung habe, Haustiere zu halten.

Die frühen Hunde

Dass der domestizierte Wolf schnell eine soziale Rolle spielte und als Partner des Menschen gesehen wurde, zeigen Grabfunde. Es gibt eine Reihe von prähistorischen Grabstätten (die älteste ist ca. 15.000 Jahre alt), in denen Menschen mit Hunden bestattet wurden. Die Art und Weise der Bestattung legt den Schluss nahe, dass hier zwischen

Voraussetzungen für eine Domestikation

Bestimmte Verhaltenselemente eines wilden Tieres erleichtern einen Domestikationsprozess generell:

> Die Tiere müssen einen annähernd gleichen Tag-Nacht-Rhythmus aufweisen wie der Mensch;

> sie müssen durch ein breites Spektrum an Futter zu ernähren sein;

> sie müssen eine relativ kurze Fluchtdistanz haben, und sich auch unter von Menschen diktierten Lebensbedingungen fortpflanzen können.

Dies sind alles Elemente, die den Wolf gegenüber der Katze auszeichnen – so wundert es nicht, dass wilde Katzen sehr viel später domestiziert wurden.

Ein weiteres Verhaltenselement, das die Domestikation des Wolfes erleichtert hat, ist die Ähnlichkeit im Sozialverhalten zwischen Wolf und Menschen. Diese Ähnlichkeit ist vermutlich bis heute für die Tatsache verantwortlich, dass der Hund immer noch das beliebteste Haustier des Menschen ist.

Wölfe und Wolfshybriden

Domestikationsprozesse sind äußerst langwierig und lassen sich nicht in wenigen Generationen nachstellen. Schon gar nicht lassen sie sich nachstellen, indem man einfach einen Wolfswelpen, z.B. vom heutigen Europäischen Wolf, in der Obhut des Menschen aufwachsen lässt. Leider ist dies in den letzten Jahren zunehmend in Mode gekommen: Menschen halten Wölfe oder Mischlinge aus Wolf und Hund (sogenannte Wolfshybriden) privat. Einmal davon abgesehen, dass dies nach dem Deutschen Naturschutzgesetz verboten ist, ist dies auch mit dem Tierschutzgesetz nicht vereinbar und stellt ein extrem hohes Gefahrenpotenzial für den Menschen dar. Der heutige Wolf ist ebenso ein Wildtier wie sein prähistorischer Vorfahr und eignet sich darum nicht zum engen Zusammenleben mit dem heutigen Menschen wie es ein Hund tut – auch nicht, wenn er vom Welpenalter an mit Menschen zusammengelebt hat.

An verschiedenen Forschungseinrichtungen werden heute Wölfe gehalten, um ihr Verhalten zu erforschen. Dazu kommen noch eine Reihe von Feldbeobachtungen an Rudeln von in Freiheit lebenden Wölfen. Der Konsens solcher Forschungen ist, dass sich heutige Wölfe in bestimmten Bereichen ihres Verhaltens von Haushunden unterscheiden – wenn auch nach wie vor viele Gemeinsamkeiten vorhanden sind. Man geht davon aus, dass sich der heutige Wolf auch vom prähistorischen Wolf unterscheidet; es wird angenommen, dass ein Domestikationsvorgang mit dem heutigen Wolf wohl deutlich länger dauern würde als damals mit dem prähistorischen Wolf. Heutige Wölfe sind vermutlich aufgrund der engen Lebensräume, die ihnen besonders in Europa zur Verfügung stehen, deutlich scheuer als die damaligen gemeinsamen Vorfahren von Wolf und Hund. Da wir Menschen uns mittlerweile über 400 Hunderassen aus den verschiedenen früheren Wolfstypen herausgezüchtet haben, ist es eigentlich auch nicht einzusehen, warum manche Menschen heute ausgerechnet einen wilden Wolf als Haustier halten müssen.

Die soziale Gruppe „Mensch-Hund" bei einer gemeinsamen Unternehmung.

Wachfunktion: Er überblickt die Umgrenzung seines Kernterritoriums.

Beginn einer gezielten Hundezucht

Vor ca. 15.000 Jahren begann der Mensch zunehmend intensiver, Hunde gezielt und selektiv zu verpaaren. Schwerpunktmäßig stand dabei der Gebrauchsnutzen des Hundes im Vordergrund: Hunde waren Jagdhelfer, zogen und trugen Lasten, schützten Herden und menschliche Niederlassungen. Sogenannte „Damenhunde" (Schoßhunde) werden erstmalig in Texten aus dem 13. bis 14. Jahrhundert beschrieben.

Hundezucht im heutigen Rahmen, mit genau definierten phänotypischen Standards (äußere Erscheinung) und Gebrauchszwecken sowie Zuchtzulassungsprüfungen etc., gibt es erst seit maximal 200 Jahren. Heute werden weltweit ca. 400 verschiedene Hunderassen unterschieden; knapp 358 davon sind bei der FCI eingetragen (FCI = Weltverband: Federation Cynologique Internationale. Deutscher Dachverband: VDH, Verband für das Deutsche Hundewesen). Für eingetragene Rassen gibt es jeweils einen FCI-Standard, der die Rasse mehr oder weniger genau vom Phänotyp und bzw. oder mit bestimmten Verhaltenscharakteristika beschreibt.

Gruppenzugehörigkeit

Aktuell gibt es noch keine Möglichkeit, die Rassenzugehörigkeit eines Hundes mithilfe genetischer Marker ganz genau zu bestimmen. Das Hundegenom ist zwar zum jetzigen Zeitpunkt komplett entschlüsselt, aber eine Zusammenfassung von bestimmten Abschnitten zu einzelnen Genen und die Zuweisung bestimmter Funktionen ist erst für sehr wenige Bereiche gelungen. Untersuchungen haben gezeigt, dass bestimmte Rassen eine historisch alte Herkunft haben und gegen „moderne"

Rassen abgegrenzt werden können. Für die gesamte Hundepopulation lassen sich vier genetische Cluster (Gruppen) identifizieren, die Rassen mit einem ähnlichen geografischen Ursprung, ähnlicher Morphologie (Gestalt) und ähnlichem Gebrauchswert für bzw. Nutzen durch den Menschen beinhalten.

> Einige wenige Rassen asiatischen Ursprungs sammeln sich im ersten Cluster (z.B. Shar-Pei, Shiba Inu, Chow Chow, Akita).
> Der zweite Cluster wird durch alte nordische Rassen gebildet (Siberian Husky, Alaskan Malamute).
> Im dritten Cluster findet man die afrikanischen Rassen (Afghanen, Saluki).
> Fast alle modernen (seit 150 Jahren beschriebenen) Rassen bilden dann zusammen den vierten Cluster.

Innerhalb eines Clusters sind einzelne Rassen aufgrund ihrer großen genetischen Variabilität nicht exakt gegeneinander abzugrenzen. Zum Beispiel zeigen sich bei Bullterriern und Pudeln bestimmte Haplotypen identisch; bestimmte Gensequenzen des American Staffordshire Terriers zeigen eine größere Ähnlichkeit zu analogen Gensequenzen eines Pudels (analog = gleiche Lage auf gleichem Chromosom) als zu analogen Gensequenzen anderer American Staffordshire Terrier. Bei anderen Rassen (zum Beispiel Golden Retriever, Weimaraner, Hanno-

Info Haplotyp

Genetischer Aufbau eines Chromosoms. Der Haplotyp ist eine für jedes Individuum einzigartige Sequenz an einer bestimmten Stelle seines Genotyps.

veraner Schweißhund) wurden innerhalb der Population unterschiedliche Haplotypen gefunden die zeigen, dass Hunde dieser Rassen, obwohl äußerlich ähnlich, aus jeweils unterschiedlichen Domestikationslinien stammen müssen. Interessanterweise zeigte sich zwischen dem Deutschen Schäferhund und dem Nackthund aufgrund des Haplotyps eine sehr enge Verwandtschaft.

Beginn der Verhaltensforschung

Obwohl der Hund ein altes Haustier ist, hat der Mensch eigentlich erst im letzten Jahrhundert angefangen, sein Verhalten näher zu erforschen. Aus früheren Zeiten gibt es nur wenige schriftliche Berichte über Hundeverhalten, so zum Beispiel von Charles Darwin, dem Begründer der Evolutionslehre. Über das Training von Hunden liegen immerhin noch einige schriftliche Aufzeichnungen der antiken Römer und Griechen vor – aber das Verhalten selbst (unabhängig von der Erziehung) hat bis zum 20. Jahrhundert nur sehr wenige Menschen interessiert.

Erst ab ca. 1900 begann der Mensch, Verhaltensforschung im eigentlichen Sinne zu betreiben, und hat dabei auch dem Hund intensiver „auf die Pfoten" geschaut. Allerdings dauerte es dann noch bis in die Vierziger- und Fünfzigerjahre des letzten Jahrhunderts, bis die Verhaltensforschung (die Ethologie) tatsächlich als Wissenschaft anerkannt wurde und bis auch das Haustier Hund in der Forschung intensiver beachtet wurde. Einer der bekanntesten und herausragensten frühen Hundeforscher ist mit Sicherheit Konrad Lorenz.

Jagdfunktion: Er orientiert sich gegen die Windrichtung und nimmt Witterung aus der Luft auf.

Späte Einsichten

Woran hat es gelegen, dass so spärlich und auch erst so spät begonnen wurde, über Hundeverhalten zu forschen? Diese Frage ist schwierig zu beantworten. Der Hund war u. U. als Forschungsobjekt nicht interessant genug.

Bei Haustieren wie Rind oder Schwein war die Verhaltensforschung aus wirtschaftlichen Gründen wichtig. Mit dem gewonnenen Wissen konnten Zucht und/oder Haltung mit dem Ziel verbessert werden, die Erträge zu erhöhen. An den Tierschutz und die Verbesserung der Lebensbedingungen um der Tiere willen dachte man zunächst weniger.

An Wildtieren wurde geforscht, um Wissen über Vorgänge in der Natur generell zu erlangen: Wie pflanzen sich

Der Weimaraner ist eine in Deutschland als Jagdgebrauchshund anerkannte Rasse.

senen Hund beobachtet haben. Ihre grundlegenden Erkenntnisse haben nach wie vor Gültigkeit. Während bis zu den Siebziger- und frühen Achtzigerjahren des letzten Jahrhunderts in Deutschland noch viel über Hundeverhalten gearbeitet wurde, wurden in den letzten 30 Jahren die meisten Forschungsarbeiten mehr im europäischen Ausland und den USA durchgeführt.

Hundeverhalten verstehen

Hunde leben kaum noch als Arbeitstiere auf dem Land. Im Gegenteil – der Großteil der heutigen ca. sechs Millionen Hunde in Deutschland hat eigentlich nur einen Zweck: dem Besitzer ein Sozialpartner (Freund / Familienmitglied) zu sein. Aufgrund seiner breiten kommunikativen Möglichkeiten und seines Sozialverhaltens ist dies auch eine Rolle, die er von allen Haustieren am perfektesten ausfüllen kann.

Vom Arbeits- zum Familienhund

Hunde wurden früher als Hütehunde, Treibhunde, bei der Jagd, zum Lastenziehen, als Schoßhunde und als Wach- und Schutzhunde eingesetzt und zu diesem Zweck gezielt gezüchtet. Die unterschiedlichen Rassen entstanden, weil man zunächst auf Funktionalität züchtete und den Gebrauchswert der Tiere im Auge hatte. Zwangsläufig wurde so aber auch das äußere Erscheinungsbild der „Urhunde" verändert, die verschiedenen Rassen entstanden.

Zucht auf Schönheit

Die heutige Hundezucht nach genau definierten äußeren Rassestandards (nach Schönheit) gibt es erst seit rund 200 Jahren. Die erste Rassehundeschau

Tiere fort, wie kommunizieren sie untereinander, wie sind bestimmte Tierarten in das ökologische Gleichgewicht an einem bestimmten Ort integriert etc.? All diese Fragestellungen waren beim Hund nicht relevant: Der Hund hat im Großen und Ganzen seine Arbeit gut ausgeführt, für die er angeschafft wurde, und er ließ sich auch relativ problemlos ausbilden. Ließ sich ein Hund nicht gut ausbilden, so wurde er „abgeschafft" – Nachwuchs war einfach zu beschaffen, da die Generationen im Vergleich zu Großtieren recht schnell aufeinander folgen. Frühe Forschungen an Hunden wurden dann auch häufig unter anderen Fragestellungen begonnen: Iwan Pawlow z.B., einer der Begründer der modernen Forschung über Lernverhalten, hat mit Hunden gearbeitet. Aber er wollte mit seinen Arbeiten ursprünglich etwas über die Mechanismen der Verdauung herausfinden!

Es begann in den Fünfzigern

Berühmt ist die Arbeit von den amerikanischen Forschern Scott und Fuller, die in den Fünfziger- und Sechzigerjahren des letzten Jahrhunderts die Entwicklungen des Hundeverhaltens vom Welpenstadium bis zum erwach-

überhaupt fand 1859 in England statt. Dies sind sehr kurze Zeiträume, wenn man sie mit der Zeitspanne der Domestikation an sich und der Zeitspanne der Zucht auf Funktionalität vergleicht. Von den ursprünglichen charakterlichen Eigenschaften der einzelnen Arbeitsrassen (im Hinblick auf die Funktionalität) sind auch bei einem reinen Familien- und Begleithund heute noch einige vorhanden. Dies kann aber zu Problemen in einer Gesellschaft führen, die immer weniger Platz hat und immer engere Spielregeln für sich und ihre artfremden Mitglieder aufstellt.

Gründe für Verhaltensprobleme
Unter- oder Überforderung des Hundes sind die häufigsten Gründe für die Entstehung von Verhaltensproblemen. Hinter dieser knappen Aussage verbergen sich komplizierte Sachverhalte, aber grundsätzlich lässt es sich so einfach zusammenfassen. Ein unterforderter Hund langweilt sich – Langeweile ist ein Stressauslöser und so nebenbei kommt man auch auf „dumme Gedanken". Ein überforderter Hund steht ebenfalls unter Stress und ist u. U. in einem starken Angstzustand.

Vielen Menschen ist nicht bewusst, dass sich Hunde aus Arbeitslinien als „reine Familienbegleithunde" langweilen könnten. Ebenso wird oft nicht bedacht, wodurch sich ein Hund überfordert fühlen kann. Menschen schätzen bestimmte Umweltsituationen häufig falsch ein; z.B. dass schreiende Kinder, die auf einen Hund zurennen, von diesem als Bedrohung empfunden werden können.

Über zehn Millionen erwachsene Menschen und Jugendliche leben in Deutschland in einem Hundehaushalt. Wie viele davon Probleme mit „ihrem" Hund haben, ist nicht bekannt. Von

den sechs Millionen Hunden, sind nur wenige „berufstätig": ca. 2.500 werden als Blindenführhunde, 5.000 als Diensthunde bei Polizei und Militär und etwa 2.000 als Rettungshunde geführt. Selbst wenn man die Zahl an Behindertenbegleithunden, privaten Wachhunden, geprüften Jagdhunden und Hunden, mit denen Hundesport betrieben wird, nicht kennt, bleibt das Potenzial möglicher „Problemverursacher" aus Unter- oder Überforderung recht groß; und auch Hunde in bestimmten Berufen können Probleme verursachen, z.B. wenn sie falsch ausgebildet wurden.

Wer diese Hunde nur als Familienbegleiter anschafft und sie auch noch ausschließlich in der Stadt hält, bereitet den Hunden, sich selber und der Umwelt Probleme.

Info Beißvorfälle mit Hunden

Das Aggressionsverhalten von Hunden bereitet besonders Probleme, wenngleich es auch heute noch keine genauen Statistiken für Deutschland gibt, wie oft pro Jahr tatsächlich ein Mensch oder andere Hunde gebissen werden. In den Niederlanden werden zum Beispiel pro Jahr ca. 50.000 Menschen nach Hundebissen in Krankenhäusern versorgt; für die USA schwanken die Zahlen zwischen 0,5 und 4,7 Millionen pro Jahr. In der Überzahl beißen Hunde innerhalb der eigenen Gruppe (Besitzer, Freunde oder bekannte Menschen) und hier in der Mehrzahl Kinder bis ca. 13 Jahre. Die meisten dieser Beißvorfälle hätten durch ausreichend Sachkunde beim Besitzer vermieden werden können. Mangelndes Wissen bei Menschen über Normal- und Lernverhalten von Hunden ist die Hauptursache, warum Probleme auftreten.

Verhalten kann bereits wenige Sekunden nach der Geburt eines Welpen beobachtet werden und wird von Woche zu Woche geübt und verfeinert. Innerhalb der ersten acht Lebenswochen zeigen Hundewelpen ca. 80 % des kompletten späteren Verhaltensrepertoires des ausgewachsenen Hundes. Eine gute Möglichkeit also, intensiv in die verschiedenen Verhaltensmuster einzusteigen und sich anzuschauen, wofür bestimmte Verhaltensweisen beim Hund da sind und worauf man als Halter speziell bei Welpen achten sollte.

Angeborenes Verhalten

Die ersten vierzehn Lebenstage eines Welpen werden als „neonatale Phase" bezeichnet. Die meisten Verhaltensweisen, die er in dieser Phase zeigt, sind relativ eng genetisch fixiert, also ererbt. Die Frage, wie viel vom später gezeigten Verhalten oder vom Charakter angeboren und wie viel erlernt ist, ist nach wie vor ein Diskussionsthema in der Verhaltensbiologie. Im angelsächsischen Sprachraum existiert das nette Wortspiel „nature versus nurture". Der Nobelpreisträger Niko Tinbergen sagte, dass Verhalten zu 100 % angeboren und zu 100 % erlernt ist. Hiermit trifft er sicher den Punkt: Verhalten kann sich einerseits nur auf der Grundlage der genetisch fixierten Hardware entwickeln (ein Hund hat keine Flügel und kann folglich nie fliegen lernen). Auf der anderen Seite findet von der Sekunde der Geburt an eine Wechselwirkung zwischen Welpe und Umwelt statt. Er zeigt bestimmte Verhaltensweisen als Reaktion auf bestimmte Umweltsignale, und er lernt von Anfang an, welche seiner Reaktionen für ihn positive Konsequenzen haben und welche nicht. So findet die Entwicklung eines bestimmten Verhaltensrepertoires auf der Grundlage einer genetischen Prädisposition statt.

Info Gene und Umwelt

Die Gene stellen ein Angebot an die Umwelt dar. Von den individuellen Umwelterfahrungen hängt es ab, welche Verhaltensmuster und/oder charakterlichen Eigenschaften sich schwerpunktmäßig entwickeln und in welche Richtung sie dies tun: Mit der Befruchtung der Eizelle wird der genetische Rahmen festgelegt, innerhalb dessen sich der Welpe entwickeln kann. Dies gilt nicht nur für die äußere Erscheinung, sondern auch für das Verhalten.

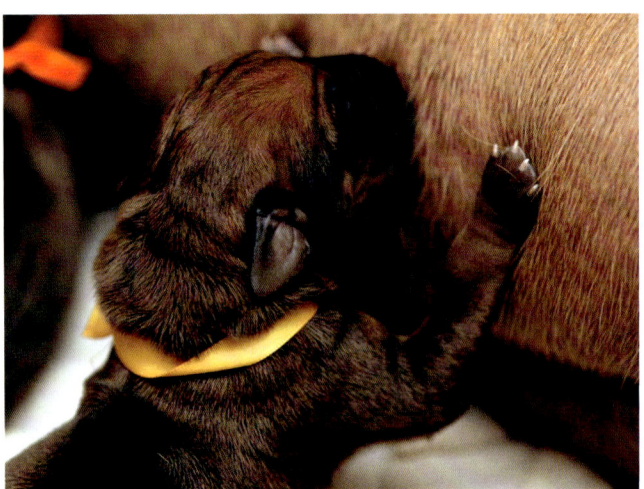

Ein Welpe an der Milchbar; mit den Pfoten tritt er gegen das Drüsengewebe und regt den Milchfluss an.

Der Wunsch nach Leben

Alle Welpen besitzen einen typischen quäkenden „Hilfeschrei", den sie ausstoßen, wenn sie isoliert, also ohne Körperkontakt mit Wurfgeschwistern oder der Mama sind. Auf diesen Schrei zeigt die Mutter ein typisches, genetisch fixiertes Verhalten: Sie sucht die Geräuschquelle und trägt sie ins Nest zurück. Das macht die Hündin auch mit einem technischen Gerät, welches den Schrei abspielt! Dieses Verhalten ist angeboren – die Hündin muss es nicht lernen. Aber sie zeigt diese Reaktion auf den Schrei nur in den ersten zwölf Tagen nach dem Werfen. Und auch der Welpe verliert mit dem Älterwerden die Fähigkeit, genau diesen speziellen Schrei auszustoßen.

Solche eng genetisch fixierten Verhaltensweisen in den frühen Entwicklungsstadien sichern das Überleben der Welpen und haben sich in Millionen Jahren der Evolution entwickelt und bewährt.

Müsste eine erstgebärende Mutterhündin die Reaktion auf den Hilfeschrei des Welpen erst durch Versuch und Irrtum lernen, würde dies eine hohe Todesrate unter den Welpen des ersten Wurfes bedeuten.

Der Weg zur Zitze

Alle neugeborenen Welpen machen horizontal pendelnde Suchbewegungen mit dem Kopf, um eine Zitze zu finden. Auch dieses Suchpendeln erhöht die Überlebenschance: Bei halbkreisförmigen Suchbewegungen ist die Chance größer, zufällig gegen eine Zitze zu stoßen, als wenn man mit dem Kopf immer nur nach vorn stoßen würde. Gleiches gilt für das typische kreisförmige Kriechen der Welpen. Wenn ein Welpe nur geradeaus nach vorn „robben" würde und durch einen dummen Zufall zu Beginn eine ungünstige Richtung hätte, könnte er sich sehr weit von der Geschwistergruppe entfernen. Damit besteht das Risiko der Unterkühlung. Bei kreisförmigen Bewegungen ist dieses Risiko geringer, denn der Welpe wird sich ab einem bestimmten Punkt automatisch wieder in Richtung der Gruppe orientieren.

Massage für eine gute Verdauung

Hundewelpen sind in den ersten beiden Lebenswochen eigentlich recht nutzlose Gesellen, wenn man nur Äußerlichkeiten betrachtet. Außer Schlafen, Saugen, Wachsen und Ausscheiden findet scheinbar nichts weiter statt – und ausscheiden tun die Welpen zudem auch nur auf die Leckstimulation der Mutter hin. Diese massiert mit ihrer Zunge Bauch, Seiten und Rücken des Welpen, stimuliert so die Motorik von Blasen- und Darmmuskulatur und damit auch die Aktion der jeweiligen Schließmuskeln. Bei mutterloser Aufzucht muss der Züchter diese Stimulation mit einem warmen, feuchten Waschlappen imitieren. Dies muss regelmäßig nach dem Füttern mit der

Welpen fangen früh an, sich für kurze Zeit von den Geschwistern oder der Mutter zu trennen.

Flasche erfolgen, und der Mensch sollte genau wie die Mutter Bauch, Seiten und Rücken des Welpen sanft reiben, bis Kot und Urin abgegangen sind.

Reaktionen auf äußere Einflüsse

Hundewelpen werden mit fest geschlossenen Augen und Ohrkanälen geboren. Messungen ihrer Gehirnströme (im EEG = Elektroenzephalografie) zeigen Dauerschlafwellen an. Ihre motorischen Fähigkeiten beschränken sich zunächst auf das erwähnte Kopfpendeln, das Saugen und die Fähigkeit, sich robbend/kriechend langsam und kreisförmig fortzubewegen. Aber man sollte sich nicht dazu hinreißen lassen, diese neonatale Phase als ein rein vegetatives Stadium abzutun. Welpen können von Anfang an warm und kalt unterscheiden, sie zeigen bereits Schmerzreaktionen und trotz verschlossener Ohrkanäle eine typische „Schreckreaktion" auf

laute Geräusche. Bereits in dieser Phase finden wesentliche Wachstums- und Differenzierungsprozesse von Körper, Gehirn und Nervensystem statt.

Kontaktliegen ist für Welpen wichtig. Je älter sie werden, desto seltener werden sie es allerdings zeigen.

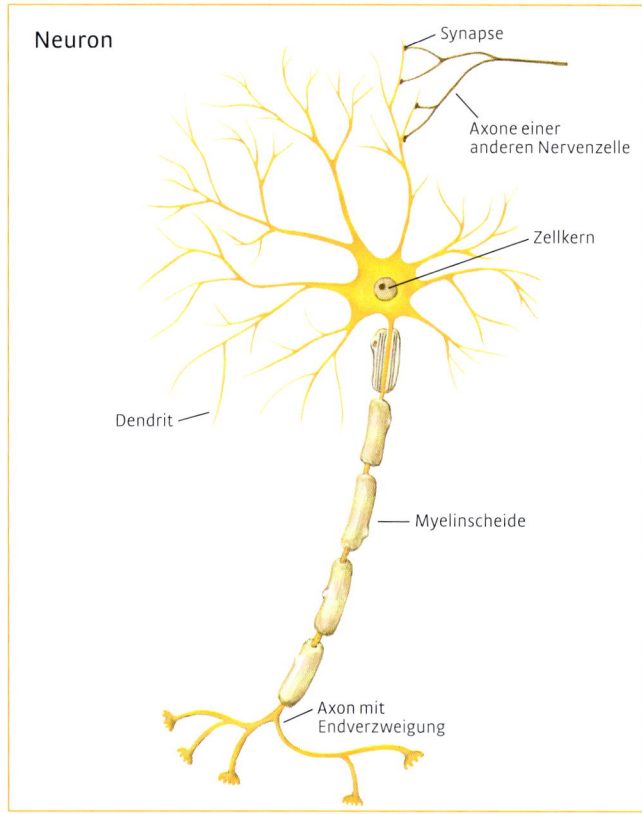

Neuron

Synapse

Axone einer
anderen Nervenzelle

Zellkern

Dendrit

Myelinscheide

Axon mit
Endverzweigung

Steuerung von Verhalten

Jede einzelne Verhaltensäußerung und jeder emotionale Zustand eines Lebewesens werden vom Nervensystem koordiniert bzw. durch Gehirntätigkeit ausgelöst. Solange ein Tier am Leben ist, solange das Nervensystem Signale leitet und die Muskeln arbeiten, zeigt ein Tier auch immer ein Verhalten. Auch Schlaf ist ein Verhalten – genauso wie Fressen.

Das Nervensystem
Das Zentralnervensystem (ZNS) setzt sich aus dem Gehirn und dem Rückenmark zusammen. Dieses sind sozusagen die Steuerorgane des Körpers. Daran schließt sich das periphere (äußere) Nervensystem (PNS) an. Über dessen „Leitungen“, Nervenzellen (Neurone) mit allen Verzweigungen, werden Informationen aus dem ZNS an den restlichen Körper weitergegeben (z.B. Signal „Kopf heben“). Umgekehrt werden Rückmeldungen über die Außenwelt an die Schaltzentrale geliefert (z.B. „Hier riecht es nach Kaninchen“).

Datenautobahnen
Bei den Neuronen unterscheidet man solche, die schnell leiten (ca. 120 m/Sekunde), und solche, die langsam leiten (ca. 1 m/Sekunde). Die schnellen sind diejenigen, über die u. a. die Informationen von außen zum Gehirn gebracht werden und über die dann z.B. Signale vom Gehirn an die Muskeln gehen. Langsame und schnelle Nervenzellen unterscheiden sich in ihrer Anatomie: Die langsamen sind „nackt“, während die schnellen von einer Eiweißhülle, der sogenannten Myelinscheide, umgeben sind. Diese Hülle ist aber nicht von Anfang an vorhanden. Hundewelpen werden mit vollständig nackten Neuronen geboren. Erst im Laufe der Entwicklung, in den ersten zwei Lebenswochen, werden bestimmte Neurone im Bereich ihres abführenden Fortsatzes (siehe Zeichnung) mit der Myelinscheide umhüllt. Dieser Fortsatz heißt „Axon“, hierüber findet die Weiterleitung der Information von einem Neuron zum nächsten statt.

Motorische Fähigkeiten
Die Umhüllung beginnt nicht einfach irgendwo oder ist schlagartig überall am Körper abgeschlossen: Sie folgt einer ganz strengen Regelmäßigkeit: Begonnen wird dort, wo die Nerven das ZNS verlassen – je näher am Kopf, desto eher. Aus diesem Grund werden Welpen auch nie mit dem Hinterteil zuerst

aktiv! Immer sind die Axone derjenigen Neurone, die die Motorik der Vorderbeine steuern, eher umhüllt und damit leistungsfähiger als die der Hinterbeine. Wir können dieses „Wachsen" der Myelinscheide vom Vorderkörper über den Rücken hinunter zu den Hinterbeinen tatsächlich an den immer besser werdenden motorischen Fähigkeiten der Welpen verfolgen: Zunächst wird die Kontrolle über Kopf und Hals besser; dann fangen sie an, sich mit dem Vorderkörper hochzustemmen und die Vorderbeine gezielt zu stellen; schließlich beginnen sie die Hinterbeine unter den Bauch zu ziehen, um dann unter großen Mühen den Po in die Luft zu stemmen.

Das Flat-Puppy-Syndrom

Welpen mit FlatPuppy sind nicht in der Lage, sich mit den Gliedmaßen hochzustemmen. Das Vollbild dieses Problems zeigt sich zwischen dem 14. und 21. Lebenstag. Erste Hinweise zeigen sich aber schon mit vier bis fünf Tagen. Mittlerweile weiß man, dass sich bei diesen Welpen die Myelinscheide von Anfang an nicht richtig ausbildet. Warum dies so ist (ererbt, Infektion der Mutter während der Trächtigkeit, etc.), weiß man nicht. Es wird diskutiert, dass Vitamingaben an die betroffenen Welpen hilfreich sein können.

Viel wichtiger scheint aber ein regelmäßiges „Turnen" des Züchters mit diesen Welpen zu sein. Auch eine passive Bewegung der Gliedmaßen führt über Dehnungsreize der Muskeln nämlich zu einer verstärkten Ausbildung der Myelinscheide.

Einfluss des Züchters

Wer als Züchter seinen Welpen etwas Gutes tun will und sie häufig an die Zitzen legt, verlangsamt nicht nur die

Ein Gewirr aus Punkten: Wo hört der eine Welpe auf und wo fängt der andere an?

Herausbildung der Myelinscheide. Er bewirkt unter Umständen sogar, dass sie sich fehlerhaft ausbildet – mit negativen Auswirkungen auf die Motorik dieses Welpen für sein ganzes späteres Hundeleben. Milder Stress ist nötig, damit sich der Organismus korrekt entwickelt. Diesen Satz werden Sie auf den nächsten Seiten noch häufiger lesen. Er ist so wichtig, dass man ihn eigentlich gar nicht oft genug wiederholen kann. Wenn man im Paradies aufwächst, kann man später auch nur im Paradies überleben. Welcher unserer Hunde lebt aber schon im Paradies?

Info Milder Stress

Milder Stress in diesem frühen Lebensabschnitt fördert die Entwicklung des Immunsystems und legt den Grundstein für die Befähigung des Hundes, mit Stress und Belastungen umzugehen. Hier wird die Basis zum alltagstauglichen Hund gelegt.

Schnauzenzärtlichkeit
einer Mutterhündin
gegenüber ihrem Welpen.

Hat ein Welpe Hunger oder friert, muss er aktiv werden, um diese Mängel auszugleichen. Er muss sich anstrengen, um seine Bedürfnisse zu befriedigen. Am Ende steht der Erfolg (voller Magen, Wärme), und er hat eine Grundinformation über das Leben erhalten.

Für eine normale Verhaltensentwicklung des Welpen ist es unab-

dingbar, dass er diese einzelnen Komponenten durchläuft. Wenn z.B. bei einer Flaschenaufzucht das Loch im Nuckel sehr groß ist und die Milch von allein herausläuft, muss sich der Welpe beim Saugen nicht anstrengen. Dies kann bedeuten, dass es beim Saugen nie zu einem vollständigen und korrekten Erlöschen der Motivation kommt. Die Endhandlung kann nicht artgemäß vollzogen werden.

Das Verhalten (Saugen) wird auf andere, eventuell sogar auf nicht nahrungsbezogene, Bereiche/Funktionskreise umgelenkt und bleibt dann ein Hundeleben lang erhalten, anstatt mit dem Absetzen zu verschwinden.

Ähnliches gilt für die Regelung der Körpertemperatur. Wer seinen Welpen eine optimale und schwankungslose Umgebungstemperatur bietet, reduziert ihre spätere Fähigkeit, selbst Thermoregulation betreiben zu können. Rotlichtlampen über der Wurfkiste sollten daher nicht generell eingesetzt werden – einmal abgesehen von der zusätzlichen Gefahr von Verbrennungen.

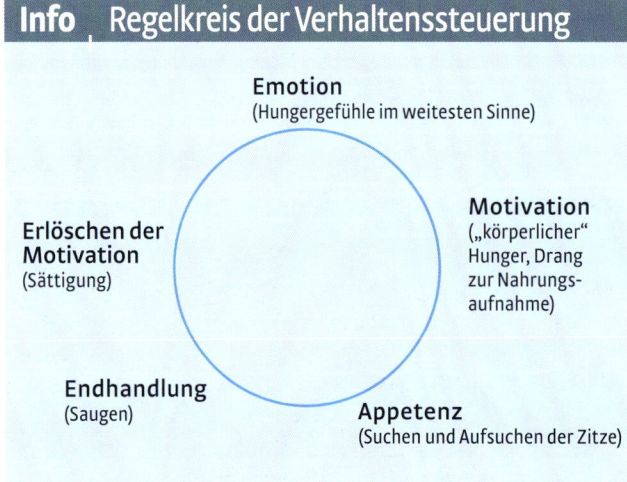

Info **Regelkreis der Verhaltenssteuerung**

Emotion
(Hungergefühle im weitesten Sinne)

Motivation
(„körperlicher" Hunger, Drang zur Nahrungsaufnahme)

Erlöschen der Motivation
(Sättigung)

Endhandlung
(Saugen)

Appetenz
(Suchen und Aufsuchen der Zitze)

Wie die Umwelt Verhalten beeinflusst

Zum Ende der neonatalen Phase öffnen sich beim Welpen die Augen und Ohrkanäle, so dass er zu Beginn der dritten Lebenswoche (Übergangsphase) anfängt, diese Sinneseindrücke intensiver zu verarbeiten. Im Großen und Ganzen kann man diesen Abschnitt als eine Konsolidierungsphase (Konsolidierung = Festigung) bezeichnen, in der der Welpe mehr und mehr Möglichkeiten erhält, mit seiner Umwelt in Kontakt zu treten und von der Umwelt zu lernen.

Bis der Welpe visuelle (= sichtbare) und auditive (= hörbare) Signale aus seiner Umgebung aber gut verarbeiten kann, dauert es bis zum Ende der dritten Lebenswoche. Erst dann erhalten diese Umweltsignale eine Bedeutung für ihn. Hinsichtlich seiner motorischen Fähigkeiten bekommt der Welpe jetzt auch mehr und mehr Übung. Gegen Ende der Übergangsphase kommt es zu ersten kontrollierten Bewegungsfolgen sowie zu selbstständigem und lokalisiertem Harnen und Koten. Die Aktivitätszyklen verändern sich. Die Schlafperioden werden kürzer, und es kommt zu Interaktionen der Welpen untereinander, die über das „Kontaktliegen" und die „Knäuelbildung" hinausgehen. Auch zwischen der Mutter und den Welpen verändert sich die Qualität der Interaktionen.

Stubenreinheit

Mit dem selbstständigen und lokalisierten Harnen und Koten beginnt ein wichtiger Vorgang im Hinblick auf die spätere Stubenreinheit: die Prägung auf den Untergrund beim Ausscheiden, d.h. welchen Boden der Welpe später am liebsten unter seinen Pfoten spürt, während er Harn oder Kot absetzt. Diese Vorliebe bleibt ein Leben lang bestehen.

Kontaktliegen mit der Mutter – so kann man nach einem wilden Spiel besonders gut ausruhen.

Züchter sollten ihren Welpen darum möglichst früh die verschiedensten Untergründe zum Ausscheiden anbieten. In der dritten Woche kann es noch so etwas wie Zeitung oder verschiedene Stoffe (Frottee) sein. Spätestens ab der vierten Woche sollte es aber hauptsächlich Erde, Laub, Gras oder Stroh sein. Im Grunde werden die jungen Hunde dann ganz von allein stubenrein. Man kann sogar sagen: Trotz aller Maßnahmen, die der Mensch unternimmt, werden Hunde stubenrein. Eigentlich genügt es nämlich völlig, den richtigen Untergrund anzubieten (zur Not wird der Welpe bis dahin schnell getragen) und ihn immer zu loben, wenn er sich dort löst. Kleine Malheure in der Wohnung werden übersehen und dezent aufgewischt. Natürlich muss ein Welpe öfter „aufs Klo" als ein erwachsener Hund.

Auf der anderen Seite gibt es bestimmte Momente im Leben eines kleinen Hundes, an denen er mit großer Wahrscheinlichkeit immer „muss". Auf diese Momente kann man sich als Züchter oder Halter einstellen, um das Training der Stubenreinheit zu beschleunigen. Meistens müssen Hundewelpen zu folgenden Zeiten Urin und eventuell Kot absetzen: direkt nach dem Aufwachen, nach dem Fressen und nach dem Spielen.

Verarbeitung von Umwelteindrücken
Die beiden schon erwähnten Forscher
Scott und Fuller haben den Begriff der
Sozialisationsphase geprägt. Sie haben
viele verschiedene Würfe von Rassehunden und Mischlingen beobachtet
und sind so zu ihrem Modell der Sozialisationsphase gekommen, das auch
heute noch Gültigkeit hat. Die Sozialisationsphase beim Hund beginnt etwa
mit der vierten Lebenswoche und beginnt um die zwölfte bis vierzehnte
Woche herum langsam auszulaufen.
Früher dachte man, dass sie dann abrupt endet, aber heute sieht man das
Ende eher als einen langsamen Prozess.

Welpen sind in der Zeitspanne zwischen der vierten Lebenswoche und
ungefähr dem dritten bis vierten Lebensmonat extrem empfänglich für
Umwelteindrücke, lernen rasant und
können Lerndefizite in dieser Zeit später nur noch mühsam aufholen.

Prägung bedeutet einen relativ festen Lernvorgang, der in einer in den
Genen genau festgelegten Entwicklungsphase abläuft und nur auf wenige
individuelle Auslösesignale hin stattfindet. Von Prägung spricht man z.B.,
wenn sich ein Gänseküken direkt nach
dem Schlüpfen auf den ersten sich be-
wegenden Gegenstand hin orientiert
(es muss sich dabei um kein Lebewesen
handeln) und diesen zeitlebens als
Mutter ansieht. Prägungsvorgänge

Info Prägung & Sozialisation

Im Alltagssprachgebrauch mischen sich
häufig die Begriffe „Prägung" und „Sozialisation". Wissenschaftlich sind damit
zwei leicht unterschiedliche Entwick-
lungsvorgänge gemeint. Das Lernfenster bei der Sozialisation ist deutlich
größer als bei einer Prägung.

sind schwer rückgängig zu machen.

Bei der Sozialisation gibt es zwar
auch ein „Lernfenster", in dem Lernvorgänge optimal und mit der größtmöglichen Effektivität stattfinden –
dieses Lernfenster ist aber weiter/
größer als bei Prägungsvorgängen. Die
Tiere reagieren auf eine Vielzahl von
Signalen, und die daraus resultieren-
den Lernvorgänge und dann gezeigten
Verhaltensmuster sind innerhalb eines
breiten Spektrums möglich und zeigen
sich nicht so sehr nach dem Prinzip
„entweder – oder", wie das bei Prägungsvorgängen häufig der Fall ist
(entweder dieses Objekt ist meine Mutter oder nicht – beim Beispiel der Gans).

Vernetzung von Lernerfahrungen

Zu Beginn der vierten Lebenswoche
hat man zum ersten Mal den Eindruck,
einen kleinen Hund vor sich zu haben.
Die motorischen Fähigkeiten verbessern sich auffällig, und die sozialen Interaktionen mit der Mutter und zwischen den Wurfgeschwistern nehmen
schlagartig zu. Das Neugierverhalten
ist groß und die Welpen reagieren massiv auf Umweltsignale. Jetzt finden wesentliche Wachstums- und Differenzierungsprozesse im Gehirn statt.

Jedes Lebewesen kommt mit einer
bestimmten Anzahl von Neuronen im
Gehirn auf die Welt. Früher dachte
man, dass sich diese Neuronen nicht
mehr teilen können – mit der Konsequenz, dass es mit zunehmendem Alter
mit der Anzahl der Neuronen im Gehirn eigentlich nur bergab gehen kann.
Heute weiß man, dass sich Neuronen
im Gehirn unter bestimmten Umständen doch teilen können, dass sich Ge-
hirngewebe also regenerieren kann.

Was aber in der Sozialisationsphase bei den Hundewelpen abläuft, ist kein Regenerieren des Gewebes, sondern Wachstum in dem Sinne, dass sich die Zellen untereinander effektiv vernetzen. Das Gehirn des Menschen ist ein Netzwerk aus rund 100 Milliarden Neuronen; bei der Maus sind es immerhin noch acht Millionen.

Die Zahl der Neurone im Hundegehirn wurde noch nicht gemessen – man kann spekulieren, dass sie sich vermutlich eher Richtung Mensch als Richtung Maus orientiert.

Stärkung durch die Umwelt

Die Neurone im Gehirn haben je nach Lokalisation unterschiedliche Aufgaben und über die vielfältige Vernetzung entsteht ein leistungsfähiges Kontrollorgan, welches in seiner Effizienz einzigartig ist. Es ist bis heute noch nicht gelungen einen Computer zu bauen, der genauso leistungsfähig

ist wie das menschliche Gehirn bei gleichem Energieverbrauch und etwa annähernd gleicher Größe.

Wenn der Welpe zur Welt kommt, ist jedes einzelne Neuron in seinem Gehirn bereits mit vielen tausend anderen Neuronen (bis zu 10.000) verknüpft. Allerdings sind nur wenige dieser Verbindungen (Synapsen) zum Zeitpunkt der Geburt stark und aktiv. Die meisten Verbindungen sind schwach; das heißt, sie sind zwar vorhanden, können aber noch keine wirkliche Arbeit im Gehirn leisten. Sie sind sozusagen auf Vorrat angelegt worden, falls sie einmal gebraucht werden sollten.

Speziell in der Sozialisationsphase werden nun schwache Synapsen über Umwelterfahrungen in großer Zahl gestärkt. Dies ist der eigentliche Lernvorgang im Gehirn: eine ehemals schwache Synapse wird stark und leistungsfähig. Dann hat sich quasi ein Langzeitgedächtnis herausgebildet.

Junge Welpen zeigen ein ausgeprägtes Neugierverhalten. Vielfältige Umwelterfahrungen sind jetzt wichtig.

Info Gehirnleistung

Je mehr Neuronen sicher und stark untereinander vernetzt sind, desto leistungsfähiger ist das Gehirn und desto leistungsfähiger ist der Organismus. Der Hund kann besser lernen, er reagiert auf vielfältige Umweltsignale entspannter und ist variabler in seinem Verhalten. Er ist besser in der Lage, sich auf wechselnde Lebensbedingungen und Stress jeder Art einzustellen. Je mehr Umweltreize der Welpe in der Sozialisationsphase kennenlernt und verarbeitet, desto mehr starke Synapsen werden ausgebildet. Auch hier gilt, dass milder Stress, also ein Fordern des Organismus, vorteilhaft ist.

Boten der Übertragung

Differenzierung des ZNS bedeutet, dass im Gehirn mehr und mehr Bereiche festgelegt werden, die für die verschiedensten Aufgaben zuständig sind. Dazu gehört auch die sogenannte „Eichung der Neurotransmittersysteme". Neurotransmitter sind die chemischen Verbindungen, die an den Synapsen die Weiterleitung der Information von einem Neuron zum nächsten übernehmen. Innerhalb eines Neurons verläuft die Weiterleitung elektrisch, vergleichbar mit dem Fluss von elektrischem Strom in einem Kabel. Dort, wo sich zwei Neurone treffen, wird dieser Stromfluss unterbrochen, denn zwischen ihnen ist eine kleine Lücke, quasi wie eine Art Isolation. Hier kommen die Neurotransmitter ins Spiel, Botenstoffe, die nun durch die Lücke von einem Neuron zum nächsten „wandern". Man kennt heute über hundert solcher Botenstoffe. Bei vielen ist aber noch nicht in allen Einzelheiten geklärt, wie sie funktionieren und bei welchen Verhaltensweisen und/oder Emotionen sie genau eine Rolle spielen. Man weiß z.B., dass der Neurotransmitter „Dopamin" eine große Rolle für Lernvorgänge spielt oder dass „Serotonin" wichtig für das Entstehen bzw. Kontrollieren von Ängsten ist.

Verzahnen von Funktionen

Bei der Differenzierung des ZNS in der Sozialisationsphase entwickeln/etablieren sich Neurotransmittersysteme: In bestimmten Hirnarealen werden bestimmte Neurotransmitter vermehrt gebildet; es kommt zu einem Ineinandergreifen und Verzahnen der Funktionen, sodass letztendlich ein Organismus heranwächst, der mit seiner Umwelt in Kontakt steht und mit ihr etwas anfangen kann. Der Hund kann später artgerecht und adäquat reagieren und hat seine Emotionen unter Kontrolle; er beißt z.B. nicht wahllos in alles, was ihm vor die Schnauze gerät, und kann von seinen Erfahrungen lernen.

Bildung eines Referenzsystems

Es ist wichtig, im Ansatz zu wissen, warum gerade Erfahrungen in der Sozialisationsphase eine so gravierende Rolle für das spätere Verhalten und den Charakter des Hundes spielen. Qualität

Dieser Welpe lernt, entspannt durch einen dunklen Stofftunnel zu laufen.

und Quantität der in der Sozialisationsphase erfahrenen Umwelteindrücke bilden sozusagen ein Referenzsystem heraus. Dieses wird der Hund bei allen späteren Entscheidungen im Leben als Vergleich heranziehen. Dinge die hier nicht vorkommen (weil er ihnen in der Sozialisationsphase nicht begegnet ist) werden im späteren Kontakt erst einmal Angst auslösen. Fehlen Umweltreize in der Sozialisationsphase massiv, kommt es zu Entwicklungsstörungen im Gehirn, den sogenannten Deprivationsschäden. Diese können unter Umständen irreparabel sein. Auf jeden Fall ist es sehr langwierig, sie über Training zu beseitigen.

Deprivationsschäden
Frühere Grundlagenforschung zu den Vorgängen während der Sozialisationsphase hat auf der einen Seite wichtige Erkenntnisse gebracht, auch über die menschliche Entwicklung. Auf der anderen Seite waren die Experimente für die beteiligten Tiere nicht besonders freundlich und würden nach dem heutigen Tierschutzgesetz vermutlich auch nicht mehr stattfinden können.

Man hat z.B. Hundewelpen, nachdem sich die Augen geöffnet hatten, bis zum Ende der Sozialisationsphase nur im Dunkeln gehalten. Diese Hunde hatten später organisch gesunde Augen – waren aber für den Rest ihres Lebens vollständig blind, da das ZNS nicht gelernt hatte, die einkommenden Lichtsignale zu verarbeiten. Ähnliches wurde mit Katzenwelpen gemacht. Katzen, die man bis zum Ende der Sozialisationsphase in einer Umwelt aufwachsen ließ, in der entweder alle waagerechten oder alle senkrechten Strukturen extrem betont waren, konnten sich später in einer Umwelt, in der beide Elemente (waagerecht und senkrecht) vorkamen, nicht mehr räumlich orientieren. Heute kann man mit speziellen bildgebenden Verfahren in das lebende Gehirn des Menschen hineinsehen (ohne den Organismus zu schädigen) und kann sich hier Ausschnitte bis zur Ebene einzelner Synapsen ansehen. So konnte für die Vorgänge während der Sozialisation mittlerweile sehr schön bewiesen werden, was frühere Forscher nur aufgrund von Verhaltensbeobachtungen vermutet hatten.

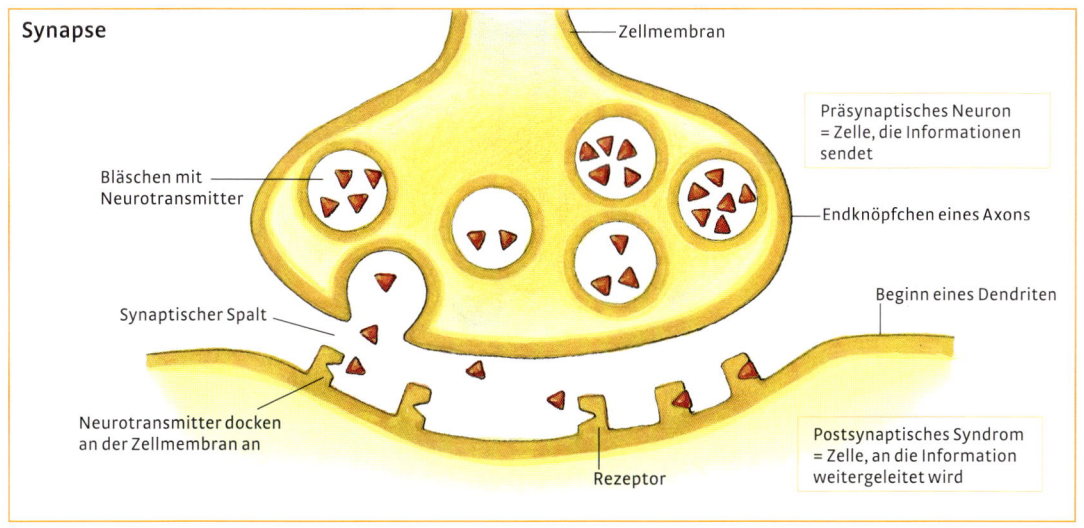

Synapse

Zellmembran

Präsynaptisches Neuron = Zelle, die Informationen sendet

Bläschen mit Neurotransmitter

Endknöpfchen eines Axons

Beginn eines Dendriten

Synaptischer Spalt

Neurotransmitter docken an der Zellmembran an

Postsynaptisches Syndrom = Zelle, an die Information weitergeleitet wird

Rezeptor

Raue Sozialspiele, wie bei diesen Jack-Russell-Terriern, sollten nicht unterbrochen werden. Nur so können beide soziale und kommunikative Kompetenz erlangen.

Kontakt zu Artgenossen und Menschen

Hunde sind obligat sozial, das bedeutet, der Kontakt zu Artgenossen ist lebensnotwendig. Hunde sind dabei recht flexibel in der Wahl der „Artgenossen": andere Hunde, Menschen, oder auch andere Tiere wie Pferde oder Katzen. Alles was der Hund während seiner Sozialisationsphase an Lebewesen gut kennenlernt, kann mehr oder weniger als „Artgenosse" abgespeichert werden. Später wird sich ein Hund dauerhaft nur noch in der Umgebung von „Artgenossen" wohlfühlen und entspannt sein. Er hält es sicher eine kurze Zeit allein aus und kann sich auch in feindlicher oder unbekannter Umgebung arrangieren. Sollte dies aber ein Dauerzustand werden, gerät der Hund in einen chronischen Stresszustand, der letztendlich zu körperlichen Schäden (Erkrankungen) bis zum Tode führt.

Signale erkennen und deuten

Um ein normales, arttypisches Sozialverhalten zu entwickeln, benötigt der Welpe in der Sozialisationsphase die entsprechenden Umweltsignale. Die sozialen Gesten an sich, also zum Beispiel Drohgebärden oder Deeskalationsverhalten, sind dem Hund zwar angeboren – die Fähigkeit, diese beim

Sozialpartner zu erkennen und dann korrekt darauf zu antworten aber nicht. Genau dieses Lernen wird als Sozialisation bezeichnet. Mit anderen Worten: Der Hund kann von Anfang an, wenn die Muskelkontrolle einigermaßen entwickelt ist, z.B. seinen Nasenrücken runzeln, mit dem Schwanz wedeln oder den Kehlkopf zum Knurren vibrieren lassen. Lernen muss er, diese Signale bei anderen richtig zu deuten und auch seine eigene Körpersprache im richtigen Moment situationsbezogen korrekt einzusetzen. Wenn ein Hund dieses nicht lernen kann, z.B. weil er in der Sozialisationsphase nicht oder nicht ausreichend mit anderen Hunden kommunizieren konnte, kann man auch später nicht erwarten, dass er sich richtig verhält. Dieser Hund wird ein Deprivationssyndrom auf sozialer Ebene zeigen.

Kontakt zu Menschen

Es kommt bei der Sozialisation mehr darauf an, dass überhaupt Kontakte möglich sind – erst sekundär ist die Qualität dieser Kontakte wichtig. Bei Hunden, die z.B. Angst vor einem bestimmten Typus Mensch haben, vermuten viele Hundehalter, dass ein Mensch dieses Typus den Hund früher einmal geschlagen oder anderweitig geärgert/gequält haben muss. Dies ist fast nie Tatsache. Eher ist es so ge-

Das Aufreiten spielt häufig bei der Definition von Statusunterschieden eine Rolle. In diesem Alter geht es bei den Geschwistern jedoch noch nicht um Status – sie üben aber schon für später.

laufen, dass der Hund diesen entsprechenden Typus Mensch in seiner Sozialisationsphase nicht kennenlernen konnte und darum als älterer Hund Angst davor hat. Der durchschnittliche deutsche Hundezüchter ist vermutlich seltener stark körperlich behindert, alt und gebrechlich, ein Kleinkind oder ein farbiger Mitbürger – und dazu werden die Welpen mehr von Frauen versorgt als von Männern. Da Deprivation zu Angst führt und Angst die häufigste Ursache für aggressives Verhalten ist, ist es nicht verwunderlich, dass farbige Mitbürger, körperlich behinderte Menschen, alte Menschen und jüngere Kinder häufiger Opfer aggressiver Handlungen von Hunden sind – und dass Hunde durchaus häufiger Angst vor Männern haben als vor Frauen.

Rüstzeug fürs Leben
In der Sozialisationsphase speichert der Welpe alle Lebewesen, denen er begegnet, bei zumeist positivem Kontakt als Artgenossen oder befreundete Spezies ab. Gleiches gilt für die unbelebten Umweltreize. Hier findet eine sogenannte Habituation (Gewöhnung) statt. Alles, was der Welpe in dieser Phase der Sozialisation nicht kennenlernt, wird später bei ihm Angst auslösen. Welpen, die hinter der letzten Milchkanne auf einem Dorf

aufwachsen, bringen ein schlechtes Rüstzeug für ein eventuelles späteres Leben in der Stadt mit – Probleme sind vorprogrammiert. Typisch sind dann Hunde, die vor jeder Mülltonne, jedem Fahrrad Angst haben; Lastwagen, Knallerei, pfeifende Heizkörper, Motorräder, Flatterbänder an Baustellen... die Liste kann unendlich fortgesetzt werden.

Hunde sind leider allzu oft Handelsware, mit der viel Geld, bei geringem Arbeits- und Kostenaufwand, verdient werden kann. Hund und Halter müssen es später ausbaden. Also seien Sie vorsichtig, wenn Sie aus Mitleid einen „Findling aus dem Kofferraum oder Keller" kaufen – zwanzig andere Welpen warten u. U. in einer Kiste nebenan, um sie mit der gleichen Story an den Mann oder die Frau zu bringen.

Die Ridgeback-Hündin und der Mann zeigen beide freundliches und leicht vorsichtiges Begrüßungsverhalten.

Info Fragen zum Hundekauf

Wenn Sie einen Welpen vom Züchter oder von Privat erwerben:

> Leben die Welpen im Zwinger (schlecht) oder haben sie Familienanschluss? (gut)
> Wurden/werden die Welpen an ein breites Spektrum der belebten und unbelebten Umwelt gewöhnt? (gut)
> Sind Menschen vorhanden, um die Welpen auch gut zu versorgen? (gut)
> Wird Ihnen die Mutter gezeigt (gut) und hat sie tatsächlich auch bis zum Abgeben Kontakt mit den Welpen? (gut) Hat die Mutter Angst vor Ihnen oder ist sie sogar aggressiv? (schlecht)
> Ist ein Welpe oder sind sogar alle Welpen sehr ängstlich? (schlecht)
> Interessiert sich der Züchter/Besitzer der Mutterhündin dafür, wie Ihre Lebensbedingungen sind und für welchen Zweck/aus welchem Grund Sie den Hund kaufen? (gut)

Wenn Sie einen Welpen oder älteren Hund aus einem Tierheim erwerben:

> Kommt der Hund aus der Nähe (gut) oder wurde er durch halb Deutschland transportiert? (schlecht)
> Können Angaben zur Vorgeschichte gemacht werden? (gut) Auch wenn der Hund an der Autobahnraststätte gefunden wurde – die Geschichte muss zumindest plausibel und nachprüfbar sein.

In guten Tierheimen bekommen Sie diese Informationen ohne Probleme. Fragen Sie auch nach „behördlicher Anerkennung" (z.B. Gemeinnützigkeit); dies kann ein weiterer Garant sein, dass es dem Betreiber wirklich um Tierschutz geht. Wo „Tierheim" draufsteht, ist nicht immer „Tierheim" drin. Es gibt auch Hundehändler, die sich „Tierheim" nennen und über die Mitleidsschiene ihre Käufer ködern. Meist kaufen sie Welpen oder ältere Hunde in Massen von sogenannten Vermehrern. Hier gibt es immer Nachschub an gewünschten Rassen.

Ängstliches Verhalten

Angst ist eine negative Emotion. Es kommt dabei zu inneren und äußeren Stressreaktionen des Körpers auf eine tatsächliche oder auch nur vermeintliche Gefahr.

Welpen sind der belebten und unbelebten Umwelt gegenüber zunächst nur neugierig und aufgeschlossen; erst ab ca. der fünften Lebenswoche entwickelt sich bei ihnen die Fähigkeit, Angst zu empfinden. Dabei überwiegt bis zur achten Lebenswoche noch die Neugier gegenüber Neuem und Unbekanntem, während danach immer stärker ängstlich reagiert wird, wenn ihnen etwas seltsam vorkommt.

Warum ängstliches Verhalten sinnvoll ist

Die verschiedenen Phasen der Entwicklung haben sich bei Wölfen in der Evolution entwickelt, weil sie nützlich für das Überleben sind: In seinen ersten Lebenswochen wird ein Wolfswelpe nur Heimat und Rudelkumpane kennenlernen. Zusätzlich muss er die Kommunikation unter Wölfen und die Spielregeln im Zusammenleben lernen. Dafür ist es praktisch, wenn der Organismus neugierig und unbefangen (also nicht ängstlich) ist. Wird der kleine Wolf älter und kontrollierter in seinen Bewegungen, entfernt er sich auch mehr vom Bau und läuft Gefahr, einem Feind zu begegnen. Würde er dann keine Angst zeigen, wäre er schnell gefressen! Darum sind diese Phasen und die Entwicklung von Angstverhalten ab einem bestimmten Alter von der Natur sinnvoll eingerichtet.

Bei unserem Hund laufen diese Entwicklungsphasen ebenfalls ab. Trägt der Züchter/Besitzer dem keine Rechnung, kann es später Probleme geben. Auch hier gilt: Milder Stress ist wichtig für die

Hunde müssen auch den Umgang mit aversiven Signalen lernen.

Entwicklung. Wer seine Welpen in Watte packt und ihnen jede negative Erfahrung erspart, ermöglicht ihnen keinen guten Start ins Leben. Der Welpe muss lernen, auch mit Angst umzugehen. Aus Angst könnte man weglaufen, angreifen, erstarren oder soziale Gesten (Demutsgesten) zeigen. Jede dieser Verhaltensweisen muss der Welpe üben, um sie später als erwachsener Hund im entsprechenden Kontext richtig zu zeigen.

Ungefähr um den Zeitraum der Pubertät herum (7. bis 9. Lebensmonat) durchlaufen Hunde noch einmal eine sogenannte zweite sensible Phase. Hier sind sie besonders empfänglich gegenüber angst- oder stressauslösenden Umweltsignalen, und viele Angstprobleme etablieren sich jetzt erst massiv. Besonders Geräuschängste (z.B. Angst vor Gewitter) werden von den Besitzern meist erst in dieser Phase beachtet.

Info Der Mutige verliert

Angst ist eine lebensrettende Emotion; Mut dagegen wäre im Tierreich eigentlich eine Dummheit. Mut bedeutet, trotz Angst oder Schmerz eine bestimmte Handlung durchzuführen, die sich zum eigenen Nachteil entwickeln könnte. Es wird später noch darauf eingegangen, warum solche „mutigen" Handlungen in der Evolution wenig Überlebenschance haben und warum nach der Domestikation einer wilden Tierart nie der Charakter der späteren Haustiere bestimmt werden kann.

Dem Welpen ist die Inspektion durch die beiden älteren Hunde etwas unheimlich

Umgang mit Aggression

Angreifen gehört als offensive Attacke zum aggressiven Verhalten – genauso wie die Drohgebärden. Eine der wichtigsten Lernerfahrungen in der Sozialisationsphase ist der adäquate Umgang mit Aggression. Aggressives Verhalten (Beißen) tritt bei Hundewelpen erstmals während der vierten bis fünften Lebenswoche auf. Es hat keinen speziellen Auslöser, richtet sich gegen die Wurfgeschwister und wird allein durch deren Anblick provoziert. Es kommt also zunächst zu Aggression in der reinen Interaktion der Welpen untereinander, ohne dass schon echtes Sozialverhalten gezeigt wird. Erst später kommt es zu objektbezogener Aggression, z.B. bei der Auseinandersetzung um Knochen oder Ähnliches, und zu Aggression in weiteren Auseinandersetzungen um mögliche Ressourcen.

Ein Wechselbad der Gefühle

Es ist wichtig, dass ein Welpe in der Sozialisationsphase auch aggressiv getönte Interaktionen mit Wurfgeschwistern und der Mutter (möglichst auch noch Onkeln und Tanten) hat. Nur so kann er den richtigen Gebrauch seiner Waffen üben bzw. lernen, mehr oder weniger auf deren Einsatz zu verzichten. Gerade Droh- und Beschwichtigungssignale werden in dieser Phase geübt und machen die ernste offensive Attacke im sozialen Kontext letztendlich weitestgehend unnötig.

Beißhemmung

Nur im Beißspiel mit den Wurfgeschwistern und den älteren Verwandten können Welpen die Beißhemmung einüben. Sie lernen, dass es dumme Folgen hat, wenn sie ihre Zähne zu stark

---

Info Ignorieren

Ignorieren bedeutet NICHT ansehen, NICHT ansprechen und NICHT anfassen! Wer seinen Hund ausschimpft, ignoriert ihn gerade nicht.

in die Haut ihrer Geschwister bohren: Diese werden schreien, eventuell zurückbeißen und/oder das Spiel beenden. Es ist nicht nett, gebissen zu werden, und es ist nicht schön, wenn auf einmal niemand mehr mit einem spielt. So lernt der Welpe seine Zähne mehr und mehr vorsichtig einzusetzen. Wenn ein Welpe mit acht bis zehn Wochen zu seinen neuen Besitzern kommt, ist dieser Prozess des Lernens noch nicht abgeschlossen. Die Menschen müssen weitermachen, um die Beißhemmung gut auszubilden. Zum Beispiel, indem sie selbst etwas rabiatere Spiele provozieren und dann bei zu starkem Einsatz der Zähne das Spiel schlagartig abbrechen, den Hund ignorieren und weggehen. Die Phase des Ignorierens muss nur kurz sein. Nach zwei bis drei Minuten starten Sie das nächste Spiel, um wieder abzubrechen, wenn die Zähne zu stark pieken. So lernt der Welpe, dass man die Zähne auch an Menschen vorsichtig gebrauchen sollte. Wichtig ist, dass solche Übungen von verschiedenen Menschen durchgeführt werden.

Umgang mit Frustration

Eine wichtige negative Erfahrung, die ein Welpe machen muss und die man ihm nicht versüßen sollte, ist das Abstillen. Hier lernt der kleine Hund eine weitere Emotion kennen: Frustration. Frustration führt zu Stress und ist ein häufiger Grund für Aggression. Unter den Hunden, die mit Aggressionsproblemen auffällig werden, sind viele, die nicht gelernt haben, mit Frustration umzugehen. Aus diesem emotionalen Zustand heraus kennen sie häufig nur eine Möglichkeit, den Stress wieder abzubauen: nach vorne gehen und Beißen.

Vom Wunsch zur Realität

Frustration tritt dann ein, wenn man etwas haben will und es nicht bekommt oder erreicht. Welpen sind es zunächst gewöhnt, dass die Milch frei fließt. Bei mehr als zehn Welpen im Wurf kommt es eventuell auch einmal zu Gedrängel vor den Zitzen – aber in der Regel kann jeder Welpe relativ problemlos seinen Durst stillen, wann immer ihm danach ist. Ab der 5. Lebenswoche machen sie dann allerdings erste unangenehme Erfahrungen: Die Mutter lässt sie u. U. nicht mehr zu Ende trinken, oder die Milchquelle versiegt vorzeitig beim Saugen, weil nicht mehr genug produziert wird. Die Welpen müssen nun akzeptieren, dass bestimmte Dinge im Leben nicht so laufen, wie sie sich das vorstellen. Die meisten Welpen reagieren anfangs wenig variabel: sie meckern und/oder zeigen Aggression. An der Reaktion ihrer Umgebung wiederum lernen sie, welches Verhalten adäquat für die jeweilige Situation ist – sie lernen, auf den Frustrationsreiz angemessen und variabel zu reagieren. Da die Mutter zu dieser Zeit meist auch schon für immer längere Etappen das Nest oder die Wurfkiste verlässt, lernt der Welpe auch, dass bestimmte Dinge nicht permanent verfügbar sind – und dass deshalb die Welt nicht zusammenbricht.

Während des Abstillens machen die Welpen erste stark frustrierende Erfahrungen.

Leichtes Gedränge an der Breischüssel.

Rangelei um den besten Futterplatz

Jetzt beginnt die Phase des Zufütterns durch den Züchter: die Umstellung auf Brei und später festeres Futter. Wenn hier jeder Welpe sofort einen Platz an der Breischüssel hat und sich wiederum den Bauch vollschlagen kann, wird dieser Lernprozess unterbrochen und eine Frustrationstoleranz wird nur ungenügend oder gar nicht gelernt. Auch hier ist milder Stress nötig. Die Welpen sollten sich untereinander über den besten Platz an der Futterschüssel auseinandersetzen können und nicht unbedingt immer voll gesättigt werden. Natürlich muss man hier als Züchter darauf achten, dass nicht einer der Welpen permanent zu kurz kommt – aber zwischen Jammern, weil man etwas zu kurz kommt, und dem tatsächlichen Hungertod liegt schon eine große Zeitspanne. Sinnvoll sind vier bis sechs kleine Breimahlzeiten, so dass jeder Welpe pro Tag eine reelle Chance hat, seinen Kalorienbedarf zu decken. Ist

am Abend doch einer zu kurz gekommen, kann er separat eine Schüssel mit der benötigten Menge bekommen.

Verantwortung von Züchter und Halter

Der Züchter sollte seinen Welpen ein breites Spektrum an Umweltreizen bieten und ihnen die Möglichkeit geben, mit diesen selber fertig zu werden. Dazu gehören auch (kontrollierte und nicht dem Tierschutzgesetz widersprechende) negative Erfahrungen! Unter den Begriff „breites Spektrum" gehört z. B. das Heranführen an die verschiedensten Mitglieder der menschlichen Rasse. Für einen Hund liegen Welten zwischen einem Kleinkind, einem agilen Erwachsenen und einem Senior mit Stock. Mit jedem Individuum muss er sich separat vertraut machen. Die neuen Besitzer müssen einfach daran denken, dass die Sozialisationsphase nicht in dem Moment vorbei ist, in dem der Hund in sein neues Zuhause kommt. Auch sie sollten mit ihrem Hund in U-Bahn oder Bus steigen, ein Einkaufszentrum besuchen, Menschenkontakte ermöglichen und mit ihm zusammen die Natur erkunden.

Abgabe der Welpen

Über den besten Zeitpunkt, an dem ein Welpe in sein neues Zuhause kommen sollte, kann man durchaus diskutieren. Üblicherweise geben Züchter ihre Welpen ab der 8. Lebenswoche ab; die Tierschutzhundeverordnung schreibt vor, dass jüngere Welpen nur ausnahmsweise und nicht einzeln abgegeben werden dürfen. Um die 8. Lebenswoche herum halten sich Neugier- und Angstverhalten die Waage und so ist es

grundsätzlich vernünftig, jetzt den Wechsel von Ort und sozialer Gruppe vorzunehmen. Untersuchungen einer englischen Arbeitsgruppe haben gezeigt, dass man dieses Datum nicht so eng sehen sollte. In Fällen, wo der Züchter keine korrekte Sozialisation gewährleisten kann, kann eine Abgabe mit sechs Wochen (nach dem kompletten Abstillen) sinnvoll sein; umgekehrt schadet es nicht, wenn die Welpen länger beim Züchter bleiben, solange er sich intensiv um eine korrekte Sozialisation kümmert. Jetzt sollte der Züchter Umweltreize nicht nur zu den Welpen bringen, sondern mit ihnen auch wegfahren oder gehen. Zusätzlich sollte er Welpengruppen aufsuchen und mit den Grundlagen einer guten Erziehung beginnen.

Eine gute Sozialisation an Kinder ist sehr wichtig.

Beide Welpen interessieren sich für den Ball: Ein Konflikt um eine Ressource bahnt sich an.

Ein Kindergarten für Welpen

Es ist nützlich und wichtig, dass der Welpe bei seinen neuen Besitzern Kontakte zu anderen Hunden jeder Altersstufe hat. Eine amerikanische Studie untersuchte die Todesursachen von Hunden, die höchstens zwölf Monate alt wurden. Knapp 80 % dieser Hunde starben an Verhaltensproblemen (= sie wurden euthanasiert), und nur 5 % starben an einer der Krankheiten, gegen die geimpft wird. Isolieren Sie Ihren Welpen also nicht, auch wenn sein Impfschutz anfangs noch nicht vollständig ausgebildet ist. Welpengruppen sind eine wunderbare Einrichtung: Hier spielen Welpen verschiedenster Rassen miteinander und lernen so die Kommunikation mit Schlappohren, Stehohren, kurzen Faltengesichtern, Langnasen, Vollbartträgern, Rastalocken und Ramsnasen. Dazu bieten Welpengruppen eine Plattform, auf der die Besitzer eine Reihe wichtiger Fragen loswerden können und wo mit den Welpen auch schon ganz spielerisch erste Signale trainiert werden können. Nie lernen Lebewesen besser und schneller als in dieser Phase. Man macht sich und dem Hund das Leben nur unnötig schwer, wenn man diesen Abschnitt ungenutzt verstreichen lässt. Zusätzlich sollte aber auch das Spiel überwacht werden, um zu verhindern, dass die Welpen etwas „Unerwünschtes" lernen. Wenn sich z.B. ein sehr ängstlicher Welpe aus Angst vor einem sehr aktiven Mitglied in der Gruppe permanent unter dem Schrank oder hinter einem Baum versteckt, muss eingegriffen werden und der ängstliche Hund eventuell kurzfristig mit einem etwas jüngeren und/oder sanfteren zusammengesetzt werden. So kann auch der Ängstliche das Sozialverhalten üben und lernt, dass man sich bei Sozialkontakten nicht unbedingt immer gleich verstecken sollte oder muss.

Die Sache mit dem Welpenschutz

An die Sozialisationsphase schließt sich die Juvenile Phase an. Hier festigt und übt der Hund die vorher erlernten sozialen Fähigkeiten und übt sich weiter in der Beißhemmung. Die Juvenile Phase endet mit dem Eintritt in die Pubertät.

Ab der 16. bis 18. Lebenswoche sollte man den Hund auch nicht mehr als Welpen bezeichnen: er ist jetzt ein Junghund. Deshalb soll in diesem Zusammenhang noch kurz auf den sogenannten „Welpenschutz" eingegangen werden. Häufig werden uns sechs Monate alte oder sogar noch ältere Hunde als „Welpen" vorgestellt und die Besitzer gehen davon aus, dass ihr Hund „noch Welpenschutz" hat. Was aber ist „Welpenschutz"? Ich bezeichne es als

Der weiße Welpe hat seinen Anspruch auf den Ball deutlich gemacht. Der schwarze Welpe zeigt etwas intensiveres Stressverhalten und eine leichte Tendenz zum Rückzug.

eine Konvention und benutze das Wort, mit den nötigen Erklärungen relativiert, auch selber, weil viele Personen damit zumindest den einen Punkt ja richtig assoziieren: ein Welpe hat bei einigen älteren Hunden manchmal Narrenfreiheit (interessant ist, dass es in keiner anderen Sprache eine direkte Übersetzung für diesen deutschen Begriff gibt).

Schutz in der Familie

„Welpenschutz" besteht bei Wölfen nur innerhalb einer Familie, eines Rudels. Und er kommt dadurch zustande, dass zum einen die Wölfe eines Rudels miteinander verwandt sind und die eigene Verwandtschaft sich nicht tötet (mit Ausnahmen) – zum anderen aber auch dadurch, dass die Welpen schnell die entsprechenden Gesten der Submission und Deeskalation lernen und sie im Krisenfall (genervter Onkel o. Ä.) anwenden, um nicht gebissen zu werden. Hunde, die sich im Park treffen, sind in der Regel nicht miteinander verwandt. Es ist also völlig normal, wenn hier ein Welpe auch einmal angeknurrt wird oder sogar Schnappintention gegen ihn

gezeigt wird. Ein gut sozialisierter Welpe zeigt dann die entsprechenden Gesten der Beschwichtigung und ein gut sozialisierter älterer Hund versteht sie und geht weg. Das ist Welpenerziehung unter Hunden. Man darf „Welpenschutz" aber nicht so interpretieren, dass per se der Welpe machen kann, was er will. Und man sollte auch keinen älteren Hund als pathologisch aggressiv hinstellen, wenn er Welpen anknurrt. Traurige Einzelfälle gibt es natürlich, in denen ein Welpe ernsthaft zu Schaden kommt – und häufig entwickeln sie sich, weil entweder der erwachsenen Hund oder der Welpe, und im schlimmsten Fall beide, keine ausreichende und gute Sozialisation genossen haben. Mangelhafte Sozialisation führt nämlich dazu, dass der Welpe Gesten der Deeskalation oder Submission nicht zeigen kann, und dann wird sich auch der ältere Hund u. U. weiter oder intensiver aggressiv verhalten. Oder der ältere Hund hat nie gelernt, was Submission bedeutet und wird insgesamt vom Verhalten des Welpen überfordert – auch dann kann er offensiv aggressiv reagieren.

Tiere verhalten sich in bestimmten Situationen individuell verschieden und in anderen wieder sehr ähnlich. Diesen individuellen Verhaltensweisen liegen unterschiedliche Motivationen zugrunde. Doch haben Tiere überhaupt eigene Motive und können sie Gefühle zum Ausdruck bringen?

Motivation und Emotion

Vor über 500 Jahren wurde von René Descartes (französischer Philosoph, 1596 bis 1650) der Begriff des Tieres als „seelenlose Maschine", die sich „nur instinktiv verhält", geprägt. Heute ist allgemein anerkannt, dass Tiere (und nicht nur die höheren Säugetiere) Emotionen haben, und dass sie nicht nur Schmerz empfinden, sondern auch leiden können.

Auch Hunde haben Emotionen.

Die alte Mär der Triebe

Gerade in den letzten drei Jahrzehnten hat sich das ethologische Wissen, besonders auch durch die Forschung in der Neurophysiologie, massiv erweitert und verändert. Zu den Zeiten von Konrad Lorenz und bis in die letzten Siebzigerjahre hinein ging man bei der Erklärung von individuellen Verhaltensweisen noch von festen, starren Triebmodellen aus. Denen zu Folge wurde das Verhalten eines Tieres durch seine Triebe gesteuert. Es gab den Fortpflanzungstrieb, den Jagdtrieb, den Aggressionstrieb, den Wehrtrieb, den Spieltrieb und Ähnliches.

Jeder Hund ist motiviert, die Ressource „Frisbee" für sich zu gewinnen.

Die Forscher stellten sich vor, dass Triebe „staubar" wären und sich irgendwann gewaltsam Bahn brechen würden. Hier rühren die Geschichten über „unberechenbar" aggressive Hunde her. Man sah es so, dass der Hund dabei Opfer seines Triebes wurde, dessen Ausprägung vererbbar war. Man ging auch davon aus, dass bestimmte Triebhandlungen durch wenige spezielle Umweltsignale ausgelöst würden – auch hier herrschte also die Vorstellung, dass ein Lebewesen eine Art passives Opfer seiner angeborenen Triebe wäre.

Wenn dann Probleme mit bestimmten Verhaltensweisen beim Hund auftraten (z.B. ein Aggressionsproblem oder die Tatsache, dass sich ein Hund nicht gut ausbilden ließ), war die Sache für die Menschen oft sehr einfach. Hund und Halter waren Opfer dieser angeborenen Triebe, an denen man, so die damalige Meinung, nichts ändern könne – also wurde auch nicht versucht, z. B. über Verhaltenstherapie ein Aggressions- oder Gehorsamsproblem zu behandeln. Die Hunde wurden abgegeben (Gehorsamsproblem) oder eingeschläfert (Aggressionsproblem).

Jedes Verhalten kennt ein Motiv

Heute weiß man, dass jedes einzelne Verhalten, das ein Hund irgendwann einmal in seinem Leben zeigt, durch eine Vielzahl an Komponenten beeinflusst und gesteuert wird – und dass der starre Triebbegriff der Siebzigerjahre wahrhaft ausgedient hat. Verhalten wird in der Tat von Motiven und Emotionen gesteuert. Wenn ein Hund ein bestimmtes Verhalten zu einem bestimmten Zeitpunkt und in einer bestimmten Situation zeigt, dann nur, weil er in genau diesem Moment dazu motiviert ist. Dabei ist es unerheblich, ob es sich bei diesem Verhalten um Schlafen, Fressen, offensives Aggressionsverhalten oder das Zeigen eines erlernten Verhaltens auf Signal handelt – hätte der Hund in genau dem entsprechenden Augenblick kein Motiv dafür, würde das Verhalten nicht gezeigt werden!

Hauptmotive für Verhalten

Hauptmotive für alle Verhaltensäußerungen, egal welche, sind drei biologische Komponenten:
> Fortpflanzung,
> Schadensvermeidung und
> Bedarfsdeckung.

Das Wissen, dass diese Bedürfnisse vorhanden sind, und dass man sich anstrengen muss, um sie zu befriedigen, ist im Genom verankert – damit werden Hund, Maus, Leguan, Papagei oder Küchenschabe geboren. Selbst bei uns Menschen geben diese Gene noch Signale; dafür hat die Evolution schon gesorgt.

Schadensvermeidung / Bedarfsdeckung

Schadensvermeidung und Bedarfsdeckung sind letztendlich die Grundvoraussetzungen, um das biologisch wichtigste Bedürfnis zu befriedigen: die Steigerung der biologischen Fitness durch Fortpflanzung.

Bedarfsdeckung bedeutet, all die Dinge pro Tag, Woche oder Monat zu bekommen, die man unbedingt zum Leben und Überleben braucht. Diese lebensnotwendigen Elemente heißen im Fachausdruck „Ressourcen".

Schadensvermeidung bedeutet, bei der Ressourcengewinnung nicht verletzt zu werden oder anderweitige Schäden zu erleiden (z.B. eine Infektion), die das Überleben gefährden könnten.

Und beides, erfolgreiche Bedarfsdeckung und Schadensvermeidung, sind unbedingt nötig, um sich fortzupflanzen und die Nachkommen erfolgreich aufziehen zu können. Dieses, die Weitergabe der eigenen Gene in die nächste Generation, kann als das oberste Ziel und damit Hauptmotiv für Verhaltensäußerungen angesehen werden.

Arterhaltung oder Egoismus

Tiere sind Egoisten, denen es rein darum geht, sich, und nur sich, fortzupflanzen. Es geht dem individuellen Tier nicht um die Erhaltung der Art, wie früher lange angenommen wurde. Diese These der Arterhaltung brach zusammen, als mehr und mehr Beobachtungen über Infantizid (= Kindstötung) im Tierreich gemacht wurden. Berühmt sind Beobachtungen an Gruppen wilder Löwen geworden. Löwen leben in Haremsgruppen mit diversen Weibchen und einem Männchen, dem Pascha. Weibliche Nachkommen bleiben oft im Rudel, und männliche Nachkommen werden üblicherweise nach der Pubertät vom Pascha verjagt. Hin und wieder kommt es vor, dass ein alter Pascha von einem jüngeren Männchen verjagt oder getötet wird – es findet also eine Ablösung in der Pascharolle statt. Zoologen in den fünfziger Jahren des letzten Jahrhunderts waren sehr erstaunt über die Beobachtung, dass diverse neue Paschas nach der „Übernahme" schon vorhandene Löwenbabys töteten. Dies war zum damaligen Zeitpunkt mit dem Konzept der „Arterhaltung" nicht vereinbar. Sehr gut vereinbar ist es aber mit dem Konzept des Egoismus.

Info Biologische Fitness

Das genetisch verankerte Bedürfnis nach Fortpflanzung, Schadensvermeidung und Bedarfsdeckung fasst man auch unter dem Begriff der biologischen Fitness zusammen. Jedem Tier geht es darum, seine biologische Fitness zu erhöhen, d.h. möglichst viele der eigenen Gene in die nächste Generation zu vererben. Bedarfsdeckung und Schadenvermeidung kann man auch in der simplen Aussage zusammenfassen, dass es einem Tier immer darum geht, den eigenen Zustand zu optimieren.

Die Löwenweibchen werden nämlich nach dem Tod ihrer Jungen sehr schnell wieder empfängnisbereit, und so kann der neue Pascha sicherstellen, dass im Rudel nur seine Nachkommen aufgezogen werden und keine Nachkommen seines Vorgängers.

Das genetisch verankerte Bedürfnis nach der Optimierung des eigenen Zustands und der Erhöhung der biologischen Fitness gilt auch für unsere Haushunde. Auch wenn sie nicht mehr um ihr Überleben kämpfen müssen wie der Wolf. Diese Grundmotive tierischen Verhaltens sind in Jahrmillionen der Evolution erprobt worden und massiv genetisch verankert. Einige zigtausend Jahre an Domestikation reichen nicht aus, um sie und die dazu gehörenden Verhaltensmuster aus dem Genom zu löschen.

Motivation statt Trieb

Zusammenfassend lässt sich sagen, dass Hunde Handlungsmotive und Emotionen haben und dass das sehr enge Triebmodell des letzten Jahrhunderts im Umgang mit Hunden keine Verwendung mehr finden sollte.

Andererseits wird in der Hundewelt immer noch der Begriff „Trieb" in einer weiter gefassten Definition mit dem Begriff „Motivation" gleichgestellt. Anscheinend fällt es wirklich schwer, sich von diesem Begriff an sich zu verabschieden. Erschwert wird dies aber auch, weil z.B. gerade in der angelsächsischen Literatur der Begriff „drive" (= Trieb) in solch einer etwas weiter gefassten Definition Verwendung findet.

Jagd- und Aggressionsverhalten

Der „Beutetrieb" wäre z.B. besser als Jagdverhalten zu bezeichnen, das im natürlichen Umfeld mit dem Ziel der Bedarfsdeckung gezeigt wird. Wölfe gehen durchaus auch auf die Jagd, wenn nach physiologischen Gesichtspunkten noch kein echtes Hungergefühl eingetreten ist. Jagdglück lässt sich nicht im Voraus bestimmen – darum nutzt man lieber einmal öfter eine sich bietende Chance als einmal zu wenig. Beute lässt sich ja auch für schlechte Zeiten vergraben! Deshalb zeigen Hunde auch Jagdverhalten, wenn sie 30 Minuten nach der letzten Mahlzeit ein Kaninchen sehen. Und deshalb kann man Elemente des Jagdverhaltens über ein „Beutesignal" für andere Zwecke (z.B. im Schutzdienst oder in der Hütearbeit) nutzen und trainieren.

Auch gibt es nicht nur „einen Aggres-

Den einen „Beutetrieb" gibt es nicht. Es gibt nur Jagdverhalten, welches aus vielen Komponenten besteht und durch viele Faktoren variabel beeinflusst werden kann.

Die Belohnung verspricht: Du kannst deinen Zustand optimieren. Deshalb zeigen Hunde ein belohntes Verhalten öfter.

sionstrieb", sondern ein komplexes Aggressionsverhalten, das durch eine Vielzahl von individuellen Umwelt-reizen und Signalen ausgelöst und modifiziert wird und darüber auch veränderbar ist.

Steigerung der biologischen Fitness

Verhaltensweisen, die nicht in irgendeiner Art und Weise der Steigerung der biologischen Fitness untergeordnet sind, kommen beim gesunden Tier eigentlich nicht vor. Jedes Verhalten, das ein Lebewesen zeigt, kostet Energie. Auch im Schlaf verbrennt man Kalorien! Verbrauchte Energie muss wieder aufgefüllt werden – und dies ist in der freien Natur oft nicht so ohne weiteres möglich. Im Laufe der Evolution ist also neben den generellen Zielen (Motiven) von Verhal-

tensäußerungen auch noch die „Zweckgebundenheit" von Verhalten dazugekommen. Verhalten muss sich lohnen. Dies heißt, dass es entweder dazu dienen muss, den eigenen Zustand zu optimieren bzw. die biologische Fitness zu erhöhen – oder dass es zumindest dazu führen muss, dass der momentane Zustand erhalten bleibt und sich nicht verschlechtert.

Belohnung von Verhalten
Die Zweckgebundenheit von Verhalten machen wir Menschen uns zum Beispiel bei der Hundeerziehung zunutze. Wir können einen Hund für ein bestimmtes Verhalten belohnen: Eine Belohnung ist etwas, was hilft, den eigenen Zustand zu optimieren: eine Ressource wird gegeben. Mit anderen Worten: Die Belohnung motiviert den Hund, immer öfter das zu machen, was wir von ihm wollen.

Strafen in der Hundeerziehung

Wir können einen Hund für ein bestimmtes Verhalten auch bestrafen. Im wissenschaftlichen Sinne ist eine Strafe etwas, was die Wahrscheinlichkeit senkt, dass ein bestimmtes Verhalten gezeigt wird. Eine Strafe im Sinne des Hundes ist etwas, was die Optimierung des eigenen Zustands gefährdet. Ein Schmerzauslöser wäre solch eine Strafe im biologischen Sinne: Schmerz ist ein Warnsignal dafür, dass ein Schaden am Körper aufgetreten ist. Verletzungen will man vermeiden, denn sie bedeuten eventuell, dass man für eine bestimmte Zeit nicht auf die Jagd gehen kann. Dies wäre dann gleichbedeutend mit Hungern oder sogar Verhungern! Menschen sollten sehr vorsichtig bei der Anwendung von Strafen sein. Eine Schmerzauslösung ist generell mit dem Tierschutzgesetz nicht vereinbar und grundsätzlich lernt das Gehirn

nur über Belohnung. Das „interne Belohnungssystem" im ZNS muss aktiviert sein, damit Langzeitgedächtnis gebildet werden kann.

Problematische Verhaltensweisen

„Verhaltensstörung" ist ein Begriff, den Menschen gern benutzen, wenn sie bei Tieren problematische Verhaltensweisen beobachten oder schlicht Verhaltensweisen, die sie nicht einordnen können. Die meisten dieser sogenannten „Verhaltensstörungen" sind keine Verhaltensstörungen im echten Sinne.

Echte Verhaltensstörungen

Ein Hund, der mit allen Lebewesen und in jeder erdenklichen Situation sofort einen Ernstkampf beginnt, wäre im wis-

Vielleicht denkt er gerade, dass sein Mensch „komisch und verhaltensgestört" ist ...

senschaftlichen Sinne verhaltensgestört: Er würde in der Natur sehr schnell sterben, da er sich entweder völlig verausgaben würde und sich keine Zeit zur Nahrungsaufnahme gönnen könnte, und/ oder er würde sehr schnell an einen stärkeren Gegner geraten, der ihn töten könnte.

Bei echten Verhaltensstörungen läuft das Verhalten meist nicht mehr zweckgebunden ab. Ab wann aber ein Verhalten aus dem normalen Verhaltensrepertoire nun als Verhaltensstörung gelten muss oder kann, lässt sich nicht eindeutig definieren. Übergänge von normalem zu gestörtem Verhalten sind häufig fließend.

Stressbedingte Verhaltensstörungen
Häufig entwickeln sich Verhaltensstörungen aus chronischen Stresssituationen heraus. Die Hunde versuchen, eine für sie ungünstige und stressige Situation so gut es geht zu managen. Dabei probieren sie verschiedene Bewältigungsstrategien aus und eine oder einige erweisen sich kurzfristig als nützlich. Diese werden dann vorzugsweise gezeigt, und es setzt sich ein Kreislauf in Gang, der immer mehr zuungunsten des Hundes abläuft, da sich ja zumeist am eigentlichen Stressauslöser nichts ändert. Ein Beispiel dafür sind die Hunde, die sich permanent belecken und beknabbern, z.B. an den Pfoten. Anfangs hat das Lecken Stresszustände noch abgemildert und der Hund hat dann auch mit Lecken aufgehört. Irgendwann hat sich diese Bewältigungsstrategie aber als festes Muster etabliert; sie hat sich verselbständigt und wird regelmäßig gezeigt, auch wenn kein akuter Stressor vorhanden ist. Der Hund fühlt sich wohler und kann sich generell entspannen (vergleichbar mit unserem Nägelkauen). Solch ritualisiert gezeigtes Verhalten

Info Verhaltensstörungen

Wissenschaftlich gesehen liegt eine Verhaltensstörung nur in zwei Fällen vor:
> Wenn man ein Verhalten beobachten kann, das nicht zum normalen Verhaltensrepertoire der Tierart gehört (ein fliegender Haushund wäre in diesem Sinne verhaltensgestört).
> Wenn mit dem gezeigten Verhalten Bedarfsdeckung und Schadensvermeidung auf Dauer nicht sichergestellt werden. Hier fallen Hunde hinein, die zwar ein Verhalten aus ihrem normalen Repertoire zeigen (z.B. auch Aggressionsverhalten), aber dieses in einer Ausprägung oder Art und Weise, die für den Hund in der Natur letztendlich den Tod bedeuten würde.

bezeichnet man als Stereotypie. Die oben erwähnte „Akrale Leckdermatitis (ALD)" (die Hunde belecken und benagen den mittleren bis unteren Bereich ihrer Gliedmaßen unter Umständen bis auf den bloßen Knochen) ist eine der häufigsten Stereotypien. Für die Entstehung solcher Verhaltensstörungen spielen neben den aktuellen Lebens und Stressbedingungen angeborene Komponenten (angeborene Stresstoleranz) und erlernte Komponenten (eventuell niedrige Stresstoleranz aufgrund von Mängeln in der Sozialisationsphase) eine Rolle. Bei bestimmten Hunderassen treten in manchen Zuchtlinien Stereotypien häufiger auf. Beschrieben ist z.B. die ALD bei Schäferhunden und Retrievern, das hektische Kreiseln und Schwanzjagen beim Bullterrier oder das Saugen an den eigenen Flanken beim Dobermann. Allerdings braucht es auch bei „vorbelasteten" Zuchtlinien immer Stresssituationen, damit die Stereotypie entsteht.

Sozialordnung und Territorialität

Hunde sind obligat soziale Lebewesen, was bedeutet, dass Sozialkontakt überlebenswichtig für sie ist. Hunde können enge soziale Bindung nicht nur zu Angehörigen der eigenen Art, sondern auch zu Angehörigen anderer Arten eingehen, wenn die entsprechende Sozialisation stattgefunden hat.

In unserer heutigen Zeit ist es für die meisten Hunde normal, dass sie häufiger in engen sozialen Bindungen zu Lebewesen einer anderen Art leben: den Menschen.

Leben in der Mensch-Hund-Gruppe

Viele Probleme im Zusammenleben der Gruppe Mensch-Hund rühren daher, dass Menschen nicht bedenken, dass der Hund immer ein Hund bleibt: Hunde sind zwar sehr anpassungsfähig – dank ihrer vielfältigen, variablen und fein differenzierten Kommunikationsmöglichkeiten, aber sie können ihre Umwelt und individuelle Situationen immer nur als Hund bewerten und nur als Hund reagieren.

Gemeinsame Aktionen spielen eine große Rolle für das soziale Miteinander und für den Zusammenhalt der Gruppe.

Hunde können in etablierten Gruppen miteinander Statusverhältnisse ausbilden (müssen es aber nicht zwangsläufig tun). In wie weit sie dies auch in der Gruppe Hund-Mensch tun, ist aktuell nicht geklärt und wird zur Zeit intensiv erforscht.

Zur Bedarfsdeckung gehört nicht nur das Leben in der Gruppe an sich, sondern der Hund muss auch wissen, in welchem Verhältnis er zu den anderen Gruppenmitgliedern steht. Dieses Wissen ist wichtig für das eigene Wohlbefinden und um Handlungen richtig abschätzen zu können.

Vorteil sozialer Systeme

Bevor beschrieben wird, wie das Etablieren und Halten von Verhältnissen, und ggf. einer sozialen Hierarchie vonstatten geht, soll zunächst erklärt werden, warum dies für Hunde so wichtig ist. Welche Gründe gibt es, dass diesem Element solch eine Bedeutung beigemessen wird?

Die Gründe sind, wie immer, in der Evolution vom Wolf und der Domestikation vom Wolf zum Hund zu suchen. In der Evolution hat sich in Millionen von Jahren ein fein differenziertes, ausgeklügeltes und im Hinblick auf Bedarfsdeckung und Schadensvermeidung bestens etabliertes System des Zusammenlebens entwickelt. Der Mensch hat dieses System letztendlich mit dem Wolf zusammen domestiziert und leicht modifiziert. Auch der Mensch stammt, wie der Hund, von einer Art sozial lebendem Laufraubtier (im weitesten Sinne) ab. Auch für unsere Vorfahren nimmt man an, dass soziale Hierarchien in den Gruppen bestanden haben. Die prähistorischen Menschen werden sicher keine einzelnen Wölfe/Hunde gehalten, sondern auch den Wolf in Gruppen domestiziert haben. Andere Gedankenmodelle würden mit den aus Grabfunden entwickelten Vorstellungen über die Domestikation des Hundes kollidieren. Aber warum hat es sich in der Evolution schon so perfekt etabliert?

Leben in der Gruppe

Das Leben in der Gruppe hat Vor- und Nachteile. Vorteilhaft ist z.B., dass man gemeinsam größere und wehrhaftere Beutestücke besser erjagen kann als allein. Vorteilhaft ist auch, dass man Feinden in einer Gruppe besser Paroli bieten kann: Die Chance des Einzelnen, einen feindlichen Angriff zu überleben, steigt durch die Gruppe. Nachteilig ist, dass man bei bestimmten Ressourcen viele Konkurrenten hat, die auch noch eng mit einem zusammenleben. Nachteilig ist aber auch, dass man als größere Gruppe für Feinde schneller aufzuspüren ist. Überall dort, wo sich im Tierreich solche hochsozialen Arten wie Wölfe oder z.B. auch Pferde entwickelt haben, haben die Vorteile des Gruppenlebens die Nachteile überwogen.

Optimierung des eigenen Zustands

Alles Verhalten, das ein Tier jemals zeigt, dient der Optimierung des eigenen Zustands – also der Steigerung der biologischen Fitness. Dabei gibt es für jede mögliche Situation oder jedes Problem, dem ein Wolf oder Hund im Laufe seines Lebens begegnen wird, selten nur eine einzige Verhaltensweise, die als Reaktion angebracht wäre. In der Regel werden mehrere mögliche bzw. angebrachte Verhaltensweisen zur Debatte stehen – und der Wolf oder Hund muss sich dann entscheiden, welche davon in der jeweiligen Situation die beste ist. In jeder individuellen Situation wird dazu eine kurze „Kosten-Nutzen-Rechnung" im Gehirn stattfinden: Es kostet Energie, ein bestimmtes Verhalten zu zeigen – was also wäre der momentane Nutzen, genau dieses Verhalten zu zeigen, und wäre der Nutzen u.U. sogar höher als die Kosten? Das Ganze natürlich immer im Hinblick auf die Steigerung der biologischen Fitness gesehen. Dies gilt zum einen für jedes individuelle Tier, zum anderen aber auch genauso für eine ganze Tierart bei der Entwicklung bestimmter genereller Verhaltensmuster über einen längere Zeitraum: In der Evolution bleibt das bestehen, was sinnvoll ist.

Vorteile des Gruppenlebens: Der Nachwuchs kann sicher aufgezogen werden.

Fitnesssteigerung

Jedem Tier geht es um die Steigerung der Fitness in seinem individuellen Lebensraum. Wenn nun aber in einem bestimmten Lebensraum genau die Tiere eine hohe biologische Fitness haben, die eine ganz bestimmte Kosten-Nutzen-Rechnung zugunsten eines ganz bestimmten Verhaltens anstellen, wird sich dies auf Dauer auf das Verhaltensrepertoire der gesamten Population auswirken – das ist Evolution. Es pflanzen sich nämlich hauptsächlich die Tiere erfolgreich fort, die dieses bestimmte Verhalten im Verhaltensrepertoire haben, und die anderen, die das Verhalten nicht zeigen können, haben immer weniger Nachkommen. So entwickeln sich ganze Lebens- und Überlebensstrategien von Tierarten. Die einen bilden als Fluchttiere große Sozialverbände und ziehen darin ihre Jungen groß (z.B. bestimmte Rinder und Pferdeartige); die anderen Fluchttiere leben zwar ohne Nachwuchs in der lockeren Gruppe, der Nachwuchs selbst wird dann aber als „Single" großgezogen und versteckt sich allein im hohen Steppengras vor Raubfeinden (bei einigen Gazellenarten). Raubfeinde wiederum können in Rudeln mit Haremsstruktur (Löwen), als Einzelgänger (Füchse) oder in gemischtgeschlechtlichen Rudeln (Wölfe) leben, um nur einige Beispiele zu nennen. Immer haben sich diese unterschiedlichen Sozialsysteme bzw. Lebenssysteme in der Evolution entwickelt und etabliert unter der Prämisse, den in ihnen lebenden Tieren eine größtmögliche Chance auf eine hohe biologische Fitness zu ermöglichen.

Info Kosten - Nutzen - Rechnung

Es handelt sich dabei um Vorgänge, die im Bruchteil einer Sekunde im Gehirn ablaufen. Mit dem heutigen Wissen über die Neurophysiologie hat man sehr genaue Vorstellungen davon, was in einzelnen Neuronen und Synapsen abläuft, um nachher das Verhalten zu erzeugen, das dann am Hund beobachtet werden kann. Diese Kosten-Nutzen-Rechnungen laufen nachweislich auch in unseren Gehirnen ab – auch wenn es uns Menschen gar nicht bewusst wird.

Das Wolfsrudel

Innerhalb der verschiedenen sozialen Tierarten haben sich im Laufe der Evolution weitere Strukturen entwickelt, um das Überleben des Einzelnen und die Steigerung seiner biologischen Fitness zu sichern. Für die Wölfe gehört dazu das fein differenzierte Sozialsystem mit der passenden Kommunikaion. Es macht überlebenstaktisch keinen Sinn, auf der einen Seite in einer größeren Gruppe zu leben, auf der anderen Seite aber andauernd untereinander ernstfallmäßig zu kämpfen. Es macht auch keinen Sinn, als große Gruppe zwar durchaus theoretisch in der Lage zu sein, einen Elch zu erlegen – dies auf der anderen Seite aber nicht zu schaffen, weil jeder in seine bevorzugte Richtung zur Jagd aufbricht, ohne auf die anderen zu achten. Mit anderen Worten: Wenn eine große Gruppe das Überleben des Einzelnen sicherstellen soll, muss sie sich auch eine Struktur des Zusammenlebens geben, bei der dies möglich ist. Für das soziale und gut bewaffnete Laufraubtier Wolf hat sich so in der Evolution die Sozialstruktur etabliert, wie wir sie vom heutigen Wolf und auch von unseren heutigen Hunden kennen. Dabei haben sich heutiger Wolf und heutiger Hund von ihrem gemeinsamen prähistorischen Vorfahren, den jeweiligen Gegebenheiten folgend, sicherlich leicht

entfernt. Nach wie vor gibt es aber auch viele Gemeinsamkeiten und Übereinstimmungen im Sozialverhalten von Hund und Wolf. Man kann auch hierbei sagen, dass einige zigtausend Jahre Domestikation nicht ausreichen, um ein Sozialsystem und Sozialverhalten zu kippen, an dem die Evolution einige Millionen Jahre geübt hat. Dazu kommt, dass die meisten der sozialen Verhaltensweisen des Hundes auch im Zusammenleben mit dem Menschen gefordert und/oder nützlich sind.

Hunde sind Rudeltiere

Das Bedürfnis des heutigen Hundes nach Leben in einer sozialen Gruppe ist genetisch verankert, genauso wie die Fähigkeit, die einzelnen Formen und Elemente des Sozialverhaltens, der Kommunikation etc. zu zeigen. Wann, wo und wie nun einzelne Elemente dieses Verhaltens (z.B. Drohverhalten, Submission, Angriff) gezeigt werden und was diese Elemente bei anderen Mitgliedern der Gruppe zu bedeuten haben, wird in der Sozialisationsphase gelernt (siehe S. 144). Wenn ein Hund allerdings nicht die angeborenen Fähigkeiten hätte, die Verhaltensweisen überhaupt zu zeigen, hätte er auch Probleme mit dem Lernen. Füchse z. B. sind eher Einzelgänger, die nur kurz zur Paarungszeit mit einem anderen Fuchs zusammenleben. Die Jungen werden von der Mutter allein großgezogen. Füchse haben ein viel weniger feines und diffe-

Eine gemeinsame Jagd...

renziertes Kommunikations- und Sozial-verhalten als Wölfe oder Hunde. Es hat sich in der Evolution nicht entwickelt bzw. etabliert, weil es unnötig war und damit schlicht und ergreifend Energie-verschwendung bedeutet hätte. Ein Fuchs könnte folglich nie lernen, so fein differenziert wie ein Wolf oder Hund zu kommunizieren.

Rudelgröße

Auch Wölfe müssen nicht unbedingt in einem großen Rudel leben. Je nach Umweltbedingungen (Nahrungsange-bot etc.) können Wölfe auch nur zu zweit leben: Rüde und Fähe. Kurzfristig wäre die Gruppe dann größer, solange der Nachwuchs noch bei ihnen leben würde. Wenn es die Umweltbedingun-gen erlauben/nötig machen, würde der Nachwuchs aber auch permanent bei ihnen bleiben, und Rüde und Fähe hät-ten die Keimzelle für ein Rudel gelegt. In der Natur sind die Mitglieder eines Wolfsrudels fast ausschließlich mitein-ander verwandt. Unter bestimmten Umständen würde der Nachwuchs ab einem konkreten Alter (in der Regel ab der Geschlechtsreife) das Rudel verlas-sen. Dort, wo kleine und schnelle Beu-tetiere in geringer Dichte vorkommen,

leben auch Wölfe zumeist nur zu zweit und teilen sich ein großes Territorium (z.B. in den Polargebieten). Dort, wo vie-le Beutetiere vorkommen, werden die Territorien kleiner und/oder die Grup-pen größer. Dort, wo große und wehr-hafte Beutetiere vorkommen, sind die Gruppen meistens größer.

Flexibilität von Haushunden

Unser Haushund kann sich zumeist nicht aussuchen, in welcher Gruppen-größe er lebt. Dank seiner genetisch ver-ankerten Flexibilität in dieser Hinsicht kann er aber grundsätzlich in der Groß-familie genauso gut klarkommen wie im Zusammenleben mit einem Single. Dank seiner Flexibilität kommt er auch damit klar, u. U. auf seinem Territorium permanent Angehörige fremder sozia-ler Gruppen zu treffen und sich mit die-sen nicht jedes Mal gleich auf einen Ernstkampf einzulassen. Dabei spielt aber auch wieder das Phänomen der Kosten-Nutzen-Rechnung eine Rolle. Besonders bei einem Ernstkampf müs-sen die Kosten (Energieverbrauch, Ver-letzungsrisiko, eventuell Territoriums-verlust) gut gegen den Nutzen (Territoriumsverlust vermeiden) abge-wogen werden.

... fördert den Zusammenhalt.

Dezentes Drohfixieren des vorderen Wolfes gegen den hinteren; dieser weicht dem Blick leicht aus.

Soziale Struktur im Wolfsrudel

Wie muss man sich nun die soziale Struktur eines Wolfsrudels oder einer Hundegruppe vorstellen? Früher ging man von sehr linear von oben nach unten organisierten Gruppen aus und benannte die möglichen Rangpositionen nach dem griechischen Alphabet:

„Alpha" war der Chef; dann kamen „Beta", „Gamma", „Delta" usw., bis zum Schluss ganz unten „Omega" sein Dasein fristete. Bei Wölfen beschrieb man zudem noch zwei eigenständige, linear organisierte Gruppen: die der weiblichen und die der männlichen Tiere. In jeder dieser Gruppen gab es ein Alphatier, und die beiden zusammen waren dann das „Chefpärchen" des Rudels. Die Forschung hat in den letzten drei Jahrzehnten auch hier das frühere Weltbild über Wolfs und Hundeverhalten etwas ins Wanken gebracht. Die streng linear von oben nach unten durchorganisierte Gruppe gehört der Vergangenheit an. Dabei gilt dies bei Hunden sowohl untereinander als auch im Zusammenleben mit den Menschen. So einfach wie gedacht, organisieren Wölfe und Hunde ihr soziales Miteinander nicht!

Individuelle Statusbeziehungen

Eine Statusbeziehung (Rangbeziehung) ist grundsätzlich immer etwas, was nur zwischen zwei Individuen etabliert werden kann, und nicht etwas, was ein Lebewesen pauschal gegenüber einer ganzen Gruppe herstellen oder einnehmen kann. Das bedeutet: Tier A hat einen bestimmten Status gegenüber Tier B und einen bestimmten Status jeweils gegenüber Tier C und Tier D. Tier B hat wieder individuelle Rangbeziehungen jeweils zu A, C oder D. Dabei muss aber nicht unbedingt eine lineare Rangfolge herauskommen wie: „Wenn A > B, und B > C, und C > D, dann auch B > D." Es könnte nämlich sein, dass B gegenüber C und D je den gleichen Status hat, unabhängig davon, wie C und D sich untereinander einigen. Statusbeziehungen sind auch nicht fest über den Tag oder einen Monat definiert. Zwei Wölfe A und B können morgens eine bestimmte Statusbeziehung haben und nachmittags eine andere. Man spricht hier von zeit- und situationsabhängigen Statusverhältnissen, die sich, wenn nötig, im Zehnminutentakt über den Tag ändern – und situationsabhängig auch durchaus umkehren können. Situationsabhängig bedeutet z.B. auch, dass zwischen A und B eine unterschiedliche Statusbeziehung herrscht, je nachdem, ob C oder D anwesend sind oder nicht. Wenn man dann eine Gruppe von Wölfen oder Hunden beobachtet, lässt sich so aus der Summe aller beobachteten einzelnen Zweierbeziehungen in einem beobachteten Zeitraum (z.B. 24 Stunden) eine Übersicht über die hierarchische Struktur der ganzen Gruppe gewinnen. Man kann dann sagen: „Der Wolf mit der grauen Schnauze ist bei 85 % all seiner Zweierbeziehungen der dominante (= der im Status höhere), und der Wolf mit den weißen Ohren ist es nur bei 65 % all seiner Zweierbeziehungen – also ist der Wolf mit der grauen Schnauze aus der Summe aller Zweierbeziehungen heraus in der Hierarchiestruktur über dem Wolf mit den weißen Ohren." Dies bedeutet aber nach heutigem Wissensstand auch, dass man bei der Beobachtung des Rudels Situationen sehen wird, wo der Wolf mit der grauen Schnauze durchaus als submissiver Partner hervorgeht, trotz einer relativ hohen sozialen Stellung im Rudel.

Status in der Zweierbeziehung

Es wird deutlich, dass man sich eine Rangposition, Status oder Dominanz über jemand anderes nicht einfach aus dem Regal nehmen kann wie ein Buch oder damit geboren wird wie mit einer bestimmten Haarfarbe. Pauschale Aussagen wie: „Mein Hund ist so dominant", sind unsinnig.

Kein Hund ist aus sich heraus dominant oder subdominant. Attribute wie Dominanz oder Subdominanz können immer nur für die Partner in einer Zweierbeziehung gelten. Es kann auch nicht der eine Partner einfach sagen: „Ich habe den hohen Status", sondern es gehört immer auch der andere dazu, der sagt: „Ja, du hast den hohen Status". Wenn der andere dies nicht sagt, besteht die Möglichkeit einer Auseinandersetzung um das Statusverhältnis – und die kann dann unter Umständen auch aggressiv ausgetragen werden.

Man sollte Begriffe wie Statusverhältnis oder Dominanz auch nicht pauschal auf Gruppen oder Individuen anwenden. Es gibt genügend Beispiele von Hundegruppen, in denen keine engen Hierarchien zu erkennen sind. Und dies gilt auch für eine Beziehung Hund-Mensch.

Der junge Wolfsrüde (links) zeigt Demutsverhalten gegen den älteren Rüden, um ihn zu beschwichtigen.

Nicht jeder Hund, der auf dem Rücken liegt, zeigt Demutsverhalten.

Das Streben nach hohen Positionen

Warum kann ein hoher Status innerhalb der Gruppe für ein Tier interessant und wichtig sein? Letztendlich regelt ein Statusverhältnis die Zugriffsrechte auf Ressourcen. Ressourcen wären neben Futter z.B. auch Fortpflanzungspartner. Genau hier liegt der Punkt, warum Statusverhältnisse zwischen Hund und Mensch zur Zeit in der Wissenschaft stark diskutiert werden: Wir sind für unsere Hunde weder natürliche Konkurrenten um Futter noch um Fortpflanzungspartner.

Fortpflanzung – ein Privileg
Biologische Fitness bedeutet, Nachkommen zu produzieren und erfolgreich aufzuziehen. Wenn sich alle Wölfe aber ungebremst fortpflanzen würden, wäre ihr Lebensraum schnell zu klein und es könnte letztendlich keiner mehr überleben. Darum haben sich in der Evolution Kontrollmechanismen entwickelt. Sie stellen sicher, dass sich nur diejenigen Tiere fortpflanzen, deren Nachkommen insgesamt eine gute Überlebenschance haben. Wer es schafft, innerhalb seiner sozialen

Gruppe eine hohe soziale Stellung einzunehmen, der gibt diese Fähigkeiten auch anteilig an seine Nach-kommen weiter. Dabei ist der wichtige Punkt, dass mit diesen „Fähigkeiten" nicht Muskelstärke und Bereitschaft zum Beißen gemeint sind. Im Gegenteil: Soziale Kompetenz und durchaus auch Kompetenz bei der Jagd spielen eine sehr wichtige, eigentlich die wichtigste, Rolle. Bei Wölfen pflanzen sich oft nur die Tiere mit einem hohen Status fort. Es kann vorkommen, dass bei den Fähen mit niedrigem Status der hormonelle Zyklus und bei den entsprechenden Männchen die Spermatogenese (Bildung der Spermien in den Hoden) unterdrückt wird. Bei Gruppen verwilderter Haushunde kommt dies allerdings kaum vor.

Statusbeziehungen bei Kaninchen in Australien
In Australien hat in den 70er-/80er-Jahren des letzten Jahrhunderts ein interessantes Experiment mit Kaninchen stattgefunden. In einem aus- und einbruchsicher umzäunten Areal wurden drei Kaninchenpärchen ausgesetzt. Nach oben war das Gelände zugänglich, z.B. für Raubfeinde aus der Luft. Es konnten aber weder Kaninchen von innen hinaus noch welche von außen herein. Kaninchen leben zumeist paarweise in einem lockeren Sozialverband. Dabei haben sie keine soziale Struktur und Rangordnung wie Hunde oder Wölfe, aber auf Kaninchen übertragen kann man im Sozialverband schon von ranghöheren und rangniedereren Tieren sprechen. Die Kaninchen in diesem Versuch pflanzten sich fort und bildeten eine Kolonie. Es gab gute und schlechtere Jahre, bezogen auf das Nahrungsangebot und Feinde. Die Forscher beobachteten die Tiere ge-

nau und konnten alle Tiere der Kolonie identifizieren, auch als es über 100 Tiere waren. Besonders wichtig für den ganzen Versuch war es, immer die Nachkommen den jeweiligen Eltern zuzuordnen. Dann kamen sehr trockene Jahre und innerhalb einer kurzen Zeitspanne starben 80 % der Kaninchen. Interessant dabei war, dass die 20 % Überlebenden allesamt von dem damals ranghöchsten Paar direkt abstammten.

Etablieren von Statusbeziehungen

Da auch unsere heutigen Haushunde ihre biologische Fitness steigern wollen, können sie gegenüber den Mitgliedern ihres Rudels sozial expansiv reagieren. In gemischten Hund-Mensch-Gruppen findet man so etwas zum Glück nur höchst selten.

Wie hat man sich das Etablieren und Halten von Statusbeziehungen vorzustellen? Auch hier gelten Kosten-Nutzen-Rechnungen. Es macht z.B. für ein im Status hohes Tier keinen Sinn, immer und ewig, zu jeder Minute des Tages, seine Position herauszukehren. Mit anderen Worten: Sich aufzubauschen ist nutzlos und Energieverschwendung, wenn keiner hinguckt. Aber auch ein Aufbauschen, jedes Mal wenn einer hinguckt, stellt im Grunde genommen eine Energieverschwendung dar. Rangzeigendes Verhalten wird nur dort gezeigt, wo es nötig ist – wo der Nutzen des rangzeigenden Verhaltens die Kosten deutlich übersteigt.

Offensive Konflikte
Wirklich dauerhafte Positionswechsel in der Statusbeziehung klären sich bei Wölfen oft im Ernstkampf, allerdings nur im Bezug auf wirklich wichtige Ressourcen.

Eine stressreiche Situation: Informationsaustausch zwischen zwei Rüden, während die Hündin (hinten) daneben steht.

Ernstkämpfe bei Wölfen findet man eigentlich nur im Frühjahr, während der Ranzzeit. Jetzt geht es im Hinblick auf die biologische Fitness um alles oder nichts: da werden Ernstkämpfe riskiert.

Ernstkämpfe vermeiden
Ein Ernstkampf kostet zum einen viel Energie, zum anderen geht man ein hohes Verletzungsrisiko ein. Der mögliche Verlust der hohen Position stellt für den Statusinhaber einen zusätzlichen Kostenfaktor dar und liegt dabei höher als für den Herausforderer. Darum vermeiden eigentlich die Wölfe oder Hunde mit einer hohen Position tendenziell eher einen offensiven Konflikt, während der direkte Konkurrent mit der niedrigeren Position ihn eher sucht. Die Tiere mit dem hohen Status zeigen im Verhältnis deutlich weniger Aggressionsverhalten als die mit einem niedrigen Status. Die direktesten Konkurrenten im Rudel sind dabei die Tiere mit gleichem Geschlecht, meist annähernd gleichem Alter, gleicher Körpermasse und einer ähnlichen sozialen Position zu vielen anderen Gruppenmitgliedern; sie haben in der Regel die gleichen Ambitionen gegenüber den meisten Ressourcen und somit sind Konflikte vorprogrammiert.

Beide zeigen Interesse an der Ressource.

Verzicht auf Ressourcen

Allerdings gibt es auch Situationen, in denen ein im Status hohes Tier Ressourcen abgibt, ohne seinen Status zu verlieren. Man kann z.B. in Wolfsrudeln, aber auch in fest etablierten Hundegruppen, Szenen beobachten, wo ein Ranghöherer neben einem Stück Beute liegt, und ein Rangniederer kommt heran und nimmt die Beute weg. Um bei diesem Beispiel sagen zu können, ob eventuell ein Wechsel in der Statusposition stattgefunden hat, müsste man die Vorgeschichte des Rudels aus den letzten Tagen kennen. Was könnte noch passiert sein, wenn der anfangs Ranghöhere nach wie vor ranghöher ist und der Rangniedere darf die Beute trotzdem ungestraft nehmen? Der

Info Statusposition

Eine Statusposition hat man immer nur im Zusammenhang mit anderen und im Verhältnis zu einem anderen Lebewesen – und man zeigt seinen Status nicht als Selbstzweck, sondern wenn die individuelle Situation dies nötig macht. Dabei ist es von Tier zu Tier verschieden, wann jemand meint, dass es genau jetzt nötig ist, rangzeigendes Verhalten hervorzukehren.

Ranghöhere könnte satt sein, und die Beute stellt damit keine echte Ressource mehr dar. Streiten um unwichtige Dinge ist in der Natur eine Energieverschwendung. Eine weitere Möglichkeit: Der rangniederere Wolf hat vielleicht im Moment des Wegnehmens intensiv mit dem ranghöheren kommuniziert: „Tu mir nichts. Ich weiß, dass du im Status höher bist, aber ich habe Hunger". Wenn der Ranghöhere gesagt bekommt, dass er im Status höher ist, reicht dies in den meisten Fällen als Bestätigung, und er kann es sich sparen, selbst aktiv zu werden. Wenn der Ranghöhere allerdings selbst großen Hunger gehabt hätte, hätte der andere Wolf vielleicht doch eine grummelige Antwort bekommen und wäre mit leerem Fang abgezogen. Man sieht, dass in individuellen Situationen durch viele äußere und innere Faktoren bestimmt wird, ob ein Wolf oder Hund seinen Anspruch auf eine bestimmte Statusposition deutlich macht oder nicht.

Souveränes oder unsicheres Auftreten

Unsichere Hunde/Wölfe zeigen häufiger rangzeigendes/ranganmaßendes Verhalten als sichere Tiere. Im Status hohe und sichere Tiere zeigen im Verhältnis eher weniger rangzeigendes Verhalten – sie haben es aufgrund ihrer Souveränität einfach nicht nötig. Diskutieren kann man natürlich darüber, ob nicht ein souveränes Auftreten als solches schon eine Art von rangzeigendem Verhalten ist.

Rangniedere Tiere haben genauso Interesse an Ressourcen (um ihre biologische Fitness zu erhöhen) wie ranghöhere. Und da die Rangniederen insgesamt weniger Rechte auf den Zugriff auf bestimmte Ressourcen haben, machen sie in der Regel ihren Anspruch seltener, dann aber umso massiver deutlich, z.B. wenn sie meinen, jetzt einen bestimmten Knochen unbedingt fressen zu müssen.

Der Hund, der ein Familienmitglied anknurrt, das nach seiner Futterschüssel langt, muss also nicht unbedingt seinen Anspruch auf eine grundsätzliche hohe Statusposition innerhalb der Familiengruppe deutlich machen. Wahrscheinlicher ist, dass er Angst vor dem Verlust dieser einen, ihm gehörenden Ressource hat. Je unsicherer der Hund vom Grundcharakter dabei ist, desto deutlicher wird er diese Angst zeigen und desto höher wäre auch die Bereitschaft, nötigenfalls bis zum Äußersten zu gehen.

Wie lässt sich erklären, dass unsichere Hunde/Wölfe häufiger rangzeigendes Verhalten zeigen als sichere?
Ein Charakterattribut wie „sicher" oder „unsicher" ist nicht gleichbedeutend mit „hoher Status" bzw. „niedriger Status". Man kann also nicht sagen, dass ein im Status hohes Tier automatisch auch ein sicheres Tier ist und umgekehrt. Gerade im Zusammenleben mit dem Menschen, der die Hundesprache eben nicht perfekt beherrscht, werden unsichere Hunde häufig nicht als solches erkannt und der Mensch bedroht den Hund oder etwas für ihn wichtiges unbewusst. Hier ist das Risiko von aggressiven Verhaltensweisen zur Sicherung von Ressourcen auch größer.

Unsichere Hunde drohen und beißen in der Regel schneller als sichere. Wer viel hat, hat auch viel zu verlieren. Dies kann man sicher uneingeschränkt auch für die Positionen innerhalb der Hierarchie einer sozialen Gruppe sagen. Ein sicherer Charakter weiß, was er kann und welchen Status er hat – er muss nicht permanent schreien, um es allen anderen zu sagen. Der Unsichere ist derjenige, der schnell laut wird – und dafür gibt es im Tierreich nicht nur bei Wölfen und Hunden viele Beispiele.

Der Welpe hat die Ressource gewonnen – oder wurde sie ihm vom Älteren überlassen?

Aktive Demut des jungen Hundes gegenüber einem älteren Gruppenmitglied.

Rangzeigendes Verhalten

Ist Aggression eine rangzeigende oder ranganmaßende Verhaltensweise? Eher nicht! Je größer die Bereitschaft zu offensiv aggressiven Handlungen, desto größer das Verletzungsrisiko (siehe S. 215 ff.). Welches sind dann rangzeigende bzw. ranganmaßende Verhaltensweisen; welche Attribute zeichnen den im Status hohen Hund oder Wolf aus; wie zeigt er seinem Gegenüber den Anspruch auf einen hohen Status?

Imponierverhalten

Zum rangzeigenden oder ranganmaßenden Verhalten gehört das Imponierverhalten (siehe S. 186). Dabei muss es sich nicht um ausschweifende, laute und arbeitsaufwendige Bewegungsfolgen handeln. Imponierverhalten kann fließend in Drohverhalten übergehen. Einige Elemente des Drohverhaltens werden beim Imponieren in einem leicht anderen Kontext gezeigt: z.B. sich etwas größer machen, als man eigentlich ist, oder den anderen mit den Augen fixieren. Auch Urinmarkieren kann zum Imponierverhalten gehören.

Deutliches Drohen als Steigerung des Imponierens kann im entsprechenden Kontext ebenfalls rangzeigendes/-anmaßendes Verhalten darstellen – z.B. in einem Konflikt um eine wichtige Ressource. Dabei bedeutet „deutlich" zwischen Hunden etwas ganz anderes als zwischen Hund und Mensch. Menschen übersehen häufig feinere, aber in der Hundesprache dennoch sehr aussagekräftige Signale. Auch für das Zeigen von Imponierverhalten gilt: Nur weil einer sagt, dass er einen hohen Status hat, hat er den noch lange nicht. Der Angesprochene muss dies auch bestätigen. Wenn Hund A gegenüber Hund B imponiert, um eine Ressource für sich zu behalten oder zu bekommen, kann Hund B ohne weiteres zurückimponieren – und die Diskussion dauert noch ein wenig, bevor klar ist, wer hier die Ressourcenkontrolle hat.

Attribute eines Ranghohen

Das Hauptattribut des ranghöheren Tieres ist (sehr vermenschlicht) sein Recht, im Bezug auf Ressourcen zu tun und zu lassen, was es will. Das ranghöhere Tier hat alle Rechte auf oder allen Zugang zu Ressourcen und kontrolliert gegebenenfalls den Zugang anderer. Das ranghöhere Tier ist dasjenige Individuum, das soziale Interaktionen initiiert und/oder beendet und das insgesamt viel an sozialem Miteinander innerhalb der Gruppe aktiv steuert. Das ranghöhere Tier ist oft auch für weitere Aktivitäten der Initiator, wie den Angriff auf Feinde oder die Jagd.

Druck erzeugt Gegendruck

Viele Menschen denken nach wie vor, dass sie sich ihrem Hund gegenüber als Chef beweisen, wenn sie ihn ausschimpfen, körperlich züchtigen oder zu etwas zwingen. Ausschimpfen und

So kann es kurz vor dem Foto auf der linken Seite ausgesehen haben: Die Gruppenmitglieder beriechen und bedrängen den jungen Hund – dieser zeigt passives Demutsverhalten.

die Züchtigung sind aus der Sicht des Hundes aggressive Handlungen. Bereits vorhandene Konfliktsituationen können gerade dadurch gefährlich eskalieren, dass Menschen anfangen, den „strafenden Chef" herauszukehren. Wenn Sie dem Hund vorleben, dass Aggression anscheinend das Mittel der Wahl ist, um Konflikte innerhalb der Gruppe zu lösen, wird er es Ihnen mehr und mehr nachtun. Druck erzeugt Gegendruck. Dieses simple physikalische Gesetz gilt auch in solchen Fällen. Dazu kommt, dass Sie durch eine aggressive Gegenreaktion häufig mehr Unsicherheit ausstrahlen als alles andere. Ihr Ziel, sich dem Hund als souveräner Sozialpartner zu präsentieren, wird durch Schimpfen, Zerren, Rucken, Schütteln oder sonst etwas, nicht erreicht. Außerdem erhöhen solche ineffektiven Maßnahmen noch zusätzlich den Stresslevel Ihres Hundes mit allen negativen Konsequenzen (z.B. Absinken des Lernvermögens). Gerade über ein souveränes und wortloses Weggehen, geben Sie viel deutlichere Signale – Sie sind ein souveräner Partner.

Folgen beruht auf Freiwilligkeit

Einem Hund bestimmte Verhaltensweisen aufzuzwingen ist kein Attribut des ranghöheren Tieres. Der sogenannte „Alpha"wolf zwingt seine Rudelkumpane nicht zur gemeinsamen Jagd („Wenn ihr jetzt nicht mitkommt, gibt es Dresche ..."); das hat er nicht nötig. Er steht auf und geht los – wer schlau ist, folgt ihm und hat damit eine Chance auf einen vollen Magen.

Auch ein befolgtes PLATZ-Signal ist kein Zeichen dafür, dass der Hund seinen Menschen als ranghöher anerkennt.

Zwar kann das Hinlegen ein Zeichen von Beschwichtigung sein – aber bei einem befolgten PLATZ handelt es sich in der Regel um ein gut gelerntes Verhalten und nichts weiter. Wenn es sich beim Hinlegen nicht um das Reagieren auf ein gut gelerntes Signal, sondern tatsächlich um Submission handelt, bedeutet dies, dass im Moment des Signals ein Konflikt zwischen Hund und Mensch stattgefunden hätte. Nur dann könnte es für den Hund wichtig sein, sein Gegenüber zu beschwichtigen.

Wie häufig am Tag geben Sie Ihrem Hund Signale? Handelt es sich dabei immer um Konflikte und geht es bei diesen immer um Status? Solch eine Form des Zusammenlebens kann für beide Seiten nicht schön sein, zumal sie permanent das Risiko der Eskalation birgt.

Ranganmaßende Gesten des Menschen gegen den Hund. Aber wer hat die ganze Sequenz initiiert – wer war hier der Aktive?

le Tiere, die regelmäßig Sozialkontakt am Tag brauchen. Es kann in bestimmten Fällen aber wichtig sein, dass Sie dies gezielt zuteilen. Sie streicheln den Hund sehr häufig am Tag – nur nicht immer, wenn der Hund es einfordert.

Komplexe Gefüge im Rudel

Zusammenfassend sei noch einmal gesagt, dass das soziale Gefüge, die hierarchische Struktur von Wölfen und Hundegruppen nicht so einfach ist wie früher gedacht. Auch im Zusammenleben Mensch-Hund läuft es komplizierter. Einzelne Elemente des Zusammenlebens wie: „Wer isst als Erster, wer geht als Erster durch die Tür, wer grüßt wen und wer darf wo schlafen", können u.U. wichtige Faktoren für ein entspanntes Zusammenleben sein – u. U. sind sie es aber nicht. Man findet auch Situationen, wo der Hund aufs Sofa darf, als Erster durch die Tür geht und vom Tisch gefüttert wird, und trotzdem lebt die Gruppe harmonisch und entspannt zusammen.

Aggression, kein Mittel der Wahl

Es muss hier noch einmal betont werden, dass Aggression für Hunde nicht das Mittel der Wahl ist, um hohen Status zu zeigen oder zu gewinnen. Anspruch auf Ressourcen machen Hunde in den meisten Fällen sehr subtil geltend. Eine bestimmte Ressource „ist ihre", und danach kommt u. U. nur noch Blickkontakt (Fixieren) – und den Menschen wird oft gar nicht klar, was da abläuft. Gerade auf der Ebene des Abholens von kurzen Streicheleinheiten oder Aufmerksamkeit können sich wichtige Szenarien abspielen – müssen es aber nicht. Der Hund, der sich an seinen Besitzer drückt und zum Streicheln auffordert, sendet vielleicht eine kurze Information „Ich will das jetzt und ich weiß, dass es mir zusteht". Er kann aber auch nur sein Bedürfnis nach engem Kontakt mit dem Sozialpartner zum Ausdruck bringen.

Dies soll jetzt nicht heißen, dass man Hunde nicht mehr streicheln soll. Im Gegenteil: Es handelt sich um sozia-

Eine Ressouce kann entscheidend sein

Und dann gibt es die anderen Fälle, wo der Hund unter Umständen nachts sogar im Keller schläft, immer als Letzter gefüttert und fast nie beachtet wird, wenn er Aufmerksamkeit will, und trotzdem ist das Zusammenleben problematisch. Unter Umständen spielt nämlich nur eine einzige Ressource und der Zugang dazu die alles entscheidende Rolle in seinen Augen. Vielleicht ist es ein Ball, und der Hund bestimmt alles, was mit und um diesen Ball herum passiert. Da kann er dann unter Umständen schnell aggressiv reagieren, wenn jemand diese Ressource nehmen will. Dies ist umso wahrscheinlicher, wenn er grundsätzlich ein eher unsicherer Hund ist.

Wichtige Ressourcen für Hunde

Steuerung der biologischen Fitness

> Beim Etablieren und Halten einer Statusbeziehung geht es um den Zugang zu Ressourcen und das „geben" mit Ressourcen. Ressourcen sind die wichtigen Elemente/Dinge, mit denen die Steigerung der biologischen Fitness erreicht wird. Hierzu gehören:
>> Futter und Wasser
>> Sozialkontakte (sehr wichtig für ein sozial obligates Lebewesen)
>> das Territorium als Ort, an dem man ungestört verdauen und seinen Nachwuchs großziehen kann.

Keine Wertung von Ressourcen

> Für keine dieser Ressourcen kann man sagen, dass einige generell wichtiger und andere weniger wichtig wären. Die Wichtigkeit und damit die Möglichkeit, darüber Status zu zeigen, ist von vielen Faktoren abhängig und in individuellen Situationen verschieden.

Körperliche Unversehrtheit

> Geht es um die Steigerung der biologischen Fitness, ist auch noch eine andere Ressource wichtig:
>> Die körperliche Unversehrtheit.

Sozialer Status

> Auch der soziale Status an sich stellt ebenso eine Ressource dar, weil er den Zugang zu anderen Ressourcen regelt. Hieran wird wieder deutlich, dass man bei der Beurteilung von Hundeverhalten nicht zu sehr vereinfachen darf. Gerade beim Sozialverhalten und der Sozialstruktur handelt es sich um komplexe Verhaltensweisen und Systeme, die man nicht auf einige wenige Schlagwörter und Strickmuster reduzieren darf.

Recht auf Verteidigung

> Der Hund, der nach dem Besitzer schnappt, wenn dieser ihn vom Sofa ziehen will, kann sich so gegen den „anmaßenden Übergriff auf den Liegeplatz" eines (seiner Meinung nach) Rangniedereren wehren. Er kann aber auch rein zur Verteidigung seiner körperlichen Unversehrtheit schnappen, da er einen Angriff von einem Sozialpartner auf diese fürchtet. Im Wolfs- oder Hunderudel haben alle das Recht, sich zu verteidigen.

Attribute des Ranghöheren

Rangzeigendes Verhalten bei Hunden und Wölfen ist sehr subtil und die Hauptattribute des ranghöheren Tieres liegen im alltäglichen sozialen Miteinander und nicht in den selteneren, wenngleich möglichen, Situationen der aggressiven Auseinandersetzung. Beantworten Sie sich einmal folgende Fragen ehrlich: Wie oft kommt Ihr Hund zu Ihnen und startet die Kommunikation mit Ihnen; wie oft geschieht es andersherum und Sie sind der Initiator? Wie oft wird der Hund gestreichelt oder zumindest angesprochen, wenn er zu Ihnen kommt; wie oft beendet der Hund eine soziale Interaktion und wie oft beenden Sie diese?

Hunde und Kinder

Die meisten Eltern wollen, dass der Hund im Status unter den Kindern steht. Doch den wenigsten ist klar, dass dies erst der Fall sein kann, wenn das oder die Kinder die Pubertät erreicht haben. Vorher wird ein erwachsener Hund immer Statusbeziehungen etab-

lieren, in denen er über den Kindern steht. Dies liegt daran, dass eine Rangbeziehung immer etwas ist, was aktiv zwischen zwei Individuen herausgebildet wird (siehe S. 168). Kinder bis zu einem bestimmten Alter können dabei einfach noch nicht aktiv mitarbeiten. Der Nachwuchs bei Wölfen oder Hunden hat üblicherweise eine niedrige Position in der Gesamthierarchie der Gruppe. Dies liegt unter anderem an den sich erst entwickelnden kommunikativen Fähigkeiten. Ein weiterer Grund mag der sein, dass junge Wölfe und Hunde bis zum Einsetzen der Geschlechtsreife und der sozialen Reife auch keine große Konkurrenz für die älteren Tiere darstellen und so nicht besonders aktiv in die Struktur der Gruppe integriert, sondern eher „am Rande" beteiligt sind; dabei genießen sie natürlich den Schutz der Gruppe.

Immer unter Aufsicht

Neben den Kriterien für den sogenannten Welpenschutz (siehe S. 152) spielt auch dieser Faktor dafür eine Rolle, dass Welpen und auch noch Junghunde – und kleinere Kinder – manchmal

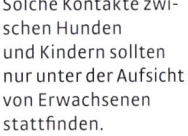

Solche Kontakte zwischen Hunden und Kindern sollten nur unter der Aufsicht von Erwachsenen stattfinden.

Narrenfreiheit von den „Großen" zugestanden bekommen. Aber auch hier bekommt der Nachwuchs seine Warnungen, wenn er die Nase zu weit vorstreckt. Diese Warnungen gehen von subtilen Signalen (Imponieren) bis zu tatsächlichen Drohungen und offensiven Handlungen (Schnappen). Wenn Erwachsene schon so manche Signale von Hunden falsch interpretieren oder übersehen, dann sind Kinder dabei noch stärker gefährdet. Eltern sollten also Kinder und Hunde nie unbeaufsichtigt lassen – zumal Kinder von sich aus auch ihre Späße mit Tieren treiben können.

Steuerung von Verhalten

Eltern können den Kindern auch nicht eine Statusposition gegenüber dem Hund zuweisen. Solche Modelle sind von der Natur nicht vorgesehen. Die Wolfseltern interessiert es herzlich wenig, wie sich die unteren Ränge sortieren und einigen, solange die unteren Ränge sich nicht permanent Ernstkämpfe liefern und damit das Überleben des gesamten Rudels gefährden. Eltern können das Verhalten des Hundes gegenüber Kindern steuern/beeinflussen, solange alle in einem Raum sind. Dies hat aber keine Auswirkungen in die Zukunft. Sind die Eltern abwesend, werden die Karten aus der Sicht des Hundes neu gemischt.

Territorialverhalten

Hunde sind territoriale Lebewesen und das Territorium stellt eine Ressource dar. Man kann zwischen einem Kernterritorium und dem erweiterten Territorium (Aktionsraum) unterscheiden. Das Kernterritorium ist der Bereich, in dem man verdaut, sein Lager hat und den Nachwuchs aufzieht. Das erweiterte Territorium ist das Jagdrevier. Abhängig vom Nahrungsangebot und der Rudelgröße kann es beim Jagdrevier der Wölfe durchaus zu geringfügigen bis größeren Überschneidungen der Reviere einzelner Rudel kommen. Beim Kernterritorium gibt es nie Überschneidungen.

Für unsere Haushunde stellen Haus, Wohnung und/oder Garten wohl die Kernreviere dar.

Züchterischer Einfluss

Wenn unsere heutigen Hunde wie die Wölfe noch regelmäßig ihr Kernterritorium verteidigen würde, hätten wir deutlich mehr Probleme im Zusammenleben Mensch-Hund. Menschen haben über Jahrtausende bei unterschiedlichen Hunderassen auch unterschiedlich ausgeprägtes Territorialverhalten züchterisch geformt. Wir kennen Hunde, die sehr wenig territorial sind, weil es für den vom Menschen vorgesehenen Arbeitseinsatz nicht günstig gewesen wäre. Viele Jagdhunderassen stellen solche Hunde dar und auch Hunderassen, die schon früh für den Einsatz als „Schoßhund" gedacht waren. Bei anderen Rassen mit ursprünglich anderen Gebrauchszwecken wurde Territorialität züchterisch hervorselektiert: bei einigen Wachhunderassen, besonders bei Herdenschutzrassen, sowie bei einigen Hüterassen. Durch ihr Territorialverhalten im Unterschied zu anderen Rassen fallen heute z.B. noch der Hovawart oder der Briard auf und ganz massiv die sogenannten Herdenschutzhunde wie z.B. Owtscharka oder Kangal, um nur einige zu nennen (die Auswahl ist nicht repräsentativ). Dabei muss betont werden, dass die Territorialität innerhalb der einzelnen Rassen unterschiedlich ausgeprägt ist und in unserer heutigen mitteleuropäischen Gesellschaft eigentlich auch kein intensiv verfolgtes Zuchtziel mehr darstellen sollte. Hunde mit einem starken Territorial-

verhalten stellen hohe Anforderungen an den Halter, was Aufzucht und Erziehung/Ausbildung, aber auch die Entwicklung der sozialen Struktur der Gruppe, angeht. Dies bedeutet, dass sehr viel Zeit in den Hund investiert werden muss. Wer einen Hund als Familienmitglied, zum Spaß und eventuell für den hobbymäßigen Hundesport haben will, macht sich, seiner Familie und seiner Umwelt das Leben leichter, wenn er einen (seiner Herkunft nach) weniger territorial veranlagten Hund kauft. Und eine entsprechende Wachfunktion kann solch ein Hund immer noch ausüben.

Risiken und Nebenwirkungen

Warum war die Ausprägung des Territorialverhaltens bei einzelnen Rassen in der Domestikation anscheinend leichter züchterisch zu verändern als andere Verhaltenskomponenten des Wolfes? Territorialverhalten kann eine ungesunde Sache sein, und einige Verhaltensbiologen bezeichnen die Territorialität auch als eine angeborene Verhaltensweise mit deutlichen Nachteilen. Wer aufgrund eines hohen Territorialverhaltens häufiger kämpfen muss, geht auch öfter das Risiko der Niederlage bzw. des Todes ein. Bei Tieren, die nicht in größeren Gruppen leben, sondern allein oder zu zweit ein Territorium gewinnen und halten müssen, steht das Territorialverhalten in direkter Korrelation zum Fortpflanzungserfolg. Territorial ist man dann extrem, wenn ohne Territorium die Chance auf Fortpflanzung gleich null wäre. Dies ist beim Wolf nur bedingt der Fall. Daher ist es auch erklärbar, dass schon beim Wolf das Territorialverhalten nicht als feste Größe und bei allen Tieren gleich ausgeprägt gewesen sein kann. So ist erklärbar, dass über

---

Info Territorium

Wölfe verteidigen ihr Kernterritorium und eventuell auch das weitere Territorium gegen Eindringlinge der gleichen Art und gegen jedwede Feinde anderer Arten.

den Zeitraum der Domestikation sowohl in die eine wie auch in die andere Richtung durch gezielte Zucht eine Selektion möglich war.

Soziale Kompetenz

Es ist ein Ausdruck der sozialen Kompetenz und Flexibilität unserer heutigen Haushunde, dass sie Mitglieder fremder Gruppen und/oder fremder Arten sogar in ihrem Kernterritorium häufig problemlos erdulden. Aber man sollte es nicht als selbstverständlich ansehen, dass dieses immer und überall klappt. Menschen beeinflussen auch hier über Erziehung, wie sich der Hund später benehmen wird. Letztendlich ist auch das Verständnis um die Wichtigkeit von Ressourcen eine Frage der Sozialisation und der weiteren Erziehung. Und so ist es von Sozialisation und Erziehung abhängig, wie wichtig der Hund die Ressource Territorium nimmt und wie massiv er bereit ist, dafür zu handeln bzw. sie zu verteidigen.

„Echtes" Territorialverhalten

Nicht bei jedem Konflikt, der auf dem Territorium stattfindet, muss es sich um einen Konflikt um das Territorium handeln. Ein Hund kann auch auf seinem eigenen Territorium aus anderen Gründen Drohverhalten zeigen oder offensiver reagieren. In individuellen Fällen kann auch einfach die Angst vor einer Verletzung im Vordergrund stehen und der Hund verteidigt sein Leben mehr als alles andere. Auf der anderen Seite hängt das Überleben natürlich wieder davon ab, ob das Territorium im Besitz bleibt oder nicht.

Sie sehen: Um Verhaltensweisen eines Hundes korrekt einzuordnen, muss man in jede Richtung denken und beobachten und sollte nicht gleich bei den ersten offensichtlichen Dingen hängen bleiben.

Echtes Territorialverhalten zeigen Hunde z.B. auch erst nach dem Erreichen der sozialen Reife. Diese tritt bei den verschiedenen Rassen zu unterschiedlichen Zeitpunkten ein. Hunde kleiner Rassen haben die soziale Reife in der Regel mit ca. 12 Monaten erreicht. Bei mittelgroßen bis größeren Rassen kann es bis zum 18. oder sogar 24. Lebensmonat dauern. Für Herdenschutzhunde wie den Owtscharka sagt man, dass die soziale Reife erst mit 36 Monaten erreicht ist.

Der sich nähernde Besucher wird aufmerksam beäugt.

Kommunikation bedeutet Nachrichtenaustausch: Es findet eine Verständigung zwischen biologischen oder technischen Systemen statt. Biologische Systeme sind Lebewesen – also zum Beispiel auch ein Hund und der dazugehörige Besitzer. Kommunikation mit irgendetwas findet immer statt – ein Hund oder Mensch kann nicht nicht-kommunizieren. Jeder Hundebesitzer kommuniziert intensiv dann mit seinem Hund, wenn er oder sie mit ihm trainiert.

Die drei Elemente der Kommunikation

Kommunikation bedeutet, dass Signale von einem Sender zu einem Empfänger übertragen werden. Die Signale tragen dabei einen bestimmten Informationsgehalt. Erst wenn alle drei Elemente vorhanden sind (Sender, Signal und Empfänger), haben wir es mit Kommunikation zu tun. Dabei merkt der Sender am Verhalten des Empfängers nicht nur, ob sein Signal überhaupt angekommen ist, sondern auch, ob es verstanden wurde. Brüllen Sie Ihrem Hund das Wort PLATZ zu, merken Sie u. U. am Zurückzucken des Hundes, dass es angekommen ist. Legt er sich jetzt auch noch hin, wissen Sie mit Gewissheit, dass das Signal nicht nur angekommen ist, sondern auch der Informationsgehalt so verstanden wurde, wie Sie es erhofft hatten. Was ist, wenn der Hund zwar zuckt und in Ihre Richtung guckt, aber dabei stehenbleibt? Oder wenn er sich setzt? Dann ist zwar „etwas" bei ihm angekommen (sein Trommelfell tut vielleicht auch weh), aber es wurde nicht verstanden oder es wurde mit einem anderen Sinn verstanden. Diese Information erhalten Sie aus dem Verhalten des Hundes – und damit hat der Hund Ihnen etwas gesendet und Sie waren der Empfänger.

Eine gelungene Kommunikation: Der Hund kommt, wenn er gerufen wird.

Signale werden mit verschiedenen Medien übertragen und durch verschiedene Organe aufgenommen. Wir kennen akustische, optische, taktile, gustatorische und olfaktorische Signale. Akustische Signale (Geräusche) werden mit den Ohren aufgenommen; optische Signale mit den Augen; taktile Signale (Berührungen) mit den entsprechenden Sinnesorganen in der Haut; olfaktorische Signale (Geruch) mit der Nase und gustatorische (Geschmack) mit der Zunge.

Bedeutung von Signalen

Die jeweilige Information von bestimmten Signalen muss gelernt werden. Kinder lernen Sprechen und später das Alphabet und damit Lesen und Schreiben. Dies ist unsere Hauptform der Kommunikation: Worte als Signale mit entsprechender Information – entweder gesprochen oder ge-

Dieser Hund kommuniziert nicht mit seinem Menschen, das Signal (Handzeichen) wird nicht wahrgenommen. Der Mensch wiederum zeigt mit seiner Körpersprache kein eindeutiges Signal.

schrieben. Hunde haben als Hauptform der Kommunikation innerhalb ihrer sozialen Gruppe die Körpersprache. Erst zweitrangig kommt bei Hunden die Lautsprache (Bellen, etc.) dazu. Welpen lernen den Informationsgehalt von bestimmten Signalen in der Sozialisationsphase. Sie lernen z.B., dass ein Drohfixieren eines älteren Rudelmitgliedes für bestimmte Situationen die Information beinhaltet: „Hör auf/Geh weg/Lass es sein". Der Welpe lernt den Informationsgehalt dieses Signals auf die harte Tour. Anfangs wird er nichts damit anzufangen wissen und nicht weggehen. Darauf folgt vielleicht ein Nasenrückenrunzeln und Zeigen der Zähne beim Älteren. Vielleicht wird auch schon geknurrt. Auch diese Signale wird der Welpe anfangs nicht kennen. Nun wird u. U. geschnappt. Der Welpe erschreckt sich und vielleicht tut es auch kurzfristig weh. Er lernt: Drohfixieren bedeutet, eine Handlung im eigenen Interesse abzubrechen, denn sonst wird es ungemütlich. Das Signal „Drohfixieren" ist mit einem ersten Inhalt, einer ersten Information gefüllt. Später kommen noch andere hinzu. Der Welpe lernt, dass bestimmte Signale in jeweils bestimmten Situationen unterschiedliche Informationen tragen können. Wem das Lernen dieser Signale und der Informationen vorenthalten wird, der kann später in der Gruppe, in der diese Signale zur Kultur gehören, nicht mitreden. Kaspar Hauser ist sicher das bekannteste Beispiel dafür, dass das eben Beschriebene auch für uns Menschen gilt.

Deutliche Signalübermittlung

Ein Signal ist nicht aus sich heraus mit Information gefüllt. Information entsteht nicht „irgendwo da draußen im luftleeren Raum". Der Sender muss sein Signal mit Information füllen, und er tut gut daran, dafür zu sorgen bzw. sich zu vergewissern, dass der Empfänger mit dieser Information etwas anfangen kann. Genau dafür ist üblicherweise der Sender zuständig. Wenn er will, dass die Kommunikation klappt, muss er Arbeit investieren. Allerdings wird diese Arbeit dem Sender in der Regel dort leicht gemacht, wo Sender und Empfänger aus der gleichen Kultur stammen und/oder der gleichen Art angehören. Für den Hund ist es unmöglich, den Informationsgehalt menschlicher Signale zu hinterfragen. Also ist der Mensch dafür verantwortlich, dass der Hund versteht, was man von ihm will. Dies ist eine (und meiner Meinung nach die wichtigste) Komponente beim Training. Sehr sorgfältig muss dem Hund beigebracht werden, was das Zischgeräusch SITZ bedeutet, das heißt, welches Verhalten der Hund als Reaktion darauf zeigen soll. Hier tappen Menschen oft in Fallen. Auf meine Frage „was bedeutet für Sie das Signal SITZ, antworten die meisten: „Na ja, er soll sich hinsetzen; ist doch klar, oder?" Nein, so klar ist das nicht. Soll er kurz mit dem Hinterteil den Boden berühren und darf dann gleich wieder aufstehen? Oder soll er solange sitzen bleiben, bis ein anderes Signal kommt? Darf er noch drei Schritte weiterlaufen oder soll der Po sofort nach unten? Soll er sich zu Ihnen umdrehen oder sich sogar an Ihre linke Seite setzen? Darf er beim Sitzen am Boden schnuppern oder soll er Sie die ganze Zeit ansehen? Je sauberer und konkreter Sie Ihr Signal mit Informationen füllen, desto besser kann der Hund gehorchen und desto mehr wird er Ihre Erwartungen erfüllen.

Intensive Kommunikation zwischen Hund und Mensch – das Signal wird wahrgenommen.

Körperhaltung

Neutral

Körper und Schwanz in rassenüblicher Grundstellung . Entspannter Gesichtsausdruck: Augen fokussieren neutral (Aufmerksamkeit).

Imponieren

Körper groß gemacht und leicht nach vorn geschoben, Beine steif durchgedrückt, Schwanz hoch getragen.

Spiel

Übertriebene Bewegungen und schneller Wechsel von diversen Körperstellungen ohne „Ernstbezug". Typisch ist die „Vorderkörpertiefstellung".

Unsicherheit

Körper zusammengeschoben und leicht nach hinten gedrückt, eingeknickte Gliedmaßen („kleine Gestalt"), Schwanz unter den Bauch gezogen, Hals eingezogen. Dieses Bild wird abgestuft auch bei Submission gezeigt.

Mimik

Angstgesicht

Augen aufgerissen, große Pupillen, Blick nicht fokussiert, Maulspalte und Lefzen lang nach hinten gezogen, Ohren hinter den Kopf an den Nacken gelegt, Stirnhaut glatt.

Submissionsgesicht

Es sieht so aus wie das Angstgesicht. Allerdings sind die Pupillen oft nicht so stark erweitert und die Ohren sind nicht so streng an den Nacken gelegt.

Drohgesicht (eher unsicher)

Angstgesicht; zusätzlich möglich: Nasenrückenrunzeln, geöffnete lange Maulspalte mit mehr oder weniger entblößten Zähnen. Schnappen/Klappen der Kiefer.

Spielgesicht

Übertriebenes Zeigen von allen möglichen Gesichtsformen im schnellen Wechsel und ohne dass sie im Kontext zusammenpassen. Die Augen fokussieren oft auf das Gegenüber.

Entspanntes Gesicht

Ohren, Lefzen, Augen und Kopfhaut entspannt in der rassenüblichen Grundstellung.

Imponiergesicht

Glattes Gesicht; hochgestellte Ohren, die nicht ganz nach vorne gerichtet sind. Geschlossenes Maul, leicht nach hinten gezogene Lefzen. Augen abgewandt oder kurzer Fokus im Wechsel mit Abwenden

Drohgesicht (eher sicher)

Imponiergesicht; zusätzlich möglich: Nasenrückenrunzeln, geöffnete kurze Maulspalte mit wenig entblößten Zähnen. Klappen der Kiefer. Augen fokussieren oder fixieren.

Die Beschreibungen sind „Vollbilder" – Abstufungen sind jederzeit möglich.

Gezielte Kommuni-
kation über Geruch

Körpersprache und Mimik

Hunde setzen ihren ganzen Körper ein, um optische Signale zu senden. Die Körperhaltung an sich, aber z. B. auch die Position von Lefzen, Ohren, Rute oder Kopf besitzen Signalfunktion. Gerade hier haben Menschen durch die Zucht auf äußere Erscheinungsformen Probleme in der zwischenhundlichen Verständigung provoziert. Auch das nun glücklicherweise verbotene Kupieren von Ohren und Schwänzen hat dem Hund Kommunikationsmöglichkeiten genommen. Hunde mit viel „Wolle im Gesicht" können ihre Lefzen vielleicht bis zum Muskelkater bewegen – das Gegenüber kann es nur leider nicht sehen. Hunde mit sehr langen schweren Ohren können kaum Signale damit senden, weil sie immer relativ gleich herunterhängen.

Probleme in der sozialen Kommunikation entstehen dort, wo dem Hund die Möglichkeit zur optischen Verständigung genommen wurde. Maßstab für alle Kommunikation ist dabei immer der Wolf als das Bild des ursprüng-lichen Hundes. Ein erwachsener Wolf kann über die unterschiedliche Stellung von Lefzen, Gesichtshaut, Ohren, Augen etc. über sechzig verschiedene Gesichter zeigen. Stellen Sie sich jetzt einen Hund mit hängenden Lefzen, angeborenen Falten im Gesicht, kleinen und unbeweglichen Schlappohren und u. U. noch einer platten Nase vor. Um die möglichen verschiedenen Gesichter zu zählen, braucht man nur die Finger einer Hand.

Konfliktlösung

Probleme in der Kommunikation sind oft der Motor für Konflikte – die dann auch aggressiv ausgetragen werden können. Insgesamt dient auch die Kommunikation einem Zweck: Steigerung der biologischen Fitness. Über Kommunikation werden Konflikte geklärt. Über Kommunikation wird aus einem Sozialpartner u. U. ein Fortpflanzungspartner. Über Kommunikation, und dies ist ein wichtiger Punkt, wird der Ernstkampf verhindert/vermieden, wo es nur geht.

Die Welt der Gerüche

Hunde können bewusst und unbewusst „Duftspuren" hinterlassen. Unbewusst tun sie es über die Haut, besonders an den Pfoten. Sie hinterlassen ihr ganz individuelles „Körperparfüm", wenn sie irgendwo gelegen haben oder entlanggegangen sind. Bewusst wird Duft über das Markieren mit Urin oder Kot und über das Markieren mit Analsekret hinterlassen. Dabei stellt das Markieren mit Kot eine Kombination aus einer geruchlichen und einer optischen Markierung dar – ebenso wie das Scharren nach dem Kot- oder Urinabsatz auch eine optische Signalwirkung hat.

Markieren über Urin

Rüden markieren häufig mit Urin. Ab dem Erreichen der Geschlechtsreife stellen sie sich dazu auf drei Beine, heben ein Hinterbein so hoch wie möglich und spritzen kleinere Mengen Urin an den zu markierenden Gegenstand. Zum Teil wird nach dem Urinabsatz noch heftig mit den Hinterbeinen gescharrt. Neben der wohl eher zweitrangigen Verteilung des Geruchs wird so auch noch eine optische Markierung gesetzt.

Was viele Hundebesitzer verunsichert bis verblüfft: Auch Hündinnen markieren mit Urin, und sie tun es zum Teil auch auf drei Beinen. Ich kannte sogar einmal eine Hündin, die regelmäßig Handstand auf den Vorderbeinen machte, um ihre paar Tropfen Urin möglichst hoch an den Baum oder die Wand zu spritzen. Der Urin trägt bei den Hunden je nach Geschlecht, Alter und/oder Gesundheitszustand verschiedene Informationen.

Markieren über Kot

Während Wölfe tatsächlich recht häufig mit Kot markieren, ist dies bei unseren Hunden seltener. Für das immer engere Zusammenleben zwischen Hund und Mensch bzw. das Teilen von immer weniger Raum zur gemeinsamen Nutzung ist dies nur praktisch. Hürden- und Zick-zacklauf um und über „Tretminen" auf den Wegen ist nicht spaßig.

Man kann Hunde gut trainieren, ihren Kot abseits von Wegen und Liegewiesen abzusetzen, und dies wäre für alle Hundebesitzer eine der einfachsten Maßnahmen, um Konflikten zwischen Hundehaltern und Nichthundehaltern vorzubeugen. Vielleicht hat hier im Laufe der Domestikation eine der deutlichsten Selektionen auf Ver-

haltensveränderungen vom Wolf zu Hunden, egal welcher Rasse, stattgefunden. Die wenigsten Menschen fänden es wohl schön, wenn ihr Hund den Rand seines Kernterritoriums (= Haus, Wohnung, Garten) regelmäßig mit Kot (bzw. überhaupt) markieren würde.

Markieren über Analsekret

Analsekret wird aus den Analdrüsen abgesondert, die rechts und links neben dem After des Hundes liegen. Dieses sehr ölige Sekret ist bei jedem Hund ein ganz individuelles Parfüm. Es wird beim Kotabsatz aus den Drüsen herausmassiert und ist die eigentliche individuelle Geruchskomponente des Kots. Hunde können Analsekret aber auch gezielt absondern und damit wie mit Urin markieren. Sie tun dies, indem sie den Schwanz heben, den Rücken aufkrümmen und das Hinterteil mit feinen und kurzen Trippelschritten der Hinterbeine gegen das zu markierende Objekt wenden. Manchmal können sie das Hinterteil auch am zu markierenden Gegenstand reiben.

Ergänzend zum Geruch wird durch das Scharren eine optische Markierung gesetzt.

Der ältere Hund erträgt leicht genervt die aktive Demut (Maulwinkel-stoßen und -lecken) des jüngeren Hundes.

Die Zeitung der Hunde

Außerhalb des direkten sozialen Kontaktes stellen olfaktorische Signale sicher das wichtigste Kommunikationsmittel des Hundes dar. Der Hund kann anhand der Duftspuren nicht nur feststellen, wer einen bestimmten Weg entlanggegangen ist, sondern auch noch sagen, wann dies war und in welcher Stimmung sich der andere befand, ob er z.B. Angst hatte. Besonders das Analsekret kann bei massiver Angst oder Panik auch schlagartig aus den Analdrüsen entleert werden.

Die Suche nach Nähe

Hunde setzen ihren Körper ein, um taktile Signale zu geben. Sie können rempeln, schieben, anspringen, mit den Pfoten oder dem Kopf stoßen, ein Körperteil sanft gegen ihr Gegenüber drücken etc.

Gegenseitige Körperpflege

Viele taktile Signale werden mit der Zunge und den Zähnen bzw. der Schnauze als ganzes gegeben. Die Zunge wird für die eigene Körperpflege und auch für die entspannte gegenseitige Körperpflege benutzt. Dieses sogenannte Allogrooming wird zwischen befreundeten Hunden ausgetauscht und auch von der Mutter gegenüber den Welpen gezeigt. Es dient der Bestätigung und Stabilisierung der gegenseitigen Bindung und findet eigentlich nur im entspannten Kontext statt. Hierzu gehören ebenfalls ein vorsichtiges gegenseitiges Fassen und Knabbern mit den Zähnen, das sogenannte Gnabbeln oder Gniepen. Besonders der Kopf-, Hals- und Schulterbereich ist bei den erwachsenen Hunden Gegenstand solchen Allogroomings.

Schnauzenzärtlichkeiten

Ein besonderes Element ist die sogenannte „Schnauzenzärtlichkeit". Ein Hund umfasst vorsichtig mit seiner geöffneten Schnauze die geschlossene Schnauze des anderen. Hunde zeigen diesen Einsatz ihrer Schnauzen auch gegenüber uns Menschen – und es sollte vom Menschen im Hinblick auf eine stabile Bindung geduldet und erwidert werden. Dabei muss der Mensch ja nicht unbedingt sein eigenes Gesicht anbieten – er kann diese Form der taktilen Kommunikation gut mit den Händen durchführen.

Begrüßung mit der Schnauze

Manche Signale können ihre Bedeutung im Laufe eines Hundelebens ändern. Ein schönes Beispiel hierfür ist das Anspringen. Viele Hunde tun es – und sie tun es, weil es grundsätzlich angeboren ist und ein Überleben sicherndes Verhalten darstellt. Anfangs ist das Anspringen ein Signal aus dem Funktionskreis des Nahrungserwerbs. Wenn die Welpen abgestillt werden, bringt die Mutter (in der Natur) in ihrem Magen geschlagene Beute ins Nest. Die Welpen springen an der Mutter hoch, stoßen mit ihren Vorderpfoten gegen die Schnauze und den oberen Hals und belecken die Mundwinkel der Mutter. Auf dieses Signal hin (und nur auf dieses Signal hin) würgt die Mutter reflexartig die Beute hervor, und die Welpen können das vorverdaute Futter fressen. Wer nicht anspringen kann, bleibt u. U. hungrig! Später, wenn vorverdaute Nahrung nicht mehr nötig ist und das Anspringen mit Maulwinkellecken in diesem Zusammenhang darum auch nicht mehr, ändert das Anspringen seine Bedeutung. Es wird ein Begrüßungssignal, das von den Welpen und Junghunden gegenüber älteren und möglicherweise im Status höheren Rudelmitgliedern gezeigt wird. Es übernimmt eine „Deeskalationsfunktion", und bedeutet soviel wie: „Guten Tag, schön dass du da bist. Ich bin klein und dumm und will dir nichts Böses, und wenn du vielleicht auch schlecht gelaunt nach Hause kommst, bitte tu mir nichts". Die übliche und „korrekte" Reaktion des älteren Tieres darauf wäre vielleicht noch ein kurzer Körper- oder Blickkontakt, danach dann aber ein Ignorieren bzw. Übergehen zur Tagesordnung.

Enger Körperkontakt ist unter Freunden etwas Wichtiges und Schönes.

Links wird der Hund für das Anspringen durch Aufmerksamkeit belohnt.

Rechts springt er ins Leere und man kann ihn belohnen, wenn vier Pfoten auf der Erde sind.

Besser ignorieren statt reagieren
Nun können Sie vermutlich nachvollziehen, warum es Menschen selten gelingt, einem Hund das lästige Anspringen mit Schimpfen abzugewöhnen. Für den Hund bedeutet dies nämlich nur, dass er bei seinen Bemühungen zur Entschärfung der Situation nicht erfolgreich war – der Mensch reagiert ja aggressiv (Schimpfen etc.). Da der Hund nicht aus seiner Haut als Hund herauskann, ist es für ihn zunächst naheliegend, die Verhaltensweise „Anspringen" nicht aufzugeben – denn sie wäre ja hier die adäquate Form der Kommunikation. Und so entwickelt sich ein Kreislauf: Der Hund springt an – der Mensch schimpft – der Hund zieht sich eventuell kurzfristig zurück (besonders, wenn vom Menschen auch körperliche Bedrohung kommt) – der Hund springt bei der nächsten sich bietenden Gelegenheit wieder hoch (u. U. schneller und höher als vorher, um mögliche Missstimmung im Voraus zu

deeskalieren) – der Mensch schimpft. Es gibt Menschen, die spielen dieses Spielchen ein Hundeleben lang mit.

Warum Hunde bellen

Akustische Signale haben den Vorteil, dass sie über weite Distanzen gesendet werden können. Sie haben darum wie keine andere Signalgruppe zumindest für erwachsene Wölfe die Funktion der Gruppenzusammenführung, der Stimmungsübertragung auf Distanz und bieten die Möglichkeit der Steuerung gemeinsamer Aktivitäten, z.B. auf der Jagd. Akustische Signale stellen nicht nur eine Form der Verständigung innerhalb einer Art oder einer sozialen Gruppe dar – sie verraten auch einem Feind den jeweiligen Standort des Senders. Im Tierreich werden darum derart laute akustische Signale wie z.B. das Chorheulen der Wölfe nur von Arten gezeigt, die entweder in der Nahrungskette sehr weit oben stehen, oder gute Fluchtmöglichkeiten haben (z.B. Vögel). Vögel benutzen ihren Gesang unter anderem, um für die Brautwerbung auf sich aufmerksam zu machen – haben dabei aber die Möglichkeit, einem herankommenden Raubfeind einfach davonzufliegen. Hunde- und Wolfswelpen benutzen akustische Signale ebenfalls dazu, um auf sich aufmerksam zu machen. Sie können bestimmte „Distressgeräusche" absondern. Diese zeigen sie z.B. bei Hunger oder wenn ihnen kalt ist. Im sozialen Kontext werden Geräusche bei Wölfen und Hunden sekundär zur Verstärkung und „Unterstützung der optischen Argumente" eingesetzt.

Unterschiede Wolf/Hund

Wölfe und Hunde zeigen gleiche Gruppen von akustischen Signalen. Im Laufe der Domestikation hat es aber Veränderungen in Intensität und Qualität gegeben. Hunde bellen z.B. deutlich häufiger und zeigen dabei mehr Variationen von tonalen und atonalen Lauten als Wölfe. Dies wurde von Menschen sicher bewusst selektiert, weil eine deutliche Lautäußerung für bestimmte Arbeitseinsätze des Hundes erwünscht war. Zum anderen hat vermutlich auch eine nicht bewusst vom Menschen kontrollierte Verschiebung hin zu anderen Lautäußerungsschwerpunkten stattgefunden. Hunde mussten und müssen mit dem Sozialpartner Mensch anders kommunizieren als mit dem Sozialpartner Hund. Hinzu kam, dass auch die optische Kommunikation unter Hunden durch die zuvor genannte Selektion auf bestimmte äußere Erscheinungen erschwert war. Was lag also näher, als hier im Laufe der Jahrtausende eine variationsreichere akustische Kommunikation zu entwickeln, um die Probleme bei der optischen Kommunikation etwas auszugleichen?

Trotzdem liegt aber auch zwischen Hund und Mensch zumindest vom Hund aus der Schwerpunkt innerhalb der engeren sozialen Kommunikation immer noch bei der Körpersprache. Dies bedeutet, dass Hunde im Training zunächst einfacher ein optisches Signal (z.B. Handsignal) lernen, als ein akustisches.

Eine andere Möglichkeit ist, gleich in die Hocke zu gehen. So hat der Hund keine Gelegenheit zum Hochspringen.

Akustische Signale

Mucken

Mucklaute werden nur innerhalb der ersten drei Lebenswochen bei minimalem Stress gezeigt; sowohl bei beginnendem als auch bei abklingendem Unwohlsein. Aus ihnen entwickeln sich später die Brummlaute, die ältere Tiere bei Wohlbehagen, aber auch bei einer sehr kurzen und nicht intensiven Störung zeigen.

Murren

Murrlaute sind ebenfalls ein Zeichen von Unwohlsein/Stress. Die Welpen zeigen sie bei stärkerem bis starkem Unwohlsein, und aus ihnen entwickeln sich später die Knurrlaute.

Fiepen

Welpen fiepen bei Schreck oder Schmerz, aber auch bei andauerndem Stress, wenn das Murren keinen Erfolg gebracht hat. Dabei können Fieplaute im Extremfall auch „geschrieen" werden.

Winseln

Winsellaute treten auf, wenn Welpen schon einige Wochen alt sind und werden ein ganzes Hundeleben hindurch gezeigt. Bei psychischem Unwohlsein (Unsicherheit, aktive Demut, Isolation) wird mehr oder weniger lautes Winseln geäußert. Winselnde Welpen bewirken in ihrem Rudel Unruhe und erreichen eine sofortige freundliche Kontaktaufnahme aller Rudelmitglieder mit ihnen.

Brummen

Brummlaute werden von älteren Tieren bei Wohlbehagen, oder bei einer kurzen und nicht intensiven Störung gezeigt.

Heulen

Auch Hunde zeigen dieses wolfstypische akustische Signal, allerdings sehr viel seltener. Bei Hunden tritt es zumeist als „Loneliness-Cry" auf – wenn der Hund isoliert von den anderen Sozialpartnern ist und eine Gruppenzusammenführung bewirken will. Hunde können auch in den Loneliness-Cry anderer einstimmen.

Knurren

Zu Beginn bzw. kurz vor Beginn der Sozialisationsphase fangen Welpen an, Knurrlaute zu äußern. Sie werden anfangs sehr undifferenziert im Sozialspiel gezeigt und scheinen mehr ein Ausdruck für eine generelle Erregung als eine differenzierte Form der Kommunikation zu sein. Erst im Laufe der Sozialisation wird Knurren zu einem Signal, das Droh- und Warnfunktion im entsprechenden sozialen Kontext hat, aber auch weiterhin durchaus als Zeichen der Erregung im Spiel oder bei der Jagd eingesetzt wird.

Bellen

Bellen stellt eine stoßhafte Lautäußerung bei mehr oder weniger geöffnetem Maul dar. Welpen zeigen ein infantiles Bellen als Einzellaut. Im Spiel zeigen Hunde ein Spielbellen, das tonal und atonal auftreten kann. Besonders das atonale Spielbellen wird geäußert, wenn aus Spiel Ernst zu werden droht, z.B. bei Überschreiten der Schmerzgrenze bei Beißspielen von Welpen. Bellen kann sich darüber zu einem Drohsignal entwickeln. Es ist eines der wenigen Signale, die auch in räumlich engeren sozialen Situationen unfokussiert, also nicht konkret gegen einen Sozialpartner gerichtet, sind (Hunde bellen einfach in den Raum). Echtes Drohbellen ist ein sehr tiefer Laut, der häufig in einer schnellen Folge von drei Einzellauten geäußert wird. Das häufig beschriebene „Wuffen" stellt ein gedämpftes Warnbellen dar.

Ein akustisch ausgetragener Konflikt zwischen Labrador und dreibeinigem Mischling bei der ersten Begegnung. Als der Labrador wegsieht, hört der Mischling auf zu bellen und wird dafür belohnt.

Strategien des Zusammenlebens

Dominanz- und Submissionssignale

Bei sozialen Lebewesen spielt die Kommunikation eine wichtige Rolle zur Steigerung der biologischen Fitness. Gerade die Entwicklung von Imponier-, Deeskalations- und Beschwichtigungssignalen soll die Klärung eines Konflikts per Ernstkampf drastisch verringern. Der Ernstkampf bietet für beide Teilnehmer ein nicht unerhebliches Verletzungsrisiko. Die möglichen Kosten liegen auch für den Gewinner hoch, denn womöglich schafft es der Verlierer ja vor dem Tod noch, den Gewinner so zu verletzen, dass dieser zehn Tage später an einer Infektion stirbt oder verhungert, weil er aufgrund der Verletzung keine Beute erlegen kann. Also wird zunächst versucht, die Angelegenheit im Kommentkampf (ritualisierter Kampf) zu klären. Gut bewaffnete soziale Tiere haben Strategien des Zusammenlebens entwickelt, um das genannte Risikopotenzial, das ja für alle Rudelmitglieder gilt, niedrig zu halten. Sie haben eine Form des Zusammenlebens entwickelt, die auf dem Zeigen

von Status und Submission basiert und den Ernstkampf weitestgehend überflüssig macht.

Veränderungen im Verhalten

In der Domestikation vom Wolf zum Hund haben sich innerhalb des Verhaltensrepertoires kleine Veränderungen ergeben. Die grundlegenden Strukturen sind beim Hund und Wolf gleich bis sehr ähnlich. Nichtsdestotrotz hätte auch ein gut an Hunde sozialisierter Hund Probleme, sich in einem Wolfsrudel perfekt zurechtzufinden. Dies würde erst funktionieren, wenn der Hund auch an Wölfe sozialisiert worden wäre. Hunde haben im Zuge der Domestikation auch neue soziale Kommunikationsformen entwickelt. Ein gutes Beispiel ist neben der Vokalisation (siehe S. 193) das sogenannte „Trampeln" mit den Vorderpfoten, das häufig als Spielaufforderung gezeigt wird. Wölfe, die in einer gemischten Gruppe mit Großpudeln gehalten wurden, reagierten darauf trotz Sozialisation an die Pudel ängstlich-unsicher und mit Rückzug, gingen nicht auf die Spielaufforderung ein. Andere Spielsignale der Pudel konnten sie gut verstehen.

Soziale Verhältnisse

Begegnen sich zwei fremde Hunde auf dem Spaziergang, herrscht zwischen diesen noch kein etabliertes Verhältnis. Dies kann sich erst nach einigen Inter-

aktionen und Informationsaustausch entwickeln. Man kann diese fremden Hunde, die sich auf dem Spaziergang begegnen (unter Umständen noch in deutlicher Nähe zu einem oder beiden Kernterritorien), mit den Angehörigen zweier konkurrierender Wolfsrudel vergleichen.

Üblicherweise würde man sich aus dem Weg gehen, wo kein dringender oder zwingender Grund vorhanden wäre, miteinander zu kommunizieren bzw. miteinander zu kämpfen. Angehörige fremder Wolfsrudel beißen sich auch nicht immer sofort tot, wenn sie sich unterwegs treffen. Es könnte jedoch dazu kommen, z.B. wenn das Nahrungsangebot generell klein ist. Und das Risiko einer aggressiven Auseinandersetzung steigt natürlich, je weiter sich der Angehörige des fremden Rudels dem Kernterritorium des anderen Rudels genähert hat.

Zusammentreffen im Territorium

Überschneidungen der Territorien haben wir bei unseren Haushunden permanent – unsere Umwelt ist einfach zu dicht besiedelt. Selbst wenn man den Territoriumsbegriff für unsere Haushunde im Verhältnis zum Wolf etwas anders definieren muss – es ist ein Zeichen für hohe soziale Flexibilität, Kompetenz und letztendlich auch perfekte Domestikation, dass eigentlich kaum Beißzwischenfälle oder sogar Todesfäl-

le unter Hunden auftreten. Hin und wieder kommt es doch zu Zwischenfällen – bei denen allerdings der echte Ernstkampf deutlich im Hintergrund steht. Zwischen Hunden wird eher laut gedroht, und man steigt eventuell in einen ebenfalls lauten Komentkampf mit Schnappen ein. Ein echtes ungehemmtes Beißen kommt kaum vor.

Zeigen, was man hat

Gegenseitiges Imponieren und Beschwichtigen bedeutet, den anderen „abzuchecken" und dabei selbst zu zeigen, was man hat oder wer man ist. Dies geschieht in dyadischen Interaktionen (Zweierinteraktionen). Auch wenn sich mehrere Hunde treffen, kommt es kurzfristig zu vielen einzelnen Dyaden. Für den beobachtenden Menschen mag es ein großes Gewusel sein (jeder schnuppert an jedem), für die Hunde werden aber streng sortiert Informationen ausgetauscht. Hunde zeigen sehr ritualisierte Verhaltensweisen in der Begrüßung untereinander – wenn sie die Möglichkeiten hatten, dies als Welpen zu lernen. Je ritualisierter, d.h. je bekannter und geordneter die Begrüßung und der Informationsaustausch abläuft, desto geringer ist die Gefahr einer Eskalation. Was für Menschen dabei manchmal nicht nachvollziehbar ist, ist die Tatsache, dass dieses Abchecken auch Drohsignale, z.B. lautes Knurren oder Bellen, beinhalten kann.

Austausch von Informationen

Hunde versuchen zunächst optisch, und dazwischen auch olfaktorisch, Informationen über den anderen zu bekommen und auch selbst welche zu geben. Man zeigt z.B. gleich von Anfang an körpersprachliche Signale des Imponierens, der Unsicherheit und/oder Submission.

können sich die Hunde auch mehrmals gegenseitig umkreisen. Ein Abbrechen und Seiner-Wege-Gehen ist dabei zu jeder Zeit möglich, wenn genug Information auf beiden Seiten ausgetauscht wurde und die Situation für beide beteiligten Hunde klar ist. Man kann keine Richtzahlen wie „immer drei Mal umkreisen" oder „über zwei Minuten wird es kritisch" geben.

Besitzer müssen ihren Hunden genügend Zeit für solch intensive Begrüßungen geben.

Es gibt Situationen, wo sich Hunde nur auf Distanz verständigen, und es kommt zu keiner Körperberührung. Unter Umständen läuft ein ängstlicher Hund einfach nur schnell an einem anderen vorbei.

Zeigen, wer man ist

Kommt es zu engerem Kontakt, wird vielfach zunächst beschnuppert. Man beschnuppert sich gegenseitig im Kopfbereich, im Afterbereich und an den Geschlechtsteilen. Auch darüber, wer sich beschnuppern lässt bzw. wer der Aktivere beim Beschnuppern ist, werden Informationen über eine angestrebte soziale Position deutlich gemacht.

Hunde können dann weitere Informationen herauskitzeln bzw. zum Abchecken geben: Akzeptiert der andere, wenn ich ihm die Pfote auf den Rücken lege, oder nicht? Bei diesen Sequenzen

T-Stellung

Ein häufig zu beobachtendes Element bei diesen Interaktionen ist die sogenannte „T-Stellung". Hier stellt sich ein Hund einem anderen so in den Weg, dass der eine den Balken des T bildet und der andere den vertikalen Strich. Früher wurde immer pauschal gesagt, dass der, der den Balken darstellt, der Gewinner ist. Dies gilt nicht mehr so absolut, da sich Situationen zwischen Hunden in Sekundenbruchteilen ändern und umsortieren können. Was man sicher sagen kann, ist, dass der Hund, der den Balken bildet, der Aktivere war, denn er hat sich dem anderen in den Weg gestellt. Ob diese eine Episode der Interaktion über Dominanz oder Subdominanz entscheidet, hängt letztendlich davon ab, was der andere Hund macht oder erreichen möchte (er könnte dem anderen ja z.B. die Pfote auf den Rücken legen).

Demutsgesten

Im Verlauf des Informationsaustausches kann einer der Hunde auch irgendwann deutliche Demutsgesten zeigen. Abhängig von der jeweiligen Situation kann es dazu kommen, muss aber nicht. Je mehr Drohsignale auf einer oder beiden Seiten geäußert werden, desto häufiger kommt es dann aber auch von einem der Partner zur

gar nicht hinterherkommen und unter Umständen übersehen, dass der Hund, der gebissen wurde, den anderen kurz vorher provoziert hatte. Die Aussage, dass sich ein auf dem Rücken liegender Hund generell ergeben hat, ist ein Überbleibsel aus den frühen Sechziger Jahren des letzten Jahrhunderts. Aus bestimmten Beobachtungen haben Forscher damals diese These hergelei-

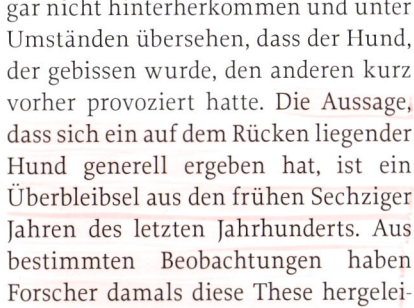

deutlichen Submission – oder die Angelegenheit könnte sich auf einen Kampf oder auf eine Flucht des einen hin zuspitzen. Dabei muss noch einmal deutlich gesagt werden: Der Ernstkampf unter Hunden ist viel seltener, als Besitzer häufig meinen.

Hat sich nun ein Hund, der auf dem Rücken liegt, immer unterworfen? Die Antwort ist ein klares Nein! Leider steht in vielen Gesetzen zum Schutz vor gefährlichen Hunden eine unglückliche Formulierung: Ein Hund ist dann als gefährlich zu bezeichnen, wenn er einen anderen Hund trotz dessen artüblicher Unterwerfungsgestik gebissen hat. Aus dem eben Gesagten wird schon deutlich, dass in einer Interaktion Hund – Hund in schneller Folge beide hintereinander Submissions-, Imponier- und/oder Drohsignale zeigen können. Dies geht so schnell, dass ungeübte Laien mit dem Gucken

tet. Sie sahen, dass Hunde in einer agonistischen Auseinandersetzung solche Positionen innehatten. Einer lag unten, einer stand darüber – und wenn der obere wegging, war klar, dass er der „Gewinner" in dieser Interaktion war. Dies waren damals aber nur punk-

Info Auf-den-Rücken-legen

Häufige Missverständnisse gibt es bei „Auf-den-Rücken-Legen". Dies ist eine Geste der Submission (passive Demut). Aber nicht jeder Hund, der auf dem Rücken liegt, zeigt in der Tat passive Demut. Aus dieser Position kann man den anderen immer noch androhen (Blickfixieren), man kann von unten schnappen oder treten – und alles wird von Hunden auch gezeigt, wenn sie meinen, dass es angebracht ist. Insofern ist es dann verständlich und erlaubt, dass der stehende Hund eventuell auch offensiv reagiert.

Die Rhodesian Ridge-
back-Hündin zeigt kurz
Stressverhalten, als sich
der Basenji nähert.

tuelle Ausschnitte aus einer Konflikt-situation. Weitere Forschung und genauere Beobachtungen haben heute zu einem anderen Bild geführt.

Die „Alpharolle"

Leider hält sich aus dieser Zeit noch hartnäckig eine Erziehungsmaßnahme von Menschen gegen ihre Hunde: die sogenannte „Alpharolle". Damit ist gemeint, dass der Mensch seinen Hund als Strafmaßnahme auf den Rücken rollen oder werfen soll (begleitet in der Regel von verbaler Aggression = Schimpfen), um den Hund unterzuordnen und ihm letztendlich sein Fehlverhalten klarzumachen. Es liegt aber nicht in der Natur des Hundes, über ein Umgeschmissenwerden zu erkennen, dass er den Schuh nicht hätte zerkauen dürfen, oder dass er sich auf das Signal SITZ gefälligst hinzusetzen hat.

Demut beruht auf Freiwilligkeit
Wenn ein Hund einem anderen Hund gegenüber eine passive Unterwerfung zeigt, dann zeigt er sie freiwillig aus seiner individuellen Einschätzung der Situation heraus: hier wird es gefährlich – ich zeige Demut und deeskaliere damit die Aggression des anderen. Der andere Hund wirft ihn nicht um, mit den Worten: „So, jetzt fühl dich unterworfen." Eine echte Unterordnung hät-

ten wir also tatsächlich nur, wenn sich der Hund vor uns freiwillig auf den Rücken legte, und nicht, wenn wir ihn umschmeißen. Submission wird im sozialen Konflikt um Ressourcen gezeigt. Nur dort macht sie Sinn, nämlich um den Gegner milde zu stimmen. Wenn Menschen üblicherweise Hunde strafen, befinden sie sich aber mit dem Hund nicht jedes Mal in einer Situation des Konfliktes um Ressourcen.

Wir Menschen wollen, dass der Hund durch eine Strafmaßnahme lernt, dass er etwas falsch gemacht hat. Dummerweise gibt es für Hunde kein „Richtig oder Falsch" im menschlichen Sinne. Es gibt nur ein „Richtig oder Falsch" = „Erfolg oder Misserfolg" im Sinne der Fitnesssteigerung. Dabei muss dann submissives Verhalten nicht immer unbedingt einen Misserfolg darstellen.

Gefahr aktiver Unterwerfung
Die Alpharolle hat noch ein anderes Gefahrenpotential. Der Hund könnte sich nämlich bedroht fühlen und beginnen, um sein Leben zu kämpfen. Es gibt unter Hunden schon Situationen, wo einer den anderen umwirft: Im Ernstkampf kann man so den Gegner überrumpeln, um dann sofort an die Kehle zu kommen. Diese Situation wäre aber erziehungstechnisch auch nicht besonders Erfolg versprechend.

Auch hier lernt der Hund nicht, den Schuh in Ruhe zu lassen – er lernt aber, dass er seinem Menschen nicht unbedingt trauen kann. Es gibt Hunde, die wehren sich massiv gegen solche Übergriffe und starke Verletzungen bei Mensch und Tier können die Folge sein. Häufiger als sich wehrende Hunde hat man Hunde, die sich nach kurzer zaghafter Abwehr in das ihnen drohende Schicksal ergeben. Diese Situation ist auch nicht sehr förderlich für das Vertrauen des Hundes in seinen Besitzer und für ein angenehmes Zusammenleben miteinander. Und erziehungstechnisch ist der Erfolg auch gleich Null.

Das Nackenfellschütteln

Eine weitere alte und überholte „Erziehungsmaßnahme", die sich hartnäckig hält, ist das Nackenfellschütteln. Auch hier entstand die Idee der „Erziehung" aus Beobachtungen von Hunden untereinander. Hunde im Ernstkampf können z.B. versuchen sich umzuwerfen, indem sie sich an das lockere und gut zu greifende Nackenfell gehen. So etwas als Mensch zu imitieren, macht genauso wenig erzieherischen Sinn, wie die erwähnte Alpharolle.

Es gibt noch zwei weitere Gründe, aus denen sich Hunde gegenseitig im Nacken packen. Das eine ist der Transport: Mama trägt die Welpen von A nach B. Das hat nun mit Erziehung herzlich wenig zu tun. Die andere Situation kommt der Sache schon näher: Mama greift den Welpen mit ihrem Fang über Kopf und Nacken. Hier zeigt die Mutter das „Über-die-Schnauze-Fassen" nicht als zärtliches Allogrooming (siehe S. 190), sondern als kurzes und knackiges Signal: „Hau ab / Lass es bleiben / Hör auf"! Da der Welpenkopf in der Regel noch nicht sehr viel Schnauze zum Umfassen bietet, trifft

es oft Kopf und Nacken insgesamt. Das „Über-die-Schnauze-Fassen" kann also, je nach Situation und Art der Durchführung, mal zärtlich und mal aversiv gemeint sein. Man kann es auch unter erwachsenen Hunden oder Wölfen beobachten. Es ist immer ein Signal dafür, dass der Welpe oder erwachsene Hund in seinem Verhalten zu weit gegangen ist. Dieses Signal scheint wie einige andere innerartliche Signale (bestimmte akustische Signale) in seinem Informationsgehalt sehr eng genetisch fixiert zu sein. Es muss also keine lange oder intensive Lernphase stattfinden wie bei einigen anderen Signalen (z.B. anderen Drohgebärden).

Auch bei Menschen kennt man einige solcher primär aversiven Signale (z.B. die schnell erhobene Hand gegen den Interaktionspartner). Allerdings spielt der kurzfristige Schreck und Schmerz beim Empfänger des Signals sicher auch eine nicht unerhebliche Rolle für die Geschwindigkeit des Lernens beim Hund. Wenn der Mensch solch ein Strafsignal beim Hund anwendet, muss er es so tun wie ein anderer Hund auch. Dies bedeutet kein langes Herumzerren und dabei noch einen Vortrag halten, wie böse der Hund nun wieder war. Das Signal muss innerhalb von einer Sekunde nach der zu strafenden Tat kommen und es muss kurz und

Dann erhält der aufdringliche kleine Hund allerdings doch kurz, knackig und kompromisslos die Information, dass die Annäherung unerwünscht ist.

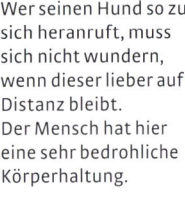

Wer seinen Hund so zu sich heranruft, muss sich nicht wundern, wenn dieser lieber auf Distanz bleibt. Der Mensch hat hier eine sehr bedrohliche Körperhaltung.

.

deutlich sein (höchstens eine Sekunde lang). Wenn es dann auch noch einen erzieherischen Wert in die Zukunft haben soll, muss es mindestens bei den ersten 100 Mal, wenn der Hund das unerwünschte Verhalten zeigt, immer kommen. Nun dürfen Sie selbst einmal

Info Kommunikation

Perfekt funktionierende Kommunikation ist nicht leicht. Umso schwerer wird es dort, wo von einer Art und/oder Kultur zur anderen kommuniziert wird. Und wenn Kommunikation fehlschlägt, ist es immer besser, sich zunächst an die eigene Nase zu fassen und die Fehler dort zu suchen. Das gilt natürlich auch für die Kommunikation zwischen Menschen. Wir können uns aber zur Not gegenseitig fragen, ob jeder den anderen korrekt verstanden hat. Dies kann der Hund nicht.

rechnen, ob Sie diese ganzen Anforderungen realistisch in den Alltag umsetzen können.

Um Maßnahmen die eine Bedeutung im sozialen Miteinander unter Hunden haben, erzieherisch erfolgreich einzusetzen, muss man sich überlegen, wann sie ein Hund gegen einen anderen Hund überhaupt zeigen würde. Dann weiß man auch, wann ein Hund dieses Signal mit großer Wahrscheinlichkeit überhaupt verstehen wird. Und das Verständnis (also das Ankommen der Information) ist wichtig, um darüber eine Verhaltensveränderung in der Zukunft zu erreichen.

Solche Maßnahmen wie das „Über-die-Schnauze-Fassen" passieren unter Hunden nur im sehr engen sozialen Kontakt beziehungsweise im Konflikt. Das heißt, ein Hund „straft" den anderen, weil er sich von diesem konkret und ganz aktuell gestört fühlt oder weil

Die Körpersprache wurde freundlicher: Da traut sich der Hund auch wieder heran.

dieser ihm eine Ressource direkt in diesem Moment streitig machen will. Kein Hund geht zum anderen und fasst ihn über die Schnauze, weil der sich nun gerade mal hingesetzt statt hingelegt, oder auf zehn Meter Distanz ein Stück Futter genommen hat, das frei und von niemandem gewollt mitten auf dem Tisch lag. Das Nichtbefolgen eines Signals ist sicher nichts, wobei nach dem Verständnis eines Hundes ein „Über-die-Schnauze-Fassen" angebracht wäre.

Trainieren von Signalen

Etwas anderes wäre es natürlich, wenn Sie sich vorher intensiv die Mühe gemacht hätten, Ihrem Hund die „erweiterte Bedeutung" dieses Signals anzutrainieren. Diese Mühe machen sich aber leider nur die allerwenigsten Hundebesitzer.

Auch Signale wie NEIN, AUS oder PFUI müssen dem Hund vom Informationsgehalt her erst beigebracht werden. Natürlich zucken die meisten Hunde zurück, wenn man sie mit PFUI anbrüllt – und leider interpretieren die meisten Menschen dies so, als ob der Hund das Signal verstehen würde („Lass es bleiben, hör auf damit und tu es nie wieder"). Aus der Sicht eines Hundes ist das gebrüllte PFUI aber nur eine Form von verbaler Aggression und oft wissen sie nicht, warum der Mensch da gerade aggressiv wird. Einen erzieherischen Wert im Sinne von „an Frauchens Schuhen kaut man nie" hat dieses Signal dann nicht; und der Hund lernt davon auch nicht, dass man sich bei SITZ wirklich hinsetzen soll.

Tipps zum Hundetraining

Nabel-der-Welt-Training

Rennt man seinem Hund ständig hinterher und achtet auf jedes Verhalten von ihm, hat er es nicht nötig, auf seinen Menschen zu achten. Dies ist eine schlechte Grundlage für jede Form von Training. Nur wenn der Hund weiß, „die oder der ist wichtig, auf die muss ich achten", kann man Veränderungen im Verhalten über Training leicht erreichen.

Die meisten unserer Hunde leben in dieser Hinsicht wie im Schlaraffenland. Es wird sehr viel mit ihnen kommuniziert und den meisten Verhaltensweisen von ihnen wird Aufmerksamkeit geschenkt.

Der Hund hat es dann kaum nötig, für die angenehmen Dinge des Lebens zu arbeiten. Das müssen Sie ändern!

Nicht immer, zu jeder Zeit

Machen Sie sich zum Nabel der Welt für Ihren Hund.
> Ignorieren Sie ihn häufiger, besonders, wenn er etwas von Ihnen will.
> Planen Sie aber als Kontrast viele kleine Zeiträume ein, wo Sie aktiv den Kontakt mit Ihrem Hund starten. Hunde sind hochsoziale Lebewesen und entspannter, freundlicher Kontakt mit Sozialpartnern ist sehr wichtig.

Das Gleiche gilt natürlich für all die anderen angenehmen Dinge des Lebens: Spielsachen, die immer da sind, Futter, das permanent dasteht. Für etwas, das einem freiwillig gegeben wird, muss man nicht arbeiten – die Motivation sich anzustrengen ist dann gering.

Gibt man dem Hund aber Motive, genau auf seinen Menschen zu achten, wird sich das positiv auf die Erziehung auswirken.

Streicheleinheiten

Der Hund wird zig Mal am Tag gestreichelt und es wird zig Mal am Tag mit ihm gespielt – aber NUR, wenn der Mensch es will und die Interaktion startet. Wenn der Hund von allein ankommt und gestreichelt werden will, wird er ignoriert (siehe S. 148). Für den Besitzer bedeutet dies, dass er in die Luft schaut und die Hände ruhig hält – u. U. muss man sogar ruhig aufstehen und gehen, wenn der Hund zu aufdringlich wird. Wichtig ist dabei tatsächlich das vollständige Ignorieren. Nur so setzen Sie ein deutliches Signal für Ihren Hund. Zieht der Hund sich dann vom Menschen zurück, wird er zwei bis drei Minuten später herangerufen: „Hey – jetzt habe ich Lust, dich zu streicheln. Also komm und es passiert was Nettes." Wenn es allerdings schon Probleme in der Beziehung Hund-Mensch gibt, müssen Sie bei der Umsetzung solcher Ratschläge vorsichtig sein. Hier sollte eine Fachperson genau gucken, wie intensiv und in welcher Form so etwas umgesetzt werden kann, damit keine Konflikte entstehen.

Spielaufforderung

Das Gleiche gilt für den Fall, dass der Hund zum Spiel auffordert. Der Mensch hat das Spielzeug griffbereit auf einem Schrank, und mehrmals täglich holt er es und bietet dem Hund das Spiel an. Bevor der Hund die Lust verliert, beendet der Mensch das Spiel, indem er einfach weggeht und etwas später beiläufig das Spielzeug wegtut.

So lernt der Hund, dass die angenehmen Dinge des Lebens vom Menschen kommen und nur, wenn der Mensch es will. Der Hund wird so generell aufmerksamer gegenüber dem Menschen, um auch ja kein Signal zu verpassen, wenn der Mensch einmal wieder Lust haben könnte zu Streichel- oder Spielsequenz.

Tipps zum Hundetraining

Nichts ist umsonst

Ihr Hund muss eine grundsätzliche Spielregel für das Leben mit seinen Menschen lernen, über die Sie bessere Einwirkungsmöglichkeiten auf ihn haben. Die Spielregel heißt: „Nichts ist umsonst."

Allein durch eine gut etablierte Kommunikation mit dem Hund hat man viele Möglichkeiten, seine Verhaltensweisen subtil zu steuern. Gehorsamsübungen als Spiel- und Spaßübung haben dabei zusätzlich den Zweck, dass täglich viele (positive) Interaktionen zwischen Ihnen und Ihrem Hund stattfinden. Dabei wird der Hund an das System „Signal – Aktion – Belohnung" gewöhnt: Er lernt eine wichtige Spielregel, die das Zusammenleben zwischen Mensch und Hund regelt. Wenn Ihr Hund etwas Richtiges gemacht hat, bekommt er es gesagt in Form von FEIN/Leckerli. Wenn er etwas Falsches/Unerwünschtes gemacht hat, bekommt er es gesagt in Form von Ignorieren. So lernt er, dass bestimmte Verhaltensweisen einfach unökonomisch sind: Hier wird Energie verschwendet, denn der gewünschte Erfolg (z.B. die Aufmerksamkeit des Besitzers) stellt sich nicht ein. Diese Form der Kommunikation wird auf das gesamte häusliche Leben ausgedehnt. Da dadurch viele widersprüchliche Signale entfallen, leben die Hunde auch generell stressfreier.

Belohnen oder Ignorieren

Sie beginnen mit einfachen Signalen, die Ihr Hund schon kennt bzw. die Sie ihm beibringen möchten. Beispiel: Sie sagen zu Ihrem Hund SITZ. Setzt er sich sofort: Belohnung.

Wenn er stehen bleibt, drehen Sie sich sofort um und gehen weg (Ignorieren).

Dies machen Sie im Rhythmus von 2 bis 3 Sekunden (!) bis zu 10- bis 15-mal hintereinander.

Nur so lernt der Hund: Signal befolgen bringt Erfolg – Signal nicht befolgen bringt Misserfolg.

Auch die Reaktion des Hundes auf das Rufen seines Namens ist ein eigenständiges Befolgen eines Signals und muss sowohl extra trainiert als auch belohnt werden.

Ihr Hund kennt SITZ noch nicht:

Stellen Sie sich vor Ihren Hund und halten Sie ihm ein Leckerchen über den Kopf und ziehen die Hand leicht nach oben. 99,9 % aller Hunde folgen dieser Bewegung mit dem Kopf und setzen sich dabei hin, um das Leckerli besser sehen zu können. Diese Aktion wird zeitgleich mit dem Wort SITZ begleitet und sofort belohnt.

Futter als Belohnung

Belohntes Verhalten wird häufiger gezeigt – das ist ein Grundsatz der Lerntheorie. Eine Belohnung bedeutet „Erfolg bei der Optimierung des eigenen Zustands". Sogenannte Primärbelohnungen sind die Dinge, bei denen der Hund angeborenerweise weiß „hierfür lohnt es sich zu denken, zu handeln und zu lernen". Futter eignet sich hier gut, aber auch ein Streichler oder ein kurzes Spiel. Damit eine Belohnung sauber mit dem entsprechenden Verhalten verknüpft werden kann, muss sie sofort kommen. Für das perfekte Timing benötigen Sie also noch eine sogenannte Sekundärbelohnung wie FEIN, die direkt bei oder direkt nach dem Verhalten und vor dem Leckerli gesagt wird. Auch der Clicker/das Clickgeräusch eignet sich als Sekundärbelohnung. Von Vorteil ist, wenn Sie mehrere mögliche Belohnungen zur Auswahl haben, die Sie variabel je nach Übung einsetzen können.

Abwechslung

Ist ein Verstärker (= Belohnung) etabliert, wird täglich mit dem Hund geübt. Es reichen Dinge wie Name, SITZ, PLATZ, HIER und, wenn er gut dabei ist, noch BEI FUSS. Üben Sie unregelmäßig über den Tag verteilt, so dass für den Hund kein Rhythmus erkennbar ist. Üben Sie in kurzen Sequenzen. Lieber 10- bis 20-mal 5 Minuten üben als umgekehrt. Üben Sie zunächst an wechselnden Stellen im Haus, danach im Garten und später im Wald etc. Ziel: Ihr Hund reagiert sofort, d.h. er befolgt das Signal, auch wenn mit leiser, ruhiger und beiläufiger Stimme gesprochen wird – und dies bei mindestens 90 % der gegebenen Signale. Dabei kann man auch im Haus die Situationen im Schwierigkeitsgrad variabel gestalten: Einer spielt intensiv mit dem Hund und der andere ruft ihn; verkleidete Personen auf der anderen Straßenseite lenken Ihren Hund ab … hier sind der Fantasie der Besitzer keine Grenzen gesetzt.

Intervallbelohnung

Am Anfang wird jedes Mal und immer belohnt. Funktionieren die Signale gut, wird nur noch in Intervallen und für den Hund nicht vorhersehbar belohnt. Für jedes 5. oder 2. oder 8. erfolgreiche SITZ gibt es dann ein Leckerli. Nach dem gleichen Prinzip funktionieren z.B. „Daddelautomaten" in Spielhallen: Sie wären längst nicht so attraktiv, wenn man genau wüsste, dass nach jedem 20. Lauf ein kleiner Gewinn kommt. So hofft man bei jedem Spiel aufs Neue auf einen hohen Gewinn und bleibt am Ball.
Benutzen Sie Erziehungsübungen nie als Strafmaßnahme. Training soll allen Spaß machen. Verlangen Sie auch am Anfang nicht zu große Schritte. Wenn Ihr Hund seinen besten Kumpel auf Distanz sieht und sich trotzdem zu Ihnen auf Signal umdreht, ist das toll. Fordern Sie nicht gleich, dass er auch aus einem Spiel heraus so reagiert.

Hunde spielen entweder allein oder mit einem Partner. Dabei zeigen sie Renn- und Verfolgungs-spiele, spielen einzeln oder zu zweit mit Objekten oder zeigen ein reines Sozial-spiel. Zudem werden im Spiel alle Elemente des kompletten Verhaltens-repertoires bunt gemischt und, ohne dem eigentlichen Zweck zu dienen, aneinan-der gekoppelt. Gerade dies zeichnet Spiel aus.

Elemente des Spiels

Hunde haben einige typische Spielele-mente im Verhalten wie z.B. die Vorder-körpertiefstellung. Durch diese eindeu-tig definierten Signale wird angezeigt: „Was jetzt folgt, ist Spiel", und dann wer-den, zum Teil bunt durcheinanderge-worfen, die verschiedensten Verhaltens-weisen gezeigt. Typischerweise werden diese sehr übertrieben dargestellt, mit aufwendiger Gestik und Mimik.

Ein Blick ins Tierreich
Spielverhalten wird nicht nur bei Säuge-tieren gezeigt, sondern auch bei Vögeln und Reptilien. Spielverhalten bei Tieren wird von Menschen durch alle Kulturen und Altersstufen immer zuverlässig und eindeutig als solches erkannt. Ob-wohl schon 1898 die erste wissenschaft-liche Abhandlung über das Spielen bei Tieren geschrieben wurde und das The-ma seitdem immer wieder Gegenstand intensiver Forschung war, gibt es gerade beim Spielen noch viele Fragen zu Defi-nition, Sinn und Zweck dieses Verhal-tens. Konrad Lorenz sagte einmal: „Fragt mich nicht nach einer Definition für Spiel". Es gibt auch momentan keine zufriedenstellende Definition für Spiel, die auf alle Lebensabschnitte eines Tie-res und für alle möglichen Spielsituatio-nen anwendbar ist.

Verfolgungsspiel in vollem Gange

Funktionen des Spiels

Zu den Funktionen des Spielverhaltens gibt es unterschiedliche Hypothesen. Es wurde bereits auf die Zweckgebundenheit von Verhalten im Sinne der Fitnesssteigerung eingegangen und beschrieben, dass alles Verhalten zweckgebunden im Sinn von Bedarfsdeckung und Schadensvermeidung ist (siehe S. 156). Einige Forscher haben in ihren jeweiligen Definitionen von Spielverhalten dann auch das „offensichtliche Fehlen von Zweckgebundenheit" aufgeführt.

Kosten-Nutzen-Rechnung

Der Nutzen eines Verhaltens muss insgesamt die Kosten aufwiegen, da das Tier sonst auf Dauer in eine negative

Energiebilanz kommt. Gerade beim Spielverhalten kann man den Eindruck haben, dass dies u. U. nicht der Fall ist, dass eine Kosten-Nutzen-Rechnung also nicht ausgeglichen sein kann. Was wären die tatsächlichen und hypothetischen Kosten von Spielverhalten? Das Verhalten an sich kostet Energie; während gespielt wird, kann nichts anderes gemacht werden (Jagen etc.); während des Spielens ist man u. U. weniger wachsam gegenüber Feinden und insgesamt für Feinde stärker erkennbar; auch im Spiel besteht ein Verletzungsrisiko.

Wenn nun aber so breit durch das Tierreich hindurch Spielverhalten zu beobachten ist, dann muss sich die Natur etwas dabei gedacht haben; dann müssen hier nutzbringende Elemente vorhanden sein, die die Kosten des Spiels nicht nur aufwiegen, sondern die Bilanz sogar ins Positive setzen.

Training fürs Leben

Spiel steigert die körperlichen Fähigkeiten: Die Muskeln werden trainiert, die Koordinationsfähigkeit und Reaktionsschnelligkeit wird verbessert und das Herz-Kreislauf-System wird ebenfalls trainiert.

Im Spiel werden Fertigkeiten trainiert, die für das Leben in der sozialen

Gruppe wichtig sind. Kommunikationsverhalten in jede Richtung wird geübt: Sozipositve und sozionegative Gesten, Aggressionsverhalten und Deeskalationsgesten. Die soziale Kompetenz wird im Spiel verbessert, und über Spielinteraktionen entwickeln und intensivieren sich spezielle soziale Bindungen (Freundschaften). Aber auch hierarchische Strukturen innerhalb einer Gruppe (auch bei erwachsenen Tieren) werden häufig über Spielsequenzen gebildet und gehalten.

Sequenzen aus dem Jagdverhalten werden trainiert. Bei Katzen weiß man z.B., dass deren spätere Fähigkeiten als Jäger direkt damit zusammenhängen, wie früh und wie intensiv der Katzenwelpe spielen konnte.

Spaß am Spiel

Einige Forscher sagen auch, dass einer der Zwecke von Spielverhalten bei Tieren schlicht und ergreifend auch der „Spaß" dabei ist. Ein Tier kann uns nicht direkt sagen, ob es bei einer bestimmten Beschäftigung Spaß hat oder nicht. Aber über Beobachtungen und Analogieschlüsse (analog: Gleiche Strukturen bedeuten gleiche Vorgänge) zum Menschen kann man sicher sagen, dass physische und psychische Vorgänge, die wir als „Erholung" be-

Info Spiel in der Welpenzeit

Es ist eine Tatsache, dass Hunde, die in ihrer Welpenzeit nicht spielen konnten, sich nicht korrekt entwickeln. Messbar sind zum Beispiel qualitative und quantitative Unterschiede bei der Entwicklung von Gehirn und restlichem Körper.

zeichnen, auch bei unseren Tieren zu beobachten sind. So wie Spiel uns Menschen zur Entspannung dient, wäre dies auch für Tiere denkbar, und dann hätte man darüber einen weiteren Nutzfaktor dieses Verhaltens. Andere Forscher streiten die Spaßkomponente momentan noch vehement ab – die Zukunft wird hier hoffentlich noch Antworten bereithalten.

Ein wildes Raufspiel unter Freunden – jeder weiß, was er vom Schnappen und Beißen des anderen zu halten hat.

Die Hunde stehen in den Startlöchern, um der Frisbee-Scheibe hinterher zu jagen.

Um Probleme, die im Zusammenleben zwischen Hund und Mensch entstehen können, zu vermeiden, ist es sicher gut, Spiel nicht nur als eine Spaß-Erholungs-Komponente zu sehen, sondern differenzierter zu betrachten. Beim Aggressionsverhalten wird es auch noch einmal gesagt: Aus Spiel kann für den Hund schneller Ernst werden, als der Mensch dies unter Umständen mitbekommt.

Hunde spielen mehr als Wölfe

Spielverhalten wird – erkennbar aus den oben genannten Funktionen – hauptsächlich bei jungen Tieren gezeigt, während die Intensität nach Erreichen der sozialen Reife nachlässt. Hunde spielen als erwachsene Tiere aber häufiger als erwachsene Wölfe, und so hat man früher den Hund gerne als einen „in der Jugendphase stehengebliebenen Wolf" bezeichnet. Solche Vergleiche werden heute, nachdem wir sehr viel mehr über Hundeverhalten wissen, nicht mehr so gern gezogen. Man sieht den Hund als Tierart mit eigenem, wenn auch dem Wolf noch sehr ähnlichem Verhaltensrepertoire. Durch die Zucht des Menschen wurden

bestimmte Elemente im Verhalten selektiert und dies mag auch für die generelle Bereitschaft zum Spielen gelten. Andere Wissenschaftler sagen, dass der domestizierte Hund einfach mehr Zeit zum Spiel hat als der Wolf, da er schließlich nicht mehr auf die Jagd gehen muss.

Spiel in stressigen Situationen

Spielverhalten ist ein guter Indikator dafür, ob ein Tier unter einem andauernden Stresszustand leidet. Ein andauernder Stresszustand führt zu einer deutlich nachweisbaren Erhöhung eines der sogenannten „Stresshormone" im Blut, des Cortisols. Bekannt ist, dass Säugetiere ab einem bestimmten Cortisol-Level nicht mehr spielen.

Wenn Hunde also plötzlich deutlich weniger spielen als vorher oder sogar ganz aufhören, kann dies ein Hinweis auf einen dauerhaften Stresszustand und damit ein Hinweis für tierschutzwidrige Lebensbedingungen sein. Dauerhafte Stresszustände sind beim Hund genauso krank machend wie beim Menschen. Im akuten Konflikt- oder Stressgeschehen kann man bei Hunden dagegen durchaus ein plötzliches Zeigen von Spielverhalten beobachten. Hier wird das Spielverhalten als Möglichkeit gesehen, einen Konflikt zu deeskalieren, einen Kontrahenten zu beschwichtigen und zusätzlich Adrenalin über die Muskeltätigkeit abzubauen – also den aktuellen Stresszustand zu beseitigen.

Richtig spielen mit Hunden

Spielverhalten kann von Mitgliedern einer Art gegenüber Mitgliedern einer anderen Art gezeigt werden. Hunde zeigen auch Spielverhalten gegenüber Menschen. In einer Umfrage in den USA in den Neunzigerjahren stellte sich heraus, dass bis zu 44 % der Zeit, die Menschen sich mit ihren Hunden beschäftigen, dem Spielen gewidmet ist. Dabei macht es keinen Unterschied hinsichtlich Qualität und Quantität des Spiels, ob der Hund einzeln gehalten wird oder ob noch einer oder mehrere andere Hunde im Haushalt leben.

Im Spiel Mensch-Hund scheinen Hunde mehr Betonung auf Kommunikation und die soziale Komponente zu legen, während im Hund-Hund-Spiel (auch bei Hunden, die sich erst kurz kennen) schneller Konflikte um „Beutestücke" entstehen können.

Initiator des Spiels

Es gibt Hundehalter, die sagen: „Mein Hund spielt nicht". Hier haben Studien der letzten Jahre gezeigt, dass gerade das Spielen mit Objekten (auch allein) einem Hund vom Halter in kurzer Zeit antrainiert werden kann, wenn dabei konsequent nach einem Belohnungsprogramm vorgegangen wird (beschäftigt sich der Hund mit dem Spielzeug, wird er belohnt). In der gleichen Studie wurde auch untersucht, ob es Auswirkungen auf das Verhältnis zwischen Halter und Hund hat, wenn der Hund ein Zerrspiel um ein Objekt gewinnt oder nicht. Interessant war das Ergebnis, dass der Ausgang des Spiels keine Auswirkungen hat – wohl aber die Tatsache, wer das Spiel beginnt. Dabei sei deutlich gesagt: Es beginnt nicht der, der das erste Mal den Ball wirft, sondern der, der erreicht, dass der andere den Ball wirft, oder losgeht und den Ball holt! Denken Sie an Seite 206: Nichts ist umsonst.

Zerrspiele müssen dem Gesundheitszustand des Hundes angepasst sein. Zudem sollte das Signal AUS dem Hund vorher auftrainiert worden sein.

Aggression ist sicher der Bereich aus dem Verhaltensrepertoire des Hundes, der in der Öffentlichkeit und auch unter Fachleuten am stärksten diskutiert wird. Sie gehört zum normalen Verhaltensrepertoire des Hundes. Durch eine frühe und gute Sozialisierung und den richtigen Umgang mit möglichen Aggressionsproblemen kann man jedoch ernste Vorfälle vermeiden.

Aggression und ihre Funktion

Aggressionsverhalten nimmt eine Sonderstellung unter allen Elementen des Verhaltensrepertoires des Hundes ein. Während man andere Verhaltenselemente im Großen und Ganzen jeweils einem gewissen enger umschriebenen Zweck und damit auch einem Funktionskreis zuordnen kann, ist dies beim Aggressionsverhalten nicht möglich. Funktionskreise wären z.B. Fortpflan-

Der Begriff „Beuteaggression" ist irreführend. Dieser Hund zeigt Jagdverhalten und kein Aggressionsverhalten.

zung oder Nahrungsaufnahme bzw. Erhalt der Homöostase (= Erhalt des physiologischen Gleichgewichtes).

Bestimmte Verhaltenselemente können einzelnen Funktionskreisen eng zugeordnet werden: das Jagdverhalten z.B. oder die Verhaltenssequenzen der Begattung. Aggressionsverhalten dagegen kann in allen Funktionskreisen als Mittel zum Zweck gezeigt werden, stellt aber selbst keinen eigenen Funktionskreis dar.

Info Zweck von Aggression

Aggressionsverhalten dient der Schaffung oder Aufrechterhaltung von räumlichen und/oder zeitlichen Distanzierungen zu Bedrohungen und dazu, die eigenen Interessen im Konflikt um Ressourcen durchzusetzen.

Ein deutliches und sicheres Drohen

Kommt es allerdings im Zuge einer Jagdsequenz zu Frustration beim Hund/Wolf (z.B. durch die sich heftig wehrende Beute oder den anwesenden Jagdkonkurrenten), kann in einer Jagdsequenz auch echtes Aggressionsverhalten gezeigt werden.

Offensive und defensive Aggression

Aggressionsverhalten stellt keinen Selbstzweck dar, sondern wird situationsabhängig gezeigt. Zum Aggressionsverhalten gehört die aggressive Kommunikation (Knurren, Bellen, Nasenrückenrunzeln, Zähneblecken, etc.) und das offensive Verhalten (Schnappen, Beißen, Vorstoßen mit dem Körper, etc.), bei dem es um eine Beschädigung des Kontrahenten geht.

Agonistisches Verhalten

Im englischsprachigen Raum und in der Wissenschaft gibt es noch zwei differenziertere Begriffe. Mit „agonistischem Verhalten" werden dort alle Verhaltensweisen bezeichnet, die als Reaktion auf eine Bedrohung oder in einem Konflikt um Ressourcen gegen den Kontrahenten gezeigt werden. Dabei kann es sich um Flucht handeln, um eine gezielte Deeskalation, um offensive Verhaltensweisen wie Beißen, oder um Drohverhalten wie Knurren – die letzten beiden Komponenten dann auch noch aus der stationären Position, im Vorgehen oder im Rückzug. Die Agonistik beinhaltet also sowohl offensive als auch defensive Verhaltenskomponenten.

Mit dem Begriff „antagonistische Verhaltensweisen" werden nur die Verhaltensweisen bezeichnet, die in den Bereich Offensive oder Attacke gehen.

Gibt es Beuteaggression?

In den Funktionskreisen Nahrungsaufnahme oder Fortpflanzung kann Aggressionsverhalten gezeigt werden, um einen Gegner von einem Stück Beute zu vertreiben oder einen Konkurrenten von einer läufigen Hündin. Der Akt des Packens und des Tötens der Beute beim Jagdverhalten stellt dagegen kein Aggressionsverhalten im eigentlichen Sinne dar. Der Begriff „Beuteaggression" ist irreführend. Wenn man die Definition zugrunde legt (Info, S. 215), ist dies auch gut erklärbar: Die Beute ist kein Konkurrent um die Ressource, sondern sie ist die Ressource selbst.

Drohverhalten

Es ist nützlich im Sinne einer vernünftigen Umgangsweise mit dem Aggressionsverhalten hinsichtlich Erziehung, Gefahrenabwehr oder Problemvermeidung, das Drohverhalten mit zu betrachten. Die Konzentration auf das reine offensive Verhalten kann aus akademisch-wissenschaftlichem Interesse wichtig und nützlich sein. Aber im Alltag ist es praktischer, auch Drohkomponenten und damit frühzeitige Äußerungen über Emotion und Motivation in den Umgang und die Arbeit mit Hunden mit einzubeziehen. Wenn also im Folgenden von Aggressionsverhalten die Rede ist, sind damit immer die aggressive Kommunikation und das offensive Verhalten gemeint.

Deeskalationsverhalten

Der Gegenpol zum Drohen und zur offensiven Aggression ist Demutsverhalten (Submission) und das weitere Deeskalationsverhalten wie Meide-, Über-

sprungs-, Stress- oder Spielverhalten. Hunde „entschärfen" ihre Konflikte über Kommunikation, indem sie solche Verhaltensweisen anwenden.

Drohverhalten wie Knurren kann mit sicherer und unsicherer Körpersprache, mit Signalen der Angst oder des Imponierens gezeigt werden. Der Hund kann also bereits beim Drohen eher defensiv oder offensiv wirken.

Submission bedeutet, von der defensiven Drohung mehr und mehr in die Körpersprache der Angst überzugehen und dabei trotzdem noch mit dem Gegner zu kommunizieren.

Auch bei der Submission macht der Hund sich klein, hat die Ohren weit nach hinten gelegt, hat eine lange Maulspalte und einen unfokussierten Blick. Dieses zeigt er aber in der Regel eng am Gegner und aktiv gegen diesen gewandt. Die sogenannte „passive Unterwerfung" bedeutet dabei ein Verharren in einer Position, in der man verwundbar ist (z.B. auf dem Rücken liegen).

Ende eines Konfliktes: Der hintere Hund entfernt sich vorsichtig vom vorderen, der passive Demut zeigt.

Ein Raufspiel, mögli-
cherweise zur Deeskala-
tion eines Konfliktes
begonnen

Aktive Unterwerfung

Es gibt aber auch Signale der aktiven Unterwerfung. Diese sind dann wirklich aktiv und deutlich gegen den Gegner gerichtet. Der Hund pfötelt wie ein Welpe gegen den Kopf/Vorderkörper des Gegners; er springt gegen den Kontrahenten, stößt mit der Schnauze gegen dessen Kopf-/Halsbereich und leckt ihm eventuell sogar die Schnauze. Auch eine Spielaufforderung oder ein Herumspringen und Herandrücken des Pos an den Gegner kann hierzu gehören.

Übersprungshandlungen

Weitere Deeskalationsgesten sind Signale, mit denen der Hund seinen Stresszustand deutlich macht. Hierzu gehören das Lecken der eigenen Schnauze (oft mit Kopfabwenden), Gähnen oder Übersprunghandlungen.

Als Übersprungsverhalten bezeichnet man ein Verhalten, welches in der aktuellen Situation eigentlich sinnlos ist. Der Hund steht in einem Konflikt mit einem anderen Hund und fängt plötzlich an, am Boden zu schnüffeln oder zu buddeln; oder er setzt sich leicht

abgewandt hin und kratzt sich. Mit solchem Verhalten unterbricht der Hund die Kommunikation mit dem Kontrahenten. Deshalb gilt es auch nicht als klassisches Deeskalieren. Nichtsdestotrotz hat es eine deeskalierende Funktion, denn für den anderen Hund ist es natürlich ein Signal mit der Bedeutung „ich will keinen Streit und geh dann mal". Eine weitere nützliche Komponente von Übersprungsverhalten kann darin liegen, dass der Hund, dem der Konflikt gerade über den Kopf wächst, trotzdem aktiv werden kann. Er zeigt keine riskante Aktion gegen den Gegner, aber er kann trotzdem Adrenalin „abarbeiten".

Aggression – angeboren oder erlernt?

Gerade beim Aggressionsverhalten wird intensiv diskutiert, wie viel angeboren und wie viel davon erlernt ist. Wie weiter vorn schon gesagt, kann man diese Frage mangels gesicherter und statistisch aussagekräftiger Daten (noch) nicht beantworten.

Es gibt mittlerweile diverse wissenschaftliche Arbeiten, die sich mit dem Aggressionsverhalten von Hunden unter verschiedenen Aspekten beschäftigt haben. Zum Beispiel gibt es Arbeiten über die frühe Verhaltensentwicklung von verschiedenen Hunderassen, darunter auch Bullterrier und American Staffordshire Terrier. Darin heißt es, dass die Welpen dieser Rassen schon sehr früh in ihrer Entwicklung antagonistische Verhaltensweisen in einer extremen Ausprägung zeigen. Auch zeigen die Muttertiere zum Teil ein nicht normales Pflegeverhalten

bei diesen Untersuchungen um Beobachtungen weniger Würfe und zum Teil um Beobachtungen von Würfen, die eng miteinander verwandt sind. Hieraus jedoch Rückschlüsse auf eine ganze Rasse zu ziehen, ist nicht gerechtfertigt. Hinweise, dass womöglich in bestimmten Zuchtlinien (enge Verwandtschaften) eine vermehrte Bereitschaft zu antagonistischem Verhalten in bestimmten Situationen auftreten kann, sollte auf der anderen Seite auch nicht ignoriert werden. Hierin liegt eine große Aufgabe in der kontrollierten Hundezucht.

Die plötzliche Anwesenheit eines dritten Hundes kann das Spiel zum Kippen bringen.

und betrachten die Welpen als Beute oder als Kontrahenten.

Leider wurden und werden diese Arbeiten benutzt, um die Klassifizierung der ganzen jeweiligen Rasse als „gesteigert aggressiv" und damit gefährlich zu begründen. Diese Arbeiten sind sicher wichtig für die Erforschung der Verhaltensentwicklung beim Hund. Sie bieten aber keine statistisch relevanten und wissenschaftlich abgesicherten Daten, um eindeutige Äußerungen hinsichtlich „angeboren oder erlernt" zu erlauben. Es handelt sich

Info Sinnvolle Hundezucht

„Gute Hundezucht" zeichnet sich dadurch aus, dass die Elterntiere nach Gesundheit, Verwandtschaftsgrad und vor allen Dingen Verhalten/Charakter ausgewählt werden. Auch in den Populationen aus der gut kontrollierten Hundezucht wird man Tiere haben, die durch unerwünschte Verhaltensweisen auffallen – da sollte man sich keinen Illusionen hingeben. Der Umfang wird aber geringer sein, und in der Qualität werden die „unerwünschten Verhaltensweisen" breiter gestreut sein.

Einfluss der Zucht

Für bestimmte Rassen sind Zuchtlinien beschrieben, in denen das sogenannte „Wutsyndrom" vermehrt auftritt. Solche Hunde haben eine sehr niedrige Frustrationstoleranz und reagieren in bestimmten Situationen sehr schnell mit offensivem Aggressionsverhalten. Beschrieben wurde das Wutsyndrom z.B. für Berner Sennenhunde, Golden Retriever, rote Cockerspaniel oder West Highland White Terrier.

Schaut man sich diese Rassen an, fällt auf, dass fast alle kürzlich Modehunde waren oder noch sind. Modehund zu sein bedeutet, dass von dieser Rasse viele Nachkommen produziert werden. Schließlich ist die Nachfrage groß und man kann damit Geld verdienen. Viele Hundevermehrer produzieren dann viele Hunde ohne Plan. Es wird nicht darauf geachtet, ob die Elterntiere enger oder weiter miteinander verwandt sind, ob sie gesund sind oder Charaktereigenschaften aufweisen, die eigentlich unerwünscht sind (z.B. eine erhöhte Ängstlichkeit). So findet häufig eine extreme Zucht einer speziellen Linie in einer Rasse statt, mit allen negativen Folgen.

Erbsubstanz

Unsere Erbsubstanz, die Gene, stellen zuallererst eine Anleitung zum Bau von Eiweißen (Proteinen) dar. Diese Proteine wiederum bilden die Grundbausteine aller Zellen und damit der aus Zellen aufgebauten Organe. Die Proteine sind aber nicht nur Baustoff, sondern bestimmte Proteine stellen auch Regulatoren dar: Sie starten (katalysieren) und kontrollieren bei der Reifung des Organismus wichtige Entwicklungsschritte und Reifungsprozesse; auch im später ausgereiften Lebewesen gibt es Zigtausende von unterschiedlichen Proteinen, die das perfekte Funktionieren der einzelnen Abläufe im Organismus sicherstellen. Insofern kodieren Gene für Proteine und nicht primär für

Verhaltensmuster – aber der Genotyp beeinflusst natürlich die Disposition eines Individuums, in bestimmten Situationen bestimmte Verhaltensweisen zu zeigen.

Sofort erkennbar sind Dispositionen für Verhaltensweisen, die aufgrund anatomischer Gegebenheiten gezeigt oder nicht gezeigt werden können. Ein Hund hat keine Flügel. In einem Moment der Gefahr davonzufliegen, ist ihm nicht möglich. Aber auch alle anderen Elemente des Verhaltens, wie die generelle Bereitschaft, Angst zu empfinden, sind in den Genen in einem gewissen Rahmen fixiert. Auch die generelle Fähigkeit des Organismus zu lernen ist genetisch fixiert – z.B. zu lernen, dass Angst in einer bestimmten Situation unnötig oder extrem nötig ist.

Einfluss des Halters

Eigene Untersuchungen zur Aggressionsbereitschaft von Hunden unterschiedlicher Rassen haben gezeigt, dass der Umweltfaktor (besonders der Halter als wichtigster Teil der Umwelt) eine viel größere Rolle spielt als die Rassenzugehörigkeit. Interessant war die Beobachtung, dass der Gehorsam (Kontrolle über Signale) signifikant mit der Aggressionsbereitschaft korreliert war. Hunde mit schlechtem Grund-

gehorsam reagierten in bestimmten Testsituationen deutlich schneller und stärker aggressiv als ihre gut erzogenen Kollegen. Auffällig war dabei auch, dass sich Halter gut erzogener Hunde insgesamt durch eine bessere Sachkunde auszeichneten. Eine gute Sachkunde senkt das Risikopotential in der Hundehaltung, denn der sachkundige Halter wird eine kritische Situation meist auch früher erkennen und entsprechend besser handeln können.

Verhaltensmuster

Bewegungsmuster eines Tieres werden zentralnervös auf der Grundlage von genetisch programmierten Verschaltungen einzelner Neurone gesteuert. Alle Verhaltensweisen eines Tieres sind darüber letztendlich artspezifisch ererbt. Wann und in welcher Intensität diese einzelnen Bewegungsmuster und damit die Verhaltensmuster dann aber gezeigt werden, ist von vielen unterschiedlichen Faktoren abhängig. Faktoren sind dabei externe und interne Signale sowie erlernte Reaktionsmuster auf diese. Interne Signale wären z.B. ein Hungergefühl. Externe Signale wären z.B. der Anblick eines Freundes oder Feindes. Ein erlerntes Reaktionsmuster wäre z.B. einen Feind sofort anzuknurren.

Der Halter ist der wichtigste Umweltfaktor, um das Verhalten seines Hundes zum Positiven oder Negativen zu beeinflussen.

Info Angst als Auslöser

Fühlt man sich bedroht, ist man in einem emotionalen Zustand der Angst. Angst ist generell die Hauptursache für aggressives Verhalten beim Hund. Angst vor dem Verlust einer Ressource, um genau zu sein. Dabei muss der Hund in solchen Situationen nicht unbedingt ein vollständiges Angstdisplay zeigen. Dies ist zum einen abhängig davon, wie stark der Angstzustand ist (leichte Beunruhigung, Unsicherheit oder fast Panik) und zum anderen dadurch bestimmt, wie stark der Hund gelernt hat, Angst nicht zu zeigen.

Bewertung von Verhalten

Problematisch werden Vergleiche von Verhaltensmustern dort, wo einzelne Gruppen von Individuen innerhalb einer Art betrachtet werden. Beim Hund wären das die einzelnen Rassen. Das Normalverhalten eines Hundes gegen das einer Katze abzugrenzen ist noch relativ einfach. Das „Normalverhalten" eines Dackels gegen das eines Dobermanns oder eines Bullterriers abzugrenzen ist schon schwieriger. Uns fehlt sozusagen die o-Linie im Lineal der einzelnen Rassen, um konkret zu entscheiden, ob ein bestimmtes Verhalten in einer bestimmten Situation nun über, unter oder in der Norm ist. Ob dieses Verhalten dann noch von der Umwelt gewünscht oder unerwünscht ist, ist eine andere Geschichte.

Normalverhalten als Bewertungsgrundlage

Momentan behilft man sich zur Klärung der Frage nach Vergleichbarkeit damit, dass man die Entstehungsgeschichte von Rassen betrachtet (für welchen Arbeitseinsatz wurde diese Rasse ursprünglich einmal gezüchtet?) und schaut, ob man so auch Aufschluss über eventuelle Schwerpunkte in Verhaltensmustern bekommen kann.

Zusätzlich werden generelle Verhaltensbeobachtungen an Hunden und an Wölfen gesammelt und ausgewertet. Die Vergleiche und Bewertungen hinsichtlich „Normalverhalten" gelingen relativ gut bei Verhaltensweisen, die deutlich zu Funktionskreisen gehören oder die als Arbeitsschwerpunkte aus Funktionskreisen gezielt herausgezüchtet wurden. Der Bereich Jagdverhalten und das daraus entstandene Treibe- und Hüteverhalten sind dafür ein gutes Beispiel.

Schwieriger wird es, wenn man Verhaltensweisen betrachtet, die keinen eigenen Funktionskreis haben, sondern in allen Funktionskreisen vorkommen und dazu immer auch eine starke emotionale Beteiligung haben. Hierzu gehören die Komponenten des Kommunikationsverhaltens und des Aggressionsverhaltens. Beide Bereiche treten in allen Funktionskreisen als Mittel zum Zweck auf, und werden selbstverständlich auch untereinander kombiniert. Man spricht ja auch von der „aggressiven Kommunikation".

Was ist normal, was unnormal?

Da Menschen, ebenso wie der Hund, gerade beim Aggressionsverhalten emotional stark beteiligt sind, werden diese Verhaltenselemente unweigerlich aus einem sehr anthropomorphen (= vermenschlichenden) Blickwinkel betrachtet. Dies behindert eine konstruktive und sachliche Lösung eventueller Probleme.

Ein Beispiel verdeutlicht dies: In einem Lehrbuch zum Hundeverhalten aus den USA werden zwei verschiedene Situationen beschrieben, in denen ein

Hund aggressiv reagierte. Das eine aggressive Verhalten wird als normal und das andere als unnormal und pathologisch bezeichnet.

> „Normales" Aggressionsverhalten: Ein Hund begleitet seine Besitzerin beim Joggen. Die Besitzerin wird von einem Mann angegriffen und der Hund beißt den Mann.
> „Unnormales" Aggressionsverhalten: Ein Hundebesitzer erhält Besuch in der eigenen Wohnung, und als der Besucher die Hand zur Begrüßung ausstreckt, beißt der Hund in den Arm des Besuchers.

Die o-Linie, um hier normales von unnormalem (also gestörtem bzw. übersteigertem) Aggressionsverhalten zu trennen, hat im Kopf des Autors existiert, aber nicht in der Realität. In beiden Fällen handelte es sich um normales Verhalten: Eine Ressource wurde verteidigt. Die Ressource kann in beiden Fällen die Intaktheit des eigenen Körpers beim Hund gewesen sein. Viel-

leicht saß/stand der Hund in solch einer Position zum Mann/Besucher, dass er sich körperlich bedroht fühlte.

Eine weitere Erklärung wäre die Bedrohung der Ressource „Mitglied der eigenen sozialen Gruppe" (Frau, Besitzer). Ein Hund „bewacht oder verteidigt" seinen Halter ja nicht, weil das Verteidigen von Menschen an sich eine angeborene Verhaltensweise wäre oder weil der Hund seinen Menschen so schätzt oder liebt. Er wird immer dort aktiv werden, wo er seine eigene Fitness bedroht fühlt.

Dies könnte in Situationen wie den oben genannten aus zwei Gründen der Fall sein:

> Die Fitness ist bedroht, wenn der Hund sich selbst direkt bedroht fühlt.
> Die Fitness ist bedroht, wenn ein Mitglied der sozialen Gruppe bedroht ist. Die intakte und komplette soziale Gruppe ist nötig für den Erhalt der Fitness von jedem einzelnen Mitglied dieser Gruppe.

Die sich nähernde Fotografin wird akustisch und optisch um Abstand gebeten.

Abwehrverhalten der Hündin gegen die subjektive Bedrohung (schnelles Zufassen) durch den Menschen

Genetisch fixierte Aggression

Wie schon erwähnt, sind bestimmte Verhaltensmuster beim Hund zu einem hohen Anteil genetisch fixiert, denn sie werden, sobald das entsprechende Signal auftritt, bei allen Individuen der Spezies sehr ähnlich gezeigt – auch dann, wenn vorheriges Lernen (z.B. durch Beobachtung) unmöglich war. Hierzu gehören die mütterlichen Verhaltensweisen (siehe S. 134). Ebenfalls eng genetisch fixiert sind bestimmte Abwehrhandlungen zur Schadensvermeidung oder -begrenzung als zügige Reaktion auf eine Beschädigung des Körpers (erkennbar durch einen akuten Schmerz).

Reaktion auf Schmerz

Über entsprechende neuronale Verschaltungen kann es bei der Aktivierung von Nozizeptoren (Schmerzrezeptoren) zu zügigen Abwehrreaktion kommen, Sekundenbruchteile bevor im Gehirn eine Identifizierung und Bewertung des Ereignisses stattgefunden hat. Hierzu gehören z.B. mögliche erste aggressive Reaktionen, die ein Hund als Folge einer Schmerzempfindung bei der Impfung (Einstechen der Injektionsnadel) in Richtung auf die betroffene Körperstelle zeigt. Solch eine Abwehrreaktion kann sehr schnell erfolgen und findet anfangs fast reflexartig statt. Bei entsprechenden Wiederholungen kommt es bei den meisten dieser genetisch fixierten Handlungen auch zu Lernprozessen, die dann zu Verhaltensänderungen führen können. So könnte man schnell einen Hund haben, der schon in die Hand des Tierarztes beißt, sowie sich dieser mit der Injektionsspritze nähert. Auch beim Menschen kennt man angeborene Abwehrreaktionen, die durchaus aggressive Komponenten enthalten können. Nicht umsonst ist „Handeln im Affekt" etwas, was in der Strafgesetzgebung Berücksichtigung findet.

Steigerung der Fitness

Aggressives Verhalten hat sich im gesamten Tierreich sehr früh in der Evolution, also in der Entwicklungsgeschichte der Arten, etabliert und blieb dann durch alle weiteren Entwicklungen von Familien, Gattungen und Tierarten erhalten. Es gehört zum sozialen Verhalten. Wichtigste Aufgabe ist, die biologische Fitness des jeweiligen Individuums zu stärken. Dabei ist Aggressionsverhalten, besonders unter den höher entwickelten Tieren, immer nur eine unter mehreren Möglichkeiten zur Fitnesssteigerung gewesen. So haben sich auch beim Wolf aggressive Verhaltensweisen

in seinem Verhaltensrepertoire entwickelt und auch gehalten: Der individuelle Wolf, der in bestimmten relevanten Situationen u. U. nicht auch aggressiv reagieren konnte, hatte eine geringere Chance sich fortzupflanzen. Der Wolf, der immer und sofort nur aggressiv reagierte, hatte allerdings auch eine deutlich geringere Chance auf Fortpflanzung. Aggressive Verhaltensweisen gehören zu den überlebenswichtigen und zu den Fitness steigernden/sichernden Verhaltensweisen, wenn sie situationsadäquat eingesetzt werden. Der Begriff „situationsadäquat" muss dabei allerdings immer aus der Sicht des jeweiligen Tieres verstanden werden. Man kann davon ausgehen, dass solche überlebenswichtigen Verhaltensweisen im Zuge der Domestikation nur langsam aus dem Verhaltensrepertoire einer Tierart verschwinden. Damit ist gemeint, dass die Fähigkeit des Tieres, diese Verhaltensweisen als solche zu zeigen, während der Domestikation nur langsam verändert wird. Den „unaggressiven" Hund wird man nie züchten können – wohl aber den, der hohe Toleranzgrenzen aufweist und Aggressionsverhalten nur gehemmt zeigt.

Aus Sicht des Hundes nicht angemessenes ranganmaßendes Verhalten des Menschen kann manchmal Aggressionen auslösen. Lernt er diese Berührungen jedoch bereits als Welpe kennen, lässt er sie meist geduldig über sich ergehen.

Wie Angst zu Aggressionen führt

Leicht anders ist es bei der vererbten Veranlagungen, Angst zu empfinden bzw. Angst im Zusammenhang mit bestimmten Auslösesignalen zu empfinden. Hier zeigen domestizierte Tiere generell Abweichungen zur wilden Urform. Im Durchschnitt sind domestizierte Tiere weniger scheu und weniger leicht zu verunsichern. Hier kann man beim Hund aber auch rassespezifische Unterschiede in die eine wie die andere Richtung sehen. Diese haben sich im Zuge der Entwicklung der verschiedenen Arbeitsgebiete und damit der Entwicklung der unterschiedlichen Hunderassen herausgebildet.

Wach- und Schutzhunde

Soll ein Hund für seinen Menschen einen Nutzen als Wachhund haben, macht es keinen Sinn, ein Tier mit einer sehr hohen Reizschwelle für Angstverhalten zu nehmen. Dieser Hund wird den Einbrecher vielleicht einmal kurz angucken und dann weiterschlafen. Solange er sich nicht selbst von dem Eindringling bedroht oder beunruhigt fühlt, wird er nichts unternehmen: Es wäre ja eine Energieverschwendung.

Als Wach- und Schutzhunde waren also nur Hunde zu gebrauchen, die in konkreten Situationen schnell beunruhigt oder verunsichert waren und die dann auch entsprechende antagonistische Verhaltensweisen zeigten.

Das Gleiche kann man auch für den Trainingsaspekt sagen. Um für eine Aufgabe als Wach- und Schutzhund schnell ausgebildet werden zu können, war es ebenfalls nützlich, wenn der Hund in konkreten Situationen aus einer empfundenen Bedrohung heraus schnell antagonistisches Verhalten zeigte. Dieses konnte man dann unter Signal stellen. Die typischen Wach- und Schutzhunderassen vereinen also unter sich Hunde, die früher schwerpunktmäßig auf ein stärkeres und schneller gezeigtes Angstverhalten gezüchtet wurden, damit sie ihren eigentlichen Arbeitszweck gut ausüben konnten und auch schnell dafür trainierbar waren.

Dabei sind die Begriffe „schnelleres" und „stärkeres" Angstverhalten immer auf den Durchschnitt von Rassen bezogen. Angst entsteht üblicherweise als

Mensch bedroht Hund: Die gut ausgebildete Hündin ist leicht gestresst/irritiert, bellt kurz und entspannt sich danach wieder etwas.

Reaktion auf ein konkretes Signal in einer konkreten Situation. Qualität und Quantität von Angstverhalten kann man nur innerhalb und zwischen Rassen vergleichen, wenn man in möglichst genormten Situationen untersucht.

Veranlagung für Unsicherheit

Man weiß heute, dass die Veranlagung für Unsicherheit/Ängstlichkeit mittelgradig erblich ist. Erste intensive Untersuchungen waren in den achtziger Jahren des letzten Jahrhunderts durchgeführt worden, um Programme zur Zucht von tauglichen Blindenführhunden zu entwickeln. Ängstliche Hunde sind nicht gut zur Führarbeit geeignet, da sie ein hohes Gefährdungspotenzial für ihren blinden Hundeführer bedeuten. Diese

Tatsache muss wohl nicht großartig betont werden. Zur gleichen Zeit wurden bestimmte ängstliche Zuchtlinien von bestimmten Rassen (u.a. Pointer) gezielt gezüchtet, um Tiermodelle zur Erforschung von Angsterkrankungen auch bei Menschen zu erhalten. Parallel wurde durch andere Forschungsarbeiten aber auch sehr deutlich hervorgehoben, welche wichtige Rolle die Sozialisationsphase für das Verhalten des ausgewachsenen Hundes spielt, besonders im Hinblick auf generelle Ängstlichkeit und Aggressionsbereitschaft. Unter den Hunden, die mit Angst- und Aggressionsproblemen auffallen sind überdurchschnittlich viele, die als Welpen nicht ausreichend sozialisiert wurden. Ihre Toleranzschwelle ist meist niedrig.

Ursachen für Aggression

Aggressionsverhalten als solches gehört zum normalen Verhaltensrepertoire eines jeden Hundes. Es stellt keinen Selbstzweck dar, sondern wird situationsangepasst gezeigt. Der eigentliche Akt der aggressiven Handlung ist immer multifaktoriell verursacht. Aggressives Verhalten ist eines unter mehreren möglichen Verhaltensweisen in einer bedrohlichen Situation. Die verschiedenen Tierarten haben hier unterschiedliche Strategien entwickelt, wie sie am besten mit Bedrohungen, wozu auch soziale Konflikte gehören, umgehen können. Eine Strategie wie „immer Aggression" oder „immer Flucht" in einem Konflikt hat Nachteile für ein hoch soziales Lebewesen, das auf das Leben in der Gruppe angewiesen ist. Wer sich sofort und ohne Variation auf eine offensive Auseinandersetzung einlässt, gerät u. U. schnell an einen stärkeren Gegner. Für beide Gegner in einem Ernstkampf besteht die reelle Chance, massiv verletzt oder getötet zu werden. Die potenziellen Kosten eines Ernstkampfes, auch für den Gewinner, sind hoch. Wer allerdings bei jedem Konflikt sofort flieht, tut seiner biologischen Fitness auch nichts Gutes. Das Leben als Single ist anstrengend und gefährlich; wenn man aus der Gruppe wegläuft, fehlen einem auch die möglichen Fortpflanzungspartner.

Entstehung von Aggression

Alles Verhalten, welches ein Hund zeigt, ist zentralnervös gesteuert, und abgesehen von den Reflexen, die schon auf der Ebene des Rückenmarks geschaltet werden, ist das Gehirn dabei die Schaltzentrale. Mittlerweile hat die Hirnforschung viele Erkenntnisse geliefert, wie diese Steuerung im Feinen, also auf der Ebene der einzelnen Neuronen und Synapsen, vonstatten geht. Man weiß immer mehr darüber, wie Lernen auf der Ebene der Synapsen funktioniert, wie Gedächtnis gebildet wird, wie das Lernen über Assoziation (Verknüpfung) mit positiven und negativen Verstärkern erfolgt.

Die Neurophysiologie der Aggression ist allerdings noch nicht hinreichend erforscht. Man kann sicher sagen, dass Verhaltensweisen, die in jedem Funktionskreis, in jedem Lebensaspekt eines Tieres eine wichtige Rolle spielen können, auch eine komplexe Verschaltung innerhalb der neuronalen Regelkreise aufweisen. Nur so kann gewährleistet werden, dass die fitnesssichernde oder fitnesssteigernde Funktion für jede mögliche Lebenssituation perfekt erfüllt wird. Wie man sich das Ineinanderspiel von Neurotransmittern aber konkret vorstellen kann und welche Gehirnbereich beim Zeigen von aggressivem Verhalten wann aktiv sind, ist noch nicht genau geklärt.

Neurotransmittersysteme

Ein Neurotransmitter, der anscheinend zumindest bei Säugetieren eine gewisse Rolle bei der Aggressionsbereitschaft spielt, ist das Serotonin. Männliche Mäuse mit einem Knockout-Gen für einen Serotonin-Rezeptor im Gehirn wiesen im Verhältnis zu Mäusen ohne dieses Gen ein deutlich erhöhtes Aggressionspotenzial auf. Serotonin spielt zudem eine Rolle für die Steuerung von Emotionen, besonders für das Angstempfinden.

Aber auch andere Neurotransmitter wie Dopamin, Noradrenalin und Gamma-Amino-Butter-Säure (GABA) spielen eine Rolle bei der Aggressionsbereitschaft. Dabei sind die Neurotransmittersysteme eng miteinander vernetzt und beeinflussen sich gegenseitig, können sich hemmen oder aktivieren. Wie man sich diesen Einfluss aber im Einzelnen vorzustellen hat, dazu fehlt heutzutage noch das Wissen.

Bei der Übertragung von Forschungsergebnissen von einer Tierart auf eine andere muss man außerdem vorsichtig sein. Mäuse haben ein anderes Sozialverhalten als Hunde; Aggressionsverhalten spielt dabei eine etwas andere Rolle. Neurotransmittersysteme werden in der Evolution immer in Anpassung an die jeweiligen Lebensbedingungen einer Art geeicht. Wenn Mäuse und Hunde unterschiedliche Sozialsysteme haben und darin naturgemäß das Zeigen oder Nichtzeigen von Aggressionsverhalten eine unterschiedliche Bedeutung hat, kann man solche Forschungsergebnisse nicht eins zu eins übertragen.

Kommentkampf! Konflikt zweier Hündinnen, die zusammen leben.

Emotionale Steuerung des Verhaltens

Alle Umweltsignale laufen im Gehirn zunächst in einer ersten Schaltstelle auf, die zu dem Komplex gehört, der auch für die emotionale Steuerung des Verhaltens zuständig ist. Über Signale werden somit Emotionen ausgelöst und erste Handlungsbereitschaften erzeugt. Es entstehen unterschiedliche Motivationszustände. Nachdem weitere Gehirnbereiche die Signale verarbeitet und ihren Input geliefert haben, werden vom Tier entsprechende Verhaltensweisen gezeigt.

Abgleich von Informationen

Das „Weiterverarbeiten" bedeutet das Abgleichen mit schon vorhandenen Gedächtnisinformationen aus früheren Erfahrungen. Das Abgleichen beinhaltet aber auch, dass interne Signale Einfluss nehmen. Interne Signale sind z.B. ein niedriger Blutzuckerspiegel oder ein bestimmter Hormonstatus. Ein niedriger Blutzuckerspiegel mag bei der gleichzeitigen Präsentation einer läufigen Hündin und eines Kaninchens dazu führen, dass nach Aufrechnen aller Kosten-Nutzen-Faktoren Jagdverhalten gezeigt wird. Ein sehr hoher Testosteronspiegel im

Blut könnte unter Umständen den niedrigen Blutzuckerspiegel unbedeutend werden lassen.

Geschlechtshormone

Die verschiedenen hormonellen Regelkreise beeinflussen das Verhalten, indem die Hormone auch direkt in bestimmten Bereichen des Gehirns wirksam werden. Rezeptoren für männliche und weibliche Sexualhormone findet man z.B. in Bereichen, die für die emotionale Steuerung des Verhaltens wichtig sind (im sogenannten Limbischen System des Gehirns). Dabei zeichnen sich männliche und weibliche Säugetiere durch eine unterschiedliche Qualität und Quantität dieser Rezeptoren aus. So wirkt der Hormonstatus als interner Steuerungsfaktor auf Handlungsbereitschaften des Tieres ein, indem er Emotionen und Motivation beeinflusst. Östrogene, also die weiblichen Geschlechtshormone, haben eine aggressionsbereitschaftssenkende Wirkung. Bei den Androgenen, den männlichen Geschlechtshormonen, ist es umgekehrt. Androgene erhöhen z.B. auch leicht die Risikobereitschaft; genauso wie ein chronisch erhöhter Cortisolspiegel im Rahmen der physiologischen

Auf das reine Fixieren des Älteren hin wendet sich der Jüngere leicht verunsichert ab.

von der heraus man die Befunde interpretiert und bewertet. Letztendlich kann man zunächst nur Ergebnisse sammeln und daraus schließen, dass in bestimmten Rassen die Verteilung der Durchschnittshormonwerte unterschiedlich ist und dass statistisch gesehen bestimmte Hormonwerte mit bestimmtem gehäuftem Auftreten z.B. von Angst und Aggression in standardisierten Situationen korrelieren.

Kastration als Therapie?

Dieser sehr intensive Ausflug in die interne Steuerung von Verhalten über Neurotransmittersystem und Hormone sollte nur noch einmal verdeutlichen, dass man nicht so einfach von „aggressiven" und „nichtaggressiven" Hunden bzw. ganzen Rassen sprechen kann. Es soll darüber auch deutlich werden, dass z.B. eine Kastration als Mittel der Verhaltensbeeinflussung bei schnell aggressiv reagierenden Rüden vorsichtig zu bewerten ist. In Einzelfällen mag eine Kastration des Rüden dessen Aggressionsbereitschaft dämpfen, weil die Wirkung des Testosterons wegfällt. Dies ist aber keine mathematische Gleichung mit Standardergebnissen, je nachdem, welche Variablen man verändert.

Die Kastration als Therapie eines unerwünschten Aggressionsverhaltens beim Rüden sollte also immer eine Einzelfallentscheidung sein. Bei Hündinnen ist die Lage etwas anders. Hündinnen, die schon früh, also deutlich vor der Pubertät, mit situationsinadäquatem und/oder starkem aggressiven Verhalten auffallen, sollten nicht kastriert werden. Es besteht das Risiko, dass durch den Wegfall der dämpfenden Wirkung des Östrogens das aggressive Verhalten in Qualität und Quantität verstärkt wird.

Stressreaktion. Allerdings wirken diese Hormone nicht isoliert sondern im Zusammenspiel mit anderen Faktoren (z.B. Neurotransmitter). Man kann also nicht pauschal sagen, dass Rüden grundsätzlich eine höhere Aggressionsbereitschaft haben als Hündinnen.

Schilddrüsenhormone
Nicht nur die Geschlechtshormone wirken auf die Motivation. Gerade die Schilddrüsenhormone und ihre Auswirkungen auf die Verhaltenssteuerung wurden in den letzten Jahren intensiver erforscht. Eine Schilddrüsenunterfunktion, also ein Mangel an den entsprechenden Hormonen, scheint recht eng mit einer erhöhten Angst- und Aggressionsbereitschaft und einer niedrigen Stresstoleranz im Zusammenhang zu stehen.

Aber auch diese Daten sollte man noch sehr vorsichtig bewerten: Zum einen steht die o-Linie für Aggressionsverhalten (erhöht – erniedrigt) eben nicht fest, und zum anderen ist gerade bei der Labordiagnostik der Schilddrüsenhormone auch noch keine einheitliche Basis für die normale Hormonkonzentration gefunden. Man hat hier also das doppelte Problem der Ausgangsbasis,

Lernen fürs Leben.
Wie bekommt man am
schnellsten etwas zu
essen? Indem man sich
hinsetzt!

Lernen fürs Leben

Gerade beim Aggressionsverhalten wird immer unterschätzt, welche wichtige Rolle Lernen spielt. Lernen bedeutet, sein Verhalten nach den Gegebenheiten der Umwelt auszurichten und anzupassen. Lernen dient immer der Optimierung des eigenen Zustandes (der eigenen Fitness). Letztendlich lernt der Hund nicht, um seinen Menschen, sondern um sich selbst einen Gefallen zu tun: Es geht um die Verbesserung der

Info Bedeutung von Lernen

Lernen als aktiver Vorgang bedeutet, dass das Individuum über seine Sinnesorgane Signale aus der Umwelt aufnimmt, in der dafür vorgesehenen zentralen Schaltstelle verarbeitet und sein Verhalten dementsprechend anpasst bzw. verändert. Stellvertretend für den Begriff „Signal" findet man in der Literatur auch die Begriffe „Reiz" oder „Stimulus".

eigenen Situation. Genauso, wie sich ein Individuum nicht „nicht-verhalten" kann, kann ein Individuum nicht „nicht-lernen" oder nicht „nicht-kommunizieren". Zu jedem Zeitpunkt seines Lebens (permanent 24 Stunden am Tag und 365 Tage im Jahr) nimmt ein lebendiges Wesen Signale aus der Umwelt auf, bewertet und verarbeitet sie und verändert sein Verhalten entsprechend der Situation. Ob Lernen tatsächlich stattgefunden hat, kann anhand qualitativer und quantitativer Verhaltensänderungen in einer bestimmten Situation gemessen werden.

Verhalten wird immer gezeigt, solange ein Lebewesen lebt; Kommunikation bedeutet den Austausch von Information zwischen Sender und Empfänger (siehe S. 183).

Lernsysteme

Die „Hardware" des Lernens ist genetisch determiniert, aber die Lernfähigkeit ist immer auch das Resultat aus Hardware und frühen Erfahrungen während der Welpenentwicklung (siehe S. 140). Jedes Lebewesen hat grundsätzlich zwei Möglichkeiten, die zum Überleben wichtigen Fähigkeiten zu erlangen: erben oder lernen.

Lernen zu können bedeutet einen zusätzlichen Vorteil im Überlebenskampf: größere Variabilitäten im Verhaltensrepertoire und größere Möglichkeiten der Adaptation an sich ändernde Umweltbedingungen. So hat sich mit der Entwicklung im Tierreich von den niederen und niedrigsten Organismen zu den hoch organisierten Säugetieren auch die Fähigkeit zum Lernen entwickelt. Interessant ist dabei, dass die Natur schon sehr früh in der Entwicklungsgeschichte der Tiere das grundlegende System des Lernens entwickelt hat: Lernen findet nach relativ wenigen und klar strukturierten Mechanismen auf der Ebene der Synapsen statt. Im Verlauf der Entwicklungsgeschichte im Tierreich wurden diese Grundprinzipien nur weiter verbessert und verfeinert; die Prinzipien als solches haben sich nicht mehr geändert. Und so kommt es auch, dass wir bei Ameisen und sogar Amöben sehr ähnliche Lernvorgänge in einem bestimmten Rahmen vorfinden wie beim Hund oder Mensch. Bei Ameisen und Amöben kann man auch mit Motivatoren zum Lernen arbeiten, also mit positiven und negativen Verstärkern.

Anpassung an die Umwelt

Wölfe und Hunde durchlaufen bestimmte Entwicklungsphasen, in denen sie sehr empfänglich für Umweltreize sind. Ein soziales Lebewesen muss

Kommunikation und Spielregeln seiner sozialen Gruppe lernen und darüber letztendlich eine eigene Identität entwickeln. Dazu muss sich jedes Lebewesen an seine aktuelle (und damit in der Regel spätere) Umwelt habituieren (anpassen), um als erwachsenes Tier relativ angst- und stressfrei leben zu können. Während der Sozialisationsphase ist ein Welpe am empfänglichsten für dieses Lernen und bildet sich sein Referenzsystem für sein ganzes späteres Leben. In dieser Phase lernt der Welpe auch Variationen und Modulationen des Aggressionsverhaltens (siehe S. 148). Elemente daraus werden etwa ab der 4. Lebenswoche vom Welpen gezeigt, und dieses Auftreten ist genetisch verankert. Das Aggressionsverhalten wird zunächst wahllos und unkontrolliert gezeigt, und das auslösende Signal ist in der Regel der reine Anblick eines Wurfgeschwisters. Über intensiven Kontakt mit den Geschwistern und weiteres Lernen an der belebten und unbelebten Umwelt kann sich dann ein Hund entwickeln, der als Erwachsener nicht wahllos in alles reinbeißt, was ihm vor die Schnauze kommt. Er ist stress- und frustrationstolerant und kann variabel auf Umweltsignale reagieren.

Auch bei einer sehr stürmischen Begrüßung von Frauchen oder Herrchen sollte der Hund gelassen bleiben.

Belohnung für ruhiges Verhalten (rechts liegt der andere Hund im Gras).

Grundsätze des Lernens

Das „Lernen von Aggression" bzw. das Lernen von Verhaltensvariationen für bestimmte Situationen und welches Verhalten in bestimmten Situationen am besten ist, folgt den Prinzipien der Lerntheorie. Diese sind hier sehr vereinfacht dargestellt.

Klassische Konditionierung

Ein Signal, das zunächst keine Bedeutung für das Tier hat, wird mit einem Signal gepaart, das (angeboren oder ebenfalls erlernt) bereits eine Bedeutung hat und ein bestimmtes unbewusstes Verhalten beim Tier auslöst. Nach erfolgter Konditionierung löst das vormals neutrale Signal ebenfalls die entspre-

> ### Info Assoziationszeit
>
> Dies ist die maximale Zeitspanne, in der die korrekte Verknüpfung zwischen Signal und Verhalten oder Verhalten und Verstärker (positiv oder negativ) stattfinden kann. Die Assoziationszeit beträgt in jedem Gehirn, unabhängig ob Mensch, Hund oder Maus, nur wenige Sekunden – praktisch sollte man für den Alltag jedoch mit Gleichzeitigkeit maximal eineinhalb Sekunden rechnen.

chende Reaktion aus. Ein schönes Beispiel für eine klassische Konditionierung, die unbewusst eigentlich jeder Hundehalter durchführt, ist das Lernen des Wortes FEIN. FEIN ist zunächst ein Geräusch, das keine Bedeutung für den Hund hat. Wenn ein Mensch das Signal FEIN immer mit Dingen paart, die für den Hund angeborenerweise eine angenehme Bedeutung haben (Futter, Streicheln), dann erhält das FEIN nach entsprechenden Wiederholungen (= Konditionierung) ebenfalls diese angenehme Qualität.

Instrumentelle Konditionierung

Ein zunächst bedeutungsloses Signal wird mit einer bewussten Handlung des Tieres verknüpft (assoziiert). Nach vielen Wiederholungen der Assoziation (Konditionierung) löst das Signal das entsprechende Verhalten später zuverlässig aus. Hierbei spielt die Motivation eine entscheidende Rolle. Lernen wird über Erfolg und Misserfolg des Verhaltens beeinflusst. Positive und negative Verstärker (umgangssprachlich: Belohnung und Strafe) wirken auf den emotionalen Zustand des Tieres und beeinflussen die Motivation, ein bestimmtes Verhalten beizubehalten, zu verstärken oder zu unterlassen. Ressourcen und der Zugang zu ihnen stellen grundsätzlich Verstärker dar.

Verstärkung von Aggression

Wenn ein Tier die Erfahrung macht, dass eine bestimmte Verhaltensweise regelmäßig eine bestimmte positive Konsequenz zur Folge hat, wird es diese Verhaltensweise öfter, schneller und stärker zeigen (= das Verhalten wird verstärkt). Der flüchtende Kontrahent in einer aggressiven Auseinandersetzung bewirkt diese Verstärkung ebenso wie der Mensch, der seine Hand zurückzieht, wenn er angeknurrt wird. Dies ist natürlich keine Empfehlung, die Hand oder sich selbst nicht zurückzuziehen, wenn ein Hund massives Drohverhalten oder sogar schon den Ansatz zur Offensive zeigt, im Gegenteil. Der Sicherheitsaspekt muss immer beachtet werden, und seine eigene Haut zu retten ist für Menschen so wenig verkehrt wie für Hunde.

Wenn man als Trainer oder Besitzer von vornherein schon weiß, dass es mit einem Hund in bestimmten Situationen Probleme aggressiver Art gibt, sollten diese Situationen auch von vornherein vermieden, kontrolliert oder entschärft werden. Nur darüber erhält man eine Basis für ein Verhaltenstraining, bei dem der Hund etwas lernen kann. Zum Beispiel kann er lernen, dass Aggression in bestimmten Situationen unnötig ist.

Risikofaktor Strafe

Die schmerzhafte Verletzung, die ein Hund im Konflikt mit einem Artgenossen davonträgt, kann ihn davon abhalten, sich beim nächsten Treffen auf einen Ernstkampf einzulassen. Sie kann aber auch dazu führen, dass der Hund beim nächsten Zusammentreffen mit dem Gegner früher und stärker droht oder sogar von null auf hundert in die Offensive geht. Massive Strafsignale des Besitzers gegen einen aggressiven Hund bewirken darum u. U. nur, dass der Hund noch mehr unter Stress gerät und letztendlich früher und massiver gegen Gegner Nr. 1 (anderer Hund) vorgeht, bevor sich der Nebenkriegsschauplatz (Besitzer schimpft von hinten) zusätzlich aufbaut. Aus diesem Grund muss der Einsatz von Strafsignalen bei der Therapie von unerwünschtem Aggressionsverhalten sehr kritisch gesehen werden.

Besonders gutes Verhalten verdient einen Jackpot: viele Leckerli aus der Hand

Es gibt einen klassischen Lehrsatz aus der Verhaltensbiologie: Aggression erzeugt immer Gegenaggression. Die aggressive Reaktion (Strafe) des Besitzers auf seinen aggressiven Hund bewirkt beim Hund also zumeist nur noch mehr Aggression, statt den Lerneffekt in die andere Richtung zu fördern. Der Mensch als das „einsichtige" Wesen sollte also bei kritischen Situationen schlauer sein und den Aggressionskreislauf unterbrechen.

Die wenigsten Besitzer bedenken, dass ein PFUI lerntheoretisch gesehen genauso ein Signal ist wie SITZ und dass man einige Zigtausend Wiederholungen im Training braucht, bevor es klappt und im Ernstfall benutzt werden kann. Dazu müssen Sie überlegen, welches Verhalten der Hund nach dem PFUI denn zeigen soll? Nichtverhalten kann er sich ja nicht.

Das Verursachen von Schmerzen (z.B. über Stachelhalsband, Schlagen) als erzieherische Maßnahme ist nicht nur unter Tierschutzaspekten abzulehnen – als Maßnahme gegen ein unerwünschtes Aggressionsverhalten ist es grob fahrlässig: Das Sicherheitsrisiko für alle Beteiligten ist zu hoch, denn der Hund könnte sich genötigt sehen, sich durch Aggression zu verteidigen.

Im Gegensatz zu den Bildern von Seite 226/227 erfolgt hier die bedrohliche Annäherung mit Beißarm. Der Hund reagiert auf dieses gelernte Signal mit Vorspringen und Packen.

Belohnung

„Beruhigende" Worte des Halters gegenüber seinem aggressiven Hund stellen ebenso eine Belohnung dar wie das übliche Schimpfen. Was in menschlichen Augen eine Belohnung darstellt, muss vom Hund nicht unbedingt als solche empfunden werden und umgekehrt. Als Belohnung empfindet der Hund z.B. die „beruhigenden Worte" in einer Krisensituation. Der Hund versteht den Inhalt der Worte nicht. Wenn ein Hund beim Tierarzt auf dem Tisch aus Angst beißt und dafür mit (vermeintlich) netten Worten „beruhigt" wird oder eventuell zur Ablenkung noch gestreichelt wird, lernt er zwei Dinge:

> Beißen lohnt sich, denn ich bekomme Aufmerksamkeit von meinem Sozialpartner (Frauchen/Herrchen lobt und streichelt mich).
> Die Situation ist grundsätzlich gefährlich (Auch Frauchen/Herrchen reagiert in dieser Situation anders als sonst, also muss an der komischen Sache etwas dran sein, und es war richtig, dass ich mich so aufgeregt habe.

Sie haben dem Hund eine bestimmte Sache beibringen wollen (sei ruhig und hab keine Angst) – und der Hund hat

durch Ihr Verhalten das genaue Gegenteil gelernt (Angst ist gut und Schnappen noch viel besser).

Schutzhundausbildung

Schutzhundeausbildung bzw. Schutzhundesport wird kontrovers diskutiert. Einige Menschen meinen, dass damit die Aggressionsbereitschaft eines Hundes erhöht wird. Ich halte eine korrekt nach den neuesten Erkenntnissen von Lern- und Hundeverhalten(!) durchgeführte Schutzhundausbildung für nicht bedenklich im Sinne einer Steigerung der Aggressionsbereitschaft. Sinn des Trainings ist ja gerade, dass Elemente des Jagdverhaltens hoch ritualisiert unter Signalkontrolle gestellt werden. Das Training zielt darauf ab, dass der Hund außerhalb dieses Signals das Verhalten nicht ohne Weiteres zeigt. Ein Restrisiko bleibt wie bei jedem Hund: Dort, wo sich ein Hund massiv bedroht fühlt, wird er sich auch wehren, und wenn der Stresslevel extrem hoch ist, versagt jede Signalkontrolle.

Mit „Signal" ist hier sowohl ein direktes Kommando des Hundehalters gemeint, als auch eine standardisierte Situation. Ein direktes Signal wäre z.B. FASS. Es erlaubt über den Unterschied „Signal vorhanden oder Signal nicht vorhanden" eine deutliche Unterscheidungsmöglichkeit für den Hund. Eine standardisierte Situation wäre das Weglaufen des Täters (Figuranten), nachdem er bereits „in Gewahrsam" genommen worden ist. Hier ist ein intensiveres Training nötig, um die Unterscheidungsmöglichkeit des Hundes zu gewährleisten. Schließlich soll er nicht plötzlich anderen weglaufenden Personen im Alltag hinterherhetzen. In einer korrekt durchgeführten Schutzhundeausbildung wird auf die Signalkontrolle viel Wert gelegt. Dazu werden die Hunde sehr lange im Bereich des Beutefangverhaltens gearbeitet (Beißen als Packen der Beute) und erst sehr spät kommen Elemente des antagonistischen Verhaltens hinein. In meinen eigenen Untersuchungen zum Aggressionsverhalten von Hunden zeigte sich, dass korrekt und gut ausgebildete Schutzhunde (SchH III/VPG 3) eine sehr niedrige generelle Aggressionsbereitschaft zeigten.

Jagdverhalten

Jagdverhalten gehört nicht zum eigentlichen Aggressionsverhalten. Die Folgen eines unangemessenen Jagdverhaltens können für Menschen oder andere Tiere allerdings genauso unangenehm sein wie die von echtem Aggressionsverhalten. Da die Übergänge zwischen reinem Jagdverhalten und reinem Aggressionsverhalten fließend sind, soll es hier kurz erwähnt werden. Hunde mit einem breiten Beutespektrum können ohne weiteres einen Artgenossen oder einen Menschen als Beute attackieren. Hunde von Bauhundrassen mit einem breiten Beutespektrum können darüber auch Säuglingen im Kinderwagen gefährlich werden. Und

wieder ist, wen wundert es, die Sozialisationsphase entscheidend dafür, wie groß das spätere Beutespektrum des Hundes ist. Eine zweite wichtige Phase läuft dann ab, wenn sich bei Hunden das Jagdverhalten komplexer und kompetenter entwickelt, also ungefähr ab dem 6. Lebensmonat. Aber nicht nur in dieser Zeit sollte ein Hund keine positiven Jagderfahrungen machen. Jedes Erfolgserlebnis ist eine Belohnung und wird die Motivation zum Jagen erheblich verstärken.

Geringere Probleme mit unerwünschtem Jagdverhalten kann man auch haben, wenn der Hund als Welpe z.B. an Kaninchen oder Katzen sozialisiert wurde.

Mit Fährtenarbeit kann man einen Hund prima beschäftigen. Vorbedingung ist jedoch ein guter Gehorsam.

Davon abgesehen ist das beste Vorbeugen gegen Jagdprobleme natürlich die perfekte Kontrolle über den Hund. Dieses Training kann Ihnen niemand abnehmen. Lernen braucht Zeit und häufige Wiederholungen – die wenigsten Menschen schaffen ihren Schulabschluss bereits nach der 4. Klasse und haben auf jede Englischvokabel nur einmal schauen müssen, um sie perfekt im Kopf zu haben.

Formen von Aggression

Schmerz- oder schockbedingte Aggression
> Genetisch eng fixierte Handlung zur Schadensvermeidung

Hormonell bedingte Aggression
> Hündinnen können nach der Geburt der Welpen oder während einer Schein-
> trächtigkeit mit erhöhter Aggressionsbereitschaft gegenüber Eindringlin-
> gen (artfremd/artgleich) im Territorium reagieren. Dies ist ein normales
> Verhalten im Sinne der Fitnesssteigerung, kann aber durch eine gute
> Sozialisation an Hunde und Menschen abgeschwächt werden. Konkurrenz-
> bedingte Aggression gegen andere Hündinnen während der Läufigkeit ist
> hier ebenfalls einzuordnen.

Territorial bedingte Aggression
> Sie wird frühestens nach Erreichen der sozialen Reife gezeigt.

Pathologisch bedingte Aggression
> Sie kann infolge jeder Erkrankung oder jedes Traumas auftreten, bei der
> oder dem das Gehirn geschädigt wird. Echte pathologisch bedingte Aggres-
> sionen sind selten.

Angstbedingte Aggression
> Angst vor dem Verlust von Ressourcen ist etwas, was in allen anderen
> Bereichen ebenfalls eine Rolle spielt.

Frustrationsbedingte Aggression
> Frustration entsteht, wenn der Hund etwas erreichen/haben will und daran
> gehindert wird. Dies löst Stress aus und es besteht das Risiko, dass ein Hund
> in dieser Situation aggressiv reagiert.

Umgerichtete Aggression
> Der Hund reagiert aus Frustration oder Stress heraus aggressiv, kann aber
> den Stressauslöser nicht direkt erreichen bzw. nicht direkt mit ihm kommu-
> nizieren. Er kann sich dann dem nächsten erreichbaren Objekt/Subjekt
> zuwenden und gegen dieses aggressiv reagieren. Dies kann z.B. der Besitzer
> sein, der die Leine hält.

Spielerische Aggression
> Spiel ist eine Taktik, um ohne ernstere Kosten soziale Konflikte zu lösen und
> Informationen über Fähigkeiten und Ambitionen des anderen zu gewinnen.
> Hunde zeigen Aggression aus einer spielerischen sozialen Interaktion her-
> aus schneller als Wölfe. Situationen, die als Spiel beginnen, können Ernst
> werden,bevor Menschen es richtig wahrnehmen.

Bevor wir anfangen unsere Hunde auszulasten, sollten wir uns der Frage widmen, warum Hunde überhaupt beschäftigt werden müssen. Schließlich sind verregnete Tage auf der Couch manchmal auch eine tolle Sache. Jeder von uns kennt sie, und mal ganz ehrlich: Die genießen wir auch! Sicherlich auch unsere Hunde – aber eben nur manchmal ...

Warum Hunde auslasten?

Wenn wir daran denken, was Wölfe den ganzen Tag über tun, und wenn wir den Alltag unserer Hunde damit vergleichen, stellen wir fest, dass unsere Hunde in vielen Situationen ein sehr entspanntes Leben führen könnten. Wir bringen Ihnen den vollen Napf mit Fressen, frisches Wasser steht immer zur Verfügung, der Schlafplatz ist stets sauber und das Territorium wird auch nicht vom Hund bewacht, sondern Frauchen und Herrchen gehen selbst zu Tür und entscheiden, wer auf das Grundstück darf. Auch sind es wir Menschen, die regeln, welcher Hund mit welchem Artgenossen spielen darf.

Wären wir Menschen anstelle des Hundes, wir würden uns wie im Urlaub fühlen. Die Realität sieht für unsere Hunde allerdings anders aus.

Da wir ihnen einige Aufgaben abgenommen haben und sie sich um kaum noch etwas kümmern müssen, geraten sie schnell in eine Spirale der Langeweile. Das heißt, Zeit für Blödsinn ist ebenfalls vorprogrammiert. Was dann genau passiert, hängt ganz individuell vom jeweiligen Hund und der Intensität seiner Langeweile ab.

Auslastung findet auch statt, wenn Hunde miteinander in Interaktion und Kommunikation stehen.

Unsere Jagdhündin Wummi liebt Agility – und das Jagen wird ein Stück uninteressanter.

Aber glauben Sie unseren Erfahrungen aus der Verhaltenstherapie: Der Phantasie des Hundes sind keine Grenzen gesetzt! Um das zu verhindern, sollten Sie darauf achten, dass Ihr Hund eine Aufgabe bekommt. Je artgerechter, umso besser. Hauptsache, der Hund hat Spaß bei der Ausübung.

In der Tat begleitet uns das Thema „Auslastung des Hundes" nicht nur im Freizeitbereich, wo es um Spaß und Spiel geht. Es ist vielmehr ein Teil der Verhaltenstherapie bei spezifischen Problemen wie übermäßigen Aggressionen, Leinenführigkeitsproblemen, nicht alleine bleiben können und vielem mehr.

Über eine sportliche Betätigung kann sich ein erhöhter Cortisolspiegel – der bei Mensch und Hund gleichermaßen auftreten kann – wieder erholen bzw. sinken. Dieser entsteht beispielsweise durch chronischen Stress. Auch unsere Hunde sind nicht frei von

Stress. Sie haben ganz schön damit zu tun, uns Menschen Tag für Tag einzuschätzen und zu verstehen, was wir Hundehalter von ihnen wollen. Nicht immer der einfachste Job …

Durch eine kognitive Auslastung wird der Hund sehr schnell müde. Denksportaufgaben können aber nur zusammen mit dem Hund erarbeitet und gelöst werden, wenn die Kommunikation zwischen Hund und Mensch funktioniert. Speziell darin wird der Halter in der Verhaltensberatung geschult: Die Kommunikation läuft dadurch besser, Erfolge stellen sich ein und der Hund ist ausgelastet und glücklich – ebenso wie sein Herrchen.

Damit es erst gar nicht zu Verhaltensauffälligkeiten kommt, fangen Sie besser vorher an, Ihren Hund zu beschäftigen und ihn zu fordern. Denn dann entstehen gewisse Probleme erst gar nicht und Sie können den Alltag entspannter genießen.

Auslastung – was ist das?

Seit einiger Zeit stellen wir bei uns in der Hundeschule fest, dass der Begriff „Auslastung" zu einer Modeerscheinung geworden ist. Das bedeutet ganz sicher nicht, dass es das Schlechteste ist, seinen Hund auszulasten – ganz im Gegenteil! Hat man die richtigen Auslastungsmöglichkeiten für seinen Hund gefunden, führt der Hund (und somit auch der Halter) ein erfülltes Leben. Was will man mehr?

Dennoch sollte man den Hund nicht um jeden Preis auslasten. Denn wichtig ist: Der Hund entscheidet, was ihn auslastet, was ihm Spaß macht und was ihm gut tut. Vielleicht klingt das zunächst etwas paradox, aber wenn wir das auf uns übertragen, erkennen wir schnell, dass auch wir lieber etwas aus der eigenen, inneren Motivation heraus tun, als wenn uns jemand eine Aufgabe aufzwingt. Bitte beachten Sie dies auch bei Ihrem Hund!

Apropos „innere Motivation". Hier möchten wir gleich ein Missverständnis ausräumen: Einen Hund zu motivieren bedeutet nicht, auffordernd mit einem Ball vor ihm herumzutänzeln, um ihn dazu zu „motivieren", aufzustehen und dem Ball nachzulaufen. Wenn wir im Hundetraining von der inneren Motivation sprechen, beziehen wir uns auf die innere Handlungsbereitschaft des Hundes, in der jeweiligen Situation (dem jeweiligen Kontext) etwas zu tun.

Bevor man den Hund also beschäftigt, heißt es zu prüfen, was dem Hund gefällt. Kennen wir die Vorlieben unserer Hunde, so können wir das Beschäftigungsprogramm für sie gestalten und optimieren.

Bevor Sie Ihren Hund zu neuen Höchstleistungen motivieren wollen, schauen Sie sich sein Wesen und seinen Charakter, aber auch Körperbau und Konstitution gut an. Passt diese Auslastung überhaupt zu meinen Hund?

Wenn wir unsere Hunde nicht auslasten, tun sie es von alleine. Hier hat sich Frau Meier ein Handtuch geklaut.

Passen Sie die Auslastung an den Hund an. Der Bernhardiner ist neun Wochen alt. Er brauch noch nicht so viel, wie der erwachsene Mogli.

Sind Sie unsicher, was Ihrem Hund gefallen könnte, dürfen Sie gerne ausprobieren und austesten, was er gerne macht. Keine Sorge, Sie demotivieren ihn nicht mit einem Angebot, das ihm nicht so zusagt, wenn Sie ihn beim Ausprobieren sicher durch die Übung führen.

Das bedeutet, dass Sie alle neuen Übungen planen sollten, etwa nach folgendem Schema:
> Trainingssequenz zu Beginn maximal 5 Minuten,
> langsames Heranführen an die neuen Geräte,
> die Übung positiv, lobend beginnen und
> positiv beenden;
> das ganze Training über eine geduldige und klare Haltung einnehmen.

Wenn Sie sich an diese Grundregeln halten, nimmt es Ihnen Ihr Hund ganz bestimmt nicht krumm, wenn Sie nicht seine Nr.1 als Beschäftigungsform gewählt haben. Und durch Ihren klaren Trainingsaufbau steigern Sie ganz nebenbei die innere Motivation des Hundes, etwas mit Ihnen zusammen zu machen.

Gesundheit hat Vorfahrt

Um einen Hund artgerecht zu beschäftigen, behalten Sie auch bitte seinen gesundheitlichen Allgemeinzustand im Auge. Ein 12 Jahre alter Bernhardiner wird den Weltrekord von 2,9 Sekunden im Slalomlauf beim Agilitytraining sicher nicht mehr knacken. Bleiben Sie bei allen Aktivitäten an der Seite Ihres Hundes. Denken Sie daran, er gibt das Tempo vor. Nur so können Sie gewährleisten, dass Sie und Ihr Hund lange Spaß zusammen haben werden.

Nicht zu vergessen ist natürlich die sich ständig verbessernde Teamfähigkeit zwischen Ihnen und Ihrem Hund. Hier schließt sich der Kreis wieder und Sie schlagen zwei Fliegen mit einer Klappe, denn Vorbeugen ist besser als Nachsorge. Und Sie und Ihr Hund dürfen auch einfach nur Spaß haben!

Was bedeutet richtiges Spielen?

Wenn wir unsere Kunden in der Hundeschule fragen, warum Sie sich einen Hund angeschafft haben, dann hören wir häufig den Satz: „...damit wir mit ihm spielen können." Meistens befinden wir uns dabei gedanklich auf einer schönen, grünen Wiese, idyllisch mit unserem Hund, freilaufend Fußball spielen. Ganz Recht, das ist Spielen ... für uns Menschen.

Für Hunde ist spielen mehr

Hunde lernen im Spiel! In der Welpenzeit lernen Sie beim Spielen die Kommunikation mit anderen Hunden. Sie lernen, selbst mal der Unterlegene und mal der Überlegene zu sein. Sie erlernen während des Spiels die Beißhemmung gegenüber Artgenossen und man hat das Gefühl, sie erziehen sich fast von selbst. Genau so hat es die Natur auch eingerichtet.

Hunde lernen im entspannten Modus (sprich: während des Spiels) am allerbesten, weil sie stressfrei handeln und reagieren können.

Hunde lernen und üben in der Welpen- und Junghundphase die wichtige

Info Rollenspiele

Beim spielen unter Artgenossen gibt es keine Sieger und keine Verlierer. Hunde wechseln während des Spielens blitzschnell die Rollen.

Kommunikation mit Artgenossen und mit Menschen. Dabei lernt der Hund auch den „Hundeknigge" kennen, die notwendigen Benimmregeln im Umgang mit Hunden und auch mit Menschen. Für die soziale Reife des Junghundes ist spielen also unabdingbar.

Haben Sie einen Hund, der nicht gerne spielt, bedeutet das nicht, dass er nicht kommunikationsfähig ist – keine Sorge. Natürlich kann er dies auch auf nicht-spielerische Art und Weise erlernen.

Es gibt Hunde, die wollen einfach nicht spielen. Auch das ist in Ordnung. Dennoch haben wir oft gesehen, dass der Halter unbewusst mit daran beteiligt ist. Der Hundehalter möchte zwar, dass sein Hund spielt, aber durch schlechte Vorerfahrungen und Gedanken („Mein Hund spielt bestimmt wieder nicht"), überträgt er seine Stimmung auf seinen Hund und sieht sich dann bestätigt.

Denn schnell sind die Reserven aufgebraucht und er könnte überfordert werden.

Geben Sie sich einen Ruck! Seien Sie das Zugpferd und denken Sie vor allem positiv! Halten Sie eine gute Stimmung während der ganzen Spielphase. Denken Sie dran, dass Sie das Spiel anführen und steuern.

Hunde lernen im Spiel, mit uns umzugehen. Sie lernen unsere Regeln, Körpersprache und Prioritäten kennen – also mehr als nur Fußball spielen. Halten Sie sich dies beim Spielen mit Ihrem Hund vor Augen, denn wir Hundehalter denken dabei kaum über unsere Ausdrucksformen und unsere Körperspra-

che nach, sondern „spielen einfach nur". Lassen Sie sich beim Spielen oder Training doch einfach mal filmen, egal ob beim Agility, bei der Fährtenarbeit oder bei Zerrspielen mit dem Hund. Sie werden sehen, wie spannend diese Filmaufnahmen werden, und dass auf diese Weise schon die ersten Missverständnisse zwischen Mensch und Hund aufzudecken sind. Für den Hundehalter sollte spielen bedeuten, dass:

> der Hund in einer Spielsituation durch den Hundehalter verantwortlich begleitet wird – nur so kann sich

Gemeinsames Spielen ist für Hund und Mensch wichtig!

der Hund während des Spielens ganz entspannen;

> der Halter die richtige Art des Spielens für seinen Hund heraussucht (Seite 245), Entspannung und Spaß für den Hund haben dabei Priorität;

> der Hundehalter das Umfeld so gestaltet, dass der Hund sich nicht durch andere Einflüsse ablenken lässt;

> die Gesundheit des Hundes nicht gefährdet wird;

> das Spiel durch gute Stimmung optimiert wird.

Probieren Sie es aus und spielen Sie mit Ihrem Hund nach diesen neuen Regeln. Sie werden merken, dass Ihnen Ihr Hund noch mehr Aufmerksamkeit entgegenbringt und dass gemeinsames Spiel im Alltag für Ihren Hund – ebenso wie für Sie – ein größere Bedeutung bekommt.

Spielgruppe, Spieltherapie

Spielgruppen

Spielgruppen sind bei den meisten Hundehaltern sehr beliebt. Auf dem Hundeplatz kann der Hund dabei in einem eingezäunten Bereich nach Lust und Laune unangeleint mit Artgenossen spielen. Ein Hundetrainer ist im besten Fall vor Ort und kann die Gruppe kontrollieren. Der Halter ist glücklich, weil der Hund anschließend zufrieden, müde und ausgelastet ist. Eine tolle Sache, wenn sich alle verstehen.

Nutzen Sie ruhig diese Angebote Ihrer Hundeschule und bieten Sie Ihrem Hund den sozialen Kontakt zu anderen Hunden. Lassen Sie sich jedoch vorher beraten, ob Ihr Hund auch in diese ausgesuchte Gruppe passt, denn auch bei Freilaufmöglichkeiten soll-

Info Mobbing

Mobbing gibt es auch bei Hunden. In diesem Fall findet der Rollenwechsel beim Spiel nicht mehr statt und ein Hund wird (meistens) von einer ganzen Gruppe gejagt. An der Körpersprache des fliehenden Hundes erkennen Sie leicht, dass der Spaßfaktor schon lange gleich Null ist. Rufen Sie Ihre Hunde ab! Mobbing hat nichts mit Spiel zu tun.

ten Sie darauf achten, dass der Hund richtig spielen kann, um positive Gefühle zu entwickeln.

Auch genießen Hundehalter das eine oder andere Gespräch unter Hundefreunden. Ein Austausch ist wichtig, um sich sicher zu fühlen.

Spieltherapie

Speziell für ängstliche Hunde gibt es das Angebot der Spieltherapie. Hier lernt der Halter – in einer individuell zusammengestellten Gruppe – mit seinem Hund wohldosiert zu spielen, so dass sich der Hund entspannen kann. Denn empfindet der Hund Angst, bedeutet dies für ihn Anspannung und nicht Entspannung. Also wird vornehmlich Entspannung unter Anleitung trainiert, und der Hund wird in seinem Tempo lernen, sich auf Spielsituationen und Entspannung einzulassen. Spieltherapien setzen wir in der Verhaltensberatung immer häufiger ein; es sind wichtige Interventionstechniken.

Ein gut ausgebildeter Hundetrainer wird genau darauf achten, dass Ihr Hund nur die Dosierung an Spiel und Entspannung bekommt, die er benötigt. Sprich: Ein ängstlicher Hund und zwei Draufgänger, die Spaß daran haben, den anderen zu überrennen, sind ein No-go!

Ihren Hund interessiert schlechtes Wetter (meistens) nicht. Hat er Lust, wird er Sie auffordern.

eine eine gute Vorübung für später. So lernt Ihr Hund, Objekte zu unterscheiden:

> Schicken Sie Ihren Hund zu einem Ball.
> Loben Sie ihn, wenn er den Ball berührt. Ihr Hund lernt, dass er sich Futter verdienen kann, wenn er den Ball berührt.
> Ihre Bewegung wird zum Übergangssignal. Sagen Sie ihm ab jetzt kurz vor dem Übergangssignal das Wort „Ball". Er wird schon bald auf „Ball" loslaufen.
> Wiederholen Sie die Übung, indem Sie ihn zu einem Buch laufen lassen und führen Sie das Wort „Buch" ein.
> Legen Sie Ball und Buch ca. 1 Meter auseinander auf den Boden. Schicken Sie den Hund zum Ball. Loben Sie ihn für die richtige Handlung und ignorieren Sie eine falsche Handlung.
> Schicken Sie ihn zum Buch. Wechseln Sie unregelmäßig die Objekte.

Diese Übung können Sie auch nach draußen verlegen. Üben Sie im Garten und später in anderen Umgebungen. Sie können auch die Anzahl der Gegenstände verändern. Variieren Sie die Übung, je phantasievoller desto besser!

Schlechtes Wetter – na und?

Zeigen Sie dem Wetter die rote Karte. Sie können den Hund auch drinnen richtig gut beschäftigen! Dabei sollten Sie den Fokus jedoch mehr auf die kognitive Auslastung legen, da dem Hund bei einer sportlichen Betätigung in Ihrer Wohnung natürlich Grenzen gesetzt sind. Nach zehn Minuten Denksport wird sich Ihr Hund zufrieden ausruhen.

Gegenstände unterscheiden
Hier eine Übung als Beispiel: Geben Sie Gegenständen einen Namen. Das ist

Vorher ein Warm-up

Vor lauter Eifer sollten wir aber nicht vergessen, dass zu einer guten Spiel- und Beschäftigungsvorbereitung auch ein vernünftiges Warm-up gehört. In jedem Sportverein, egal ob Mannschaftssport oder Einzelsport, ist das Warm-up wichtig und schützt unseren Körper vor Verletzungen. Unseren Hund auch! Also, ran an den Speck und warm machen.

Durch ein strukturiertes Warmmachen des Körpers stärke ich Stoffwechsel und Kreislauf, die Muskeln, Knochen, Sehnen und Gelenke des Hundes. Gerade bei sportlichen Aktivitäten wie Agility, Schnüffeln, Treibball und Co. lohnt es sich, dass Herrchen und Frauchen sich mit warmlaufen. Sie sehen: Ein Hund hält Sie fit!

> Der Hund sollte vor sportlichen Aktivitäten mindestens 4 Stunden vorher nichts mehr fressen.
> Nehmen Sie Ihren Hund zum Warm-up an die Leine. Diese soll locker durchhängen. Durch die Leine gewährleisten Sie, dass Ihr Hund Ihrem Tempo folgt und es nicht eigenständig wechselt oder gar mit seiner Nase abdriftet und lieber der Geruchswelt folgt, als sich warm zu machen.
> Steigern Sie das Tempo langsam. Beginnen Sie, einige Minuten im strammen Schritttempo zu gehen und er-

höhen Sie dann in den Trab. Einige Minuten dürfen es sein. Wenn Sie und Ihr Hund dann warmgelaufen sind, können Sie das Tempo zwischendurch erhöhen und wieder verlangsamen.

> Während der Aufwärmphase sollte der Hund keine Sprünge oder Hindernisse bewältigen, sondern sich auf ebenem Gelände bewegen.

Tipp Trinken

Halten Sie während des Trainings Wasser für den Hund bereit. Der Hund darf trinken, sollte jedoch während des Sports Wasser jeweils nur in kleinen Mengen angeboten bekommen, damit er sich nicht übergeben muss bzw. Magenschmerzen bekommt.

Beim Aufwärmen sollten Sie Ihren Hund gut beobachten. Sie erkennen am Gang, ob er gut drauf ist oder ob er geschont werden muss.

Integrieren Sie alle Familienmitglieder in die Hundeerziehung. Umso einfacher wird es nach der Eingewöhnung.

Kinder und Hunde

Beziehen Sie Ihre Kinder in das Trainingsprogramm ein. Sind die motiviert und haben Lust, zusammen mit Ihnen und dem Hund neue Spiele auszuprobieren, steht dem sicherlich keine Altersgrenze im Wege. Ob Kinder schon mit Hunden zusammenarbeiten können, hängt in erster Linie davon ab, ob das Kind dem Hund gegenüber Verständnis und Respekt zeigen kann. Gleichwohl lernen viele Kinder, nahezu perfekt mit Hunden umzugehen (häufig sogar schneller und besser als mancher Erwachsener). Beziehen Sie Ihre Kinder soweit ein, dass alle Beteiligten Spaß an der Sache haben.

Die gemeinsamen Spielregeln lauten, dass Sie als Elternteil die volle Verantwortung tragen und die Kontrolle über die Situation – mit Hund und Kind – behalten müssen. Unterstützen Sie Ihr Kind, wenn der Hund die Signale Ihres Kindes nicht befolgt. Trainieren Sie dann zuerst die Basissignale, wie „Sitz", „Platz", „Hier" und „Nein", die Ihr Kind dem Hund gibt. Wenn die Basis steht, kann das gemeinsame Spiel losgehen.

Auch wenn die Beziehung zwischen Kind und Hund nicht gut ist, sollten Sie handeln: Durch Spieleinheiten und die Übernahme kleiner alltäglichen Rituale kann diese verbessert werden. Beachten Sie dabei bitte, dass Sie Hund und Kind niemals alleine lassen.

Ganz wichtig: Sorgen Sie beim Spiel immer für genügend Ausweichmöglichkeiten für Ihr Kind und natürlich auch für Ihren Hund.

Eine erste gute Übung für den gemeinsamen Start ist es, dem Kind beizubringen, dem Hund das Leckerchen auf die richtige Art und Weise zu geben. Dazu sollte es die Handfläche flach ausstrecken. Im Optimalfall gibt das Kind das Leckerchen mit dem Signal „Nimm" frei. Der Hund darf das Leckerchen dann nehmen. Sinnvoll ist es auch, wenn das Kind lernt, den Hund für richtiges Verhalten zu loben.

Eine Aufbauübung dazu ist das „Nimm-Nein-Spiel". Hierbei lernt der Hund, nur auf das Signal „Nimm" hin ein Leckerchen aus der Hand des Kindes zu nehmen. Sagt es hingegen „Nein" und schließt dabei die Faust, signalisiert dies dem Hund, dass er nicht ans Futter kommt und es auf das „Nein" hin nicht nehmen darf. Die Übung sollte mit dem positiven „Nimm" enden, so dass der Hund motiviert ist für die nächste Trainingsrunde.

> **Tipp　Pausen machen**
>
> Bauen Sie bei allem, was Sie tun, genügend Pausen für den Hund ein.
> Wir stellen zum Beispiel immer wieder fest, dass unseren Hunden, die im Agility aktiv sind, eine zwei bis drei Monate lange Pause in den Wintermonaten gut tut.

Bewegung ist gesund

Für unseren Hund wünschen wir uns ein langes, gesundes Leben. Dabei können wir ihn unterstützen! Suchen Sie die Beschäftigungsideen und Sportarten aus, die Ihr Hund mit seinem momentanen Gesundheitszustand auch umsetzen kann. Leidet Ihr Hund unter Gelenkproblemen und/oder Krankheiten des Bewegungsapparates, sollten Sie schnelle Sportarten wie Agility meiden. Setzen Sie den Fokus lieber auf kognitive Auslastungsmöglichkeiten für Ihren Hund, wie etwa das Schnüffeln oder Geduldsspiele.

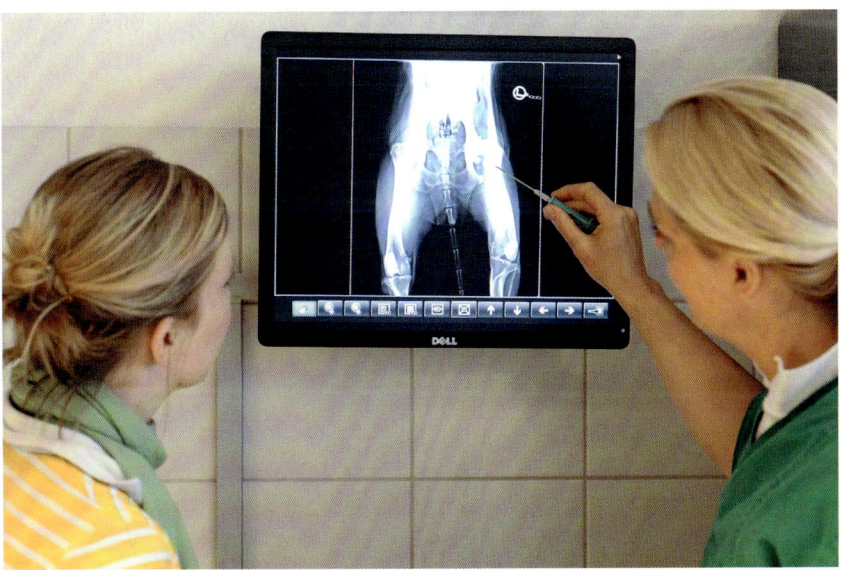

Besprechen Sie mit Ihrem Tierarzt regelmäßig den Gesundheitszustand Ihres Hundes.

Der ältere Hund

Manche Hunde sind auch in hohem Alter noch topfit, aber in den meisten Fällen sieht es so aus, dass es der Hund im Alter etwas ruhiger angeht. Arbeiten Sie mit Ihrem älteren Hund nach dem Motto: „Fordern, aber nicht überfordern." Kognitive Auslastung tut alten Hunden gut. Reduzieren Sie die körperliche Betätigung, wenn Sie merken, dass der Hund zum Beispiel anfängt zu humpeln oder nach den Spaziergängen länger als normal schläft. Dies können Anzeichen von Überforderung sein.

Hat Ihr Hund gerade einen medizinischen Eingriff hinter sich oder wurde geimpft, gönnen Sie ihm eine Pause. Die braucht der Körper zur Regeneration und Heilung und sie hilft dem Hund, die gemachten Erfahrungen zu verarbeiten. Ihr Tierarzt wird Sie über das richtige Maß an Bewegung für den genesenden Hund beraten.

Eine graue Schnauze ist nicht immer ein Zeichen für einen alten Hund. Schauen Sie sich sein Temperament und seine Spielfreude an.

Durch Bewegung Stress abbauen

Dauerhafter Stress tut keinem gut, weder Mensch noch Hund! Eine Weisheit, die wir alle kennen, aber mal ehrlich, wer kann heute einfach so sagen: „Ab heute lebe ich ohne Stress?" Ein schöner Gedanke, aber die Realität sieht anders aus.

In Zeiten von Burn-Out und einer sich immer schneller drehenden Welt sollten wir aber dennoch nicht einfach kapitulieren, sondern uns zumindest kleine Freiräume schaffen. Sorgen Sie dafür, dass Sie sich gemeinsam mit Ihrem Hund kleine Auszeiten gönnen, die Entspannung und Wohlbefinden bedeuten. Damit tun Sie nicht nur dem Hund, sondern auch sich selbst viel Gutes!

Ihre erste Aufgabe: Starten Sie mit einer täglichen Trainingseinheit von fünf Minuten. Das reicht für die erste Zeit schon aus. Wenn Sie das konsequent einhalten können, werden Sie merken, wie gut Ihnen das tut und wie leicht sich diese Übungen in Ihren „hundlichen" Alltag integrieren lassen.

Ihre zweite Aufgabe: Beobachten Sie Ihren Hund, ob er unter Stress steht. Sie sollten die körperlichen Anzeichen erkennen, um Ihren Hund aus dem Stress herauszuholen.

Info Stressanzeichen

> Vermehrtes Hecheln, welches nicht auf zu viel Wärme und Schwitzen zurückzuführen ist,
> Kratzen, Aufreiten, Vokalisation, Spontanschuppung, Haaren,
> Durchfall, Erbrechen, Entleeren der Analdrüsen (Leeren der Darmpassage),
> erweiterte Pupillen, Unruhe, Speichelfluss, erhöhter Blutdruck.

Die Anzeichen können einzeln oder zusammen auftreten. Zeigt der Hund Stressanzeichen, gibt es für ihn vier Möglichkeiten, aus dem Stress wieder herauszukommen (bei Menschen gelten die gleichen sogenannten „4 F"):

> Flirt = Übersprungshandlungen,
> Fight = Angriffstendenzen,
> Freeze = der Hund erstarrt in einer Situation, wenn er gestresst ist,
> Flight = der Hund versucht zu fliehen; ohne Leine eine gute Taktik, ist der Hund jedoch über die Leine mit dem Besitzer verbunden, kann er nicht fliehen.

Welche Reaktion der Hund zeigt, ist einerseits von der Genetik, andererseits von den gemachten Erfahrungen des Hundes abhängig. Das ist der Grund, warum wir auf Seite 251 beschrieben haben, dass Eltern darauf achten sollen, dass der Hund eine Fluchtmöglich-keit hat. So kann er sich aus Konflikten zurückziehen und der Körper kann die Stresshormone abbauen und zum entspannten Modus zurückkehren.

Kann der Hund nicht fliehen, bleiben nur noch die o.g. anderen drei Alternativen übrig. Häufig enden aber diese Strategien im Angriff.

Sie merken schon, dass sich auch bei einem Hund der Stresspegel enorm steigern kann – wie bei Menschen auch. Akuter Stress kann in chronischen Stress übergehen, welcher tatsächlich gesundheitsschädlich ist. Wieder ein Grund mehr, warum Beschäftigung, Sport und Entspannung für Ihren Hund so wichtig sind!

Beginnen wir mit unserem Hund das Training, stellen wir schnell fest, dass uns das Training genauso gut tut. Da unsere Organismen ähnlich funktionieren, bauen wir durch Bewegung ebenso Stress ab wie er.

Kratzen ist eine typische Übersprungshandlung – ein Zeichen für Stress in der jeweiligen Situation.

Info Im Stress

Bei Stress kann unser Hund nicht entspannt denken, geschweige denn spielen. Im Nebennierenmark wird bei Stress Adrenalin und Noradrenalin ausgeschüttet, welches den Körper zur Flucht oder auf einen Angriff vorbereitet.

Stress abbauen – so gehts

Beobachten Sie Ihren Hund, damit Sie Anzeichen von Stress frühzeitig erkennen und gegensteuern können. Versuchen Sie, die Übungen und Trainingseinheiten möglichst stressfrei verlaufen zu lassen.

Suchen Sie sich dazu eine Trainingsumgebung, die reizarm ist. Weiß der Hund nämlich noch nicht, um welche Übung es sich handelt (es hat im Gehirn noch keine Verknüpfung stattgefunden), würden ihn ablenkende Reize bei seiner neuen Aufgabe behindern. Dies würde bei ihm zu Frustration füh-

ren, und das bedeutet Stress! Beginnen Sie neue Aufgaben entweder Zuhause oder auf den bekannten Spazierwegen.

Kann sich der Hund auf das Wesentliche konzentrieren, lassen auch die Erfolge nicht lange auf sich warten und die innere Motivation wird entsprechend gesteigert. Resultat: Der Stresspegel sinkt.

Erhöhen Sie den Schwierigkeitsgrad einer Übung erst, wenn der Hund diese sicher beherrscht und das eingeführte Signal dazu auch verstanden hat. Wir empfehlen, immer nur eine Komponente im Training zu verändern. Wenn eine Übung dann nicht funktioniert, wissen wir, woran sie gescheitert ist. Der neue Trainingsschritt war dann zu groß. Auf diese Weise ist auch die Erfolgsquote für den Hund höher.

Beispielsweise trainieren Sie mit Ihrem Hund den Trick „Rolle" erfolgreich im Wohnzimmer. Sie wünschen sich aber, dass Ihr Hund auch eine Rolle auf dem Spaziergang macht, in Anwesen-

Bilden Sie sich als Hundehalter regelmäßig fort, um Ihren Hund bestmöglich lesen zu können.

heit vieler Hunde. Dazu gehen Sie schrittweise vor:

> Der Hund beherrscht die Rolle sicher im Wohnzimmer.
> Trainieren Sie dann mit Ihrem Hund, ohne die Anwesenheit von anderen Menschen bzw. anderen Hunden, die Rolle auf einem vertrauten, reizarmen Spaziergang.
> Führen Sie dann, in einiger Entfernung, einen weiteren Ablenkungsreiz (Mensch oder Hund) in die Übung mit ein. Usw.

Kontrollieren Sie also die Umgebung bei der Übung, lernt der Hund sich zu entspannen und die Erfolge steigen. Resultat: Der Stresspegel sinkt.

Auch Ihre Stimmung ist für den Hund ausschlaggebend. Trainieren Sie nur in guter und entspannter Stimmung. Nehmen Sie nicht nur vor jedem Training Ihre eigene Stimmung wahr, sondern kontrollieren Sie auch bewusst, ob Sie diese Stimmung während der Trainingsein-heiten mit Ihrem Hund halten können. Mit dieser Eigenkontrolle steht und fällt Ihr Training, denn Hunde sind sehr sensibel für unsere Stimmungen.

Wir selbst bilden Therapiehunde aus und sind jedes Mal aufs Neue fasziniert davon, was Hunde im Vorfeld schon wahrnehmen.

Versuchen Sie nicht, den Hund mit einer künstlichen guten Laune zu täuschen, er durchschaut Ihr wahres Ich. Stehen Sie dazu! Bemerken Sie, dass Sie zu angespannt sind, verschieben Sie lieber eine Trainingssequenz und holen diese zu einem günstigeren Zeitpunkt nach. Manchmal helfen auch Übungen, um sich selbst in eine gute Stimmung zu bringen: Atemtechniken, Sport, positive Gedanken.

Ihr Hund dankt Ihnen eine ehrliche gute Laune durch tolle Erfolge und Spielspaß. Auch dadurch sinkt der Stresspegel für Ihren Vierbeiner. Sie sehen: Durch einfach Mittel können große Erfolge sichtbar werden.

Reichen Sie Ihrem Hund regelmäßig Wasser zum Trinken. Achten Sie auf kurze Trinkpausen zwischen den Übungseinheiten.

Die positive Einstellung

Spielen, Auslastung und Beschäftigung des Hundes haben sicherlich eines gemeinsam: Je aktiver und ehrlicher Sie sich engagieren, desto ausgelasteter ist Ihr Hund – und damit umso glücklicher. Steuern Sie wieder bewusst Ihren Teil mit bei. Die Stimmungsübertragung haben Sie nun schon gut im Griff, aber nun geht es weiter. Trainieren Sie sich in Ihren positiven Gedanken. Viele

Haben Sie gute Laune, hat sie auch Ihr Hund. Er spürt das sofort – nutzen Sie das!

Hundehalter arbeiten regelmäßig mit ihren Hunden, werden jedoch von der Sorge gehemmt, dass der Hund versagen könnte, etwas falsch machen oder den Hundehalter blamieren könnte.

Weg von alten Glaubenssätzen

Was soll passieren, wenn der Hund die Übung nicht auf Anhieb versteht und umsetzt? Richtig: nichts Schlimmes! Ganz im Gegenteil: Hunde lernen auch aus ihren Fehlern, wenn Sie sie, als

Hundehalter, richtig lenken können. Kalkulieren Sie in jedes Training mit ein, dass Ihr Hund Fehler machen darf.

Bleiben Sie gedanklich im positiven Bereich! Gehen Sie nicht im Vorhinein davon aus, dass der Hund oder Sie „patzen" könnten. Think positive! Dann werden die Übungen gelingen.

„Troubleshooting"

Ihr Hund macht trotz positiver Gedanken dennoch etwas anderes? Na klar passiert das auch, aber da Sie nun wissen, dass Fehler zum Lernen dazugehören, können Sie gelassen damit umgehen und diese „Patzer" ruhig ignorieren. Hat der Hund nämlich die Übung noch nicht verstanden, würde ihn der Einsatz einer positiven Strafe (etwa ein Abbruchsignal) vielleicht noch mehr aus dem Konzept bringen, als ihn nur zu ignorieren. Probieren Sie es, den Fehler einfach zu übersehen, die Übung ggf. für den Hund zu erleichtern und mit positiven Gedanken neu zu starten. Sie werden merken, es klappt!

Bleiben Sie bei der Sache

Hunde leben nur in der Gegenwart, wie kleine Kinder auch, also im Hier und Jetzt. Schalten auch Sie ab! Denken Sie während der Spielphasen mit Ihrem Hund nicht daran, was Sie danach gleich noch einkaufen müssen oder wie Sie Ihren Garten gestalten wollen. Bleiben Sie mit Ihren Gedanken in der Gegenwart, bei Ihrem Hund. Probieren Sie es aus! Sie werden merken, dass das gar nicht so einfach ist, wie es klingt – warum? Weil wir in unserem Alltag viel zu viele Dinge gleichzeitig tun. Gelingt Ihnen das nicht auf Anhieb, geben Sie nicht gleich auf. Bekannte Muster müssen erst neu trainiert werden. Dies ist ein wichtiger Tipp, um die Bindung zu Ihrem Vierbeiner zu stärken.

So lernt der Hund

Es gibt zig Bücher zum Thema Lernverhalten. Da es im vorliegenden Buch in erster Linie um Spiel und Beschäftigung geht, gehen wir hier nur knapp auf die wichtigsten Lernmechanismen ein. Diese können Sie für Ihr Training nutzen.

Neue Signale lernen

Unserem Hund können wir die Welt und unsere Signale nicht mit Logik erklären. Auch hilft keine Planzeichnung. Der Hund versteht den inhaltlichen Wortlaut unserer Sprache nicht. Aber dennoch stehen uns einfache Mittel zur Verfügung, um unseren Hund die gewünschten Signale zu vermitteln.

Bei der Einführung von „Tu das!"-Signalen, die den Hund zu einer Handlung auffordern, ist der zeitliche Zusammenhang von entscheidender Bedeutung. Es gibt bei Hunden nur ein sehr kleines Zeitfenster, in dem sie neue Lerninhalte miteinander verbinden können.

Wollen wir den größtmöglichen Lern-Effekt von solchen Signalen erreichen, dann müssen wir den optimalen Zeitpunkt wählen, wann wir ein Signal (Wort, Handzeichen usw.) einführen. Der beste Moment dafür ist 0,5 Sekunden vor einem sogenannten Übergangssignal.

Beispiel: Sitz beibringen

Wir möchten ein neues Signal einführen und dem Hund beibringen, dass Sitz = Popo auf den Boden heißt. Und so gehen wir vor:

> Wir bringen den Hund dazu, dass er sich setzt. Das könnte durch ein Leckerchen sein, das Sie dem Hund zeigen und über seinen Kopf nach hinten führen. Reflexartig wird er seinen

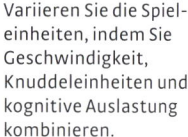

Variieren Sie die Spieleinheiten, indem Sie Geschwindigkeit, Knuddeleinheiten und kognitive Auslastung kombinieren.

Kopf nach hinten legen und sich hinsetzen.

> Durch die Belohnung erreichen wir, dass der Hund diese Handlung mit etwas Angenehmem verknüpft. Ergebnis: Bereits jetzt setzt sich der Hund auf ein Signal (in unserem Beispiel das Zeigen eines Futterstückchens) sicher hin.

> Die von Ihnen ausgeführte Bewegung sagt dem Hund, dass er sich setzten soll. Dies ist ein Übergangssignal. Um das „Sitz" mit dem Hinsetzen zu verknüpfen, sagen sie unmittelbar vor dem Übergangssignal das neue Signal „Sitz".

Wenn diese Kopplung häufig hintereinander stattfindet, verknüpft der Hund das Signal „Sitz" mit dem Hinsetzen. Das „Sitz" löst später zuverlässig das Hinsetzen aus. Das neue, einzuführende Signal wird also immer zuerst

und zeitnah vor der Handlung des Hundes gegeben.

Unterstützen Sie das Training, indem Sie Ihren Hund für:

> Richtiges Verhalten loben bzw. mit einem Leckerchen belohnen; damit stärken Sie seine innere Motivation und er wird für ein Lob das gewünschte Verhalten wiederholen.

> Fehlverhalten ignorieren, solange er im Grundtraining ist (er hat noch keine Verknüpfung zwischen dem Signal und der Handlung hergestellt). So fördern Sie seine Motivation, trotz Misserfolg weiterzumachen, und der Stresspegel sinkt.

Hat der Hund im Verlauf des Trainings ein Signal sicher verknüpft und führt auf das Kommando hin das erwünschte Verhalten aus, loben bzw. belohnen Sie ihn dafür nach dem Spielautomatenprinzip: Mal bekommt er ein verbales Lob, mal ein Leckerchen, mal einen Jackpot (eine besonders große Belohnung). Seien Sie erfinderisch, aber niemals berechenbar für Ihren Hund. Das steigert seine Motivation.

Fehlverhalten darf jetzt mit einem Abbruchsignal korrigiert werden. Ein solches Signal sollte tatsächlich zum Abbruch, niemals aber zu einem Angstverhalten führen. Die Intensität des Abbruchs sollte immer individuell, an den jeweiligen Hund, angepasst werden.

Das Timing
Damit Einwirkungen wie Lob oder Tadel richtig wirken können, müssen sie zeitlich korrekt gesetzt werden. Sie sollten max. 2 Sekunden nach der Handlung gegeben werden. Wenn sie zu früh oder zu spät erfolgen, wirken wir evtl. nicht mehr auf das erwünschte/uner-wünschte Verhalten ein, sondern auf ein anderes, das der Hund gerade im Moment zeigt. Hunde (wie auch kleine Kinder) leben in der Gegenwart. Wir erwachsenen Menschen leben vorwiegend entweder in der Zukunft (vorausschauen, planen, sich sorgen) oder in der Vergangenheit (grübeln, analysieren von Fehlern usw.) Dies führt oft zu einem falschen Timing der Einwirkung, weil wir uns nicht vorstellen können, dass eine Einwirkung für den Hund nach drei Sekunden keinen Bezug mehr zu der vergangenen Handlung hat.

Unbewusste Bestätigungen
Hunde interpretieren auch schmeichelnde Worte oder Beruhigungsversuche als Lob! Wenn der Hund ängstlich reagiert, verstärkt man evtl. sein Verhalten, wenn man versucht, ihn zu beruhigen.

Nur wenn unsere Hunde uns lesen können, können sie unsere Signale umsetzen.

Grundsätzlich entstehen die meisten unbeabsichtigten Bestätigungen, indem der Hund unsere Stimmung falsch deutet. Wenn eine Übung misslingen sollte, sagen Sie Ihrem Hund dann bitte nicht tröstend, dass das nicht schlimm sei, denn das würde er als Lob interpretieren. Ignorieren Sie das falsche Verhalten lieber.

Hundetraining ist wie „Topfschlagen"

Hundeerziehung funktioniert so ähnlich wie das Spiel „Topfschlagen". Wir kennen es aus unserer Kindheit: Einem Kind werden die Augen verbunden. Ein Topf wird über eine kleine Schüssel mit Süßigkeiten (erstrebenswertes Ziel) gestülpt. Nun bekommt das Kind einen Kochlöffel in die Hand gedrückt, mit welchem es den Topf sucht. Die anderen Kinder unterstützen das suchende Kind mit den Hinweisen „kalt" (falsche Richtung) und „heiß" (richtige Richtung). Hat das Kind den Topf gefunden, darf es die Süßigkeiten haben.

Tipp Im Stress

Für Spiele und Beschäftigungen empfehlen wir ein spezielles Signal einzuführen, das dem Hund signalisiert, dass er etwas nicht ganz richtig macht, das ihn aber motivieren soll, es weiter zu versuchen. Wir benutzen dazu das Wort „Nööö-Nööö".
Probieren Sie es mal aus, das kann man auch nicht wirklich streng aussprechen. Durch eine vorenthaltene Belohnung bzw. weiteres Ignorieren der falschen Handlung wird sich der Hund schnell neu orientieren und in Zukunft schnell ein Alternativverhalten zeigen, wofür er belohnt werden kann.

Während des Suchens bekommt das Kind also ein Feedback (Rückmeldung) von den Anderen, ob es sich richtig verhält oder falsch. Hört es „kalt", erlebt es ein Unlustgefühl und wechselt die Richtung (Handlungsabbruch). Hört es „heiß", erlebt es ein Lustgefühl und bleibt in der Suchrichtung (Wiederholung).

Geben Sie dem Clicker durch das richtige Antrainieren eine positive Bedeutung.

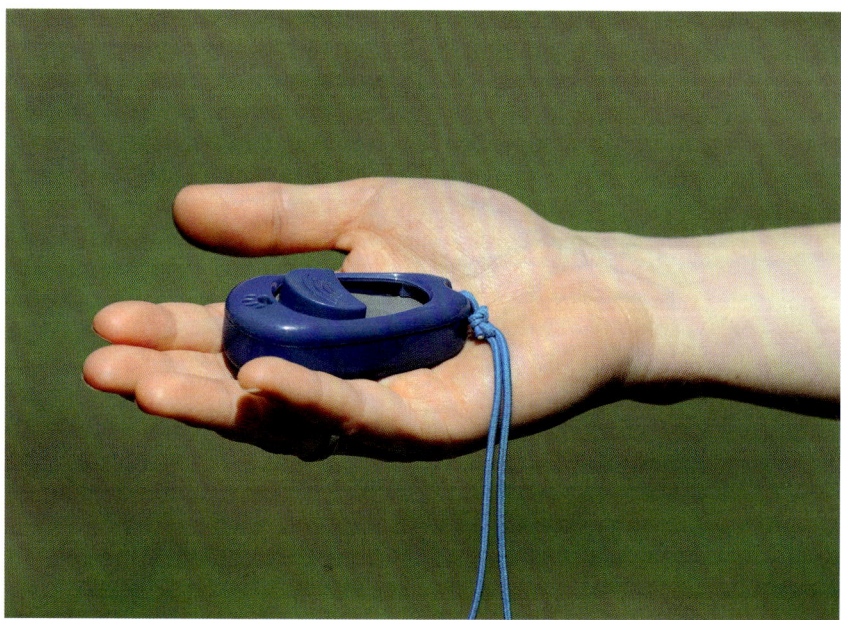

Der Hund schnüffelt am Schlüssel zur Identifikation. Setzen Sie auch hier den Clicker zur Bestätigung ein.

Lernen mit dem Clicker

Beim Clickertraining geht man ganz ähnlich vor wie beim Topfschlagen, denn auch hier erfährt der Hund, ob er sich dem Ziel nähert.

Der Clicker entspricht den heutigen Erziehungsstandards. Mit ihm kann man dem Hund die verschiedensten Dinge beibringen: die Signale der Grunderziehung wie „Sitz", „Platz" und „Hier", aber auch Tricks wie „Rolle", „Peng", Skateboard fahren oder Socken an- und ausziehen.

Worin besteht der Unterschied zwischen Clickertraining und dem „normalen Hundetraining"?

Clickertraining ist eine Methode, die allein mit positiver Verstärkung arbeitet und sich insbesondere dazu eignet, dem Hund etwas Neues beizubringen. Erwünschte Verhaltensweisen des Hundes bzw. seine Ansätze in Richtung des gewünschten Verhaltens werden dabei mit einem Click markiert und positiv bestärkt. (Der Hund hat im Vorfeld gelernt hat, dass der Click etwas positives ist und ein Leckerchen bedeutet – wie Sie ihm das vermitteln, wird auf Seite 262 erklärt.)

Clickertraining fördert die Kreativität der Hunde, da sie in der Trainingssituation verschiedene Handlungen anbieten, um erneut ein Click zu hören.

Auch komplexe Abläufe können mit dem Clicker beigebracht werden, indem sie in Einzelschritte zerlegt werden. So kann der Hund lernen, die Zeitung aus dem Briefkasten zu holen und seinem Besitzer in die Hand zu geben. Grenzen gibt es kaum und Sie können sich auch neue Kombinationen ausdenken.

Hat Ihr Hund den Clicker verstanden, probiert er verschiedene Handlungen, um uns zum clicken zu bewegen ...

Unser Hund wird bei dieser Art des Lernens eine deutlich intensivere kognitive Auslastung erfahren, als wenn wir ihm alles vorgeben und ihm dadurch ein Großteil des Denkens abnehmen. Er darf vielmehr den Weg zur erwünschten Handlung ausprobieren und selbst finden. Das bedeutet, dass er sich nicht an einer Hilfestellung von seinem Menschen orientieren kann, denn Hilfe gibt es im Optimalfall beim Clickertraining nicht – abgesehen vom Click, der dem Hund zeigt, dass er auf dem richtigen Weg ist. Der Hund muss sich also selbst erarbeiten, was Frauchen/Herrchen sehen wollen, um ein Click zu bekommen.

Durch diese Lernsituation ist der Hund kognitiv sehr gefordert. Das Clickertraining kann daher auch mal einen langen Spaziergang mit dem Hund ersetzen, auch wenn er sich hierbei nicht körperlich austoben kann. Kurze Trainingsintervalle reichen zur Auslastung aus!

Was benötige ich zum Clickertraining? Nur einen Clicker, gute Laune und gute Leckerchen, die der Hund mag.

Den Clicker konditionieren

Ein Clicker funktioniert wie der „Knackfrosch" aus dem Kinderzimmer. Durch Betätigung eines Druckknopfes kommt es zu einem definierten Geräusch. Dieses Geräusch sagt dem Hund ohne eine entsprechende Verknüpfung nichts und er würde es in seinem weiteren Alltag ignorieren, da es weder eine negative noch eine positive Bedeutung für ihn hat. Emotional hat der neutrale und damit unbekannte Clicker die gleiche Auswirkung für ihn, als wenn ich eine Blumenvase auf den Tisch stelle. Also keine.

Um den Clicker mit einer positiven Bedeutung zu belegen, wird er „konditioniert". Das funktioniert so: Der Hundehalter hält in der einen Hand den Clicker und in der anderen Hand 10–15 kleine, schmackhafte Leckerchen. Er sucht sich eine entspannte Sitzposition, achtet auf ein reizarmes Umfeld und motiviert seinen Hund, zu ihm zu kommen. Dann clickt er und gibt dem Hund sofort ein Leckerchen. „Click + Leckerchen" gehören zusammen. Ihr Hund wird diese Übung lieben.

.... hat es funktioniert, wartet er ruhig auf seine Belohnung.

Das Ganze wird so oft wiederholt, bis die Leckerchen aufgebraucht sind. In den meisten Fällen dauert diese Übungssequenz nicht länger als zwei Minuten. Der Hund hat dadurch noch nichts von dem gelernt, was wir später als gewünschtes Verhalten sehen wollen, aber er begreift durch täglich mehrfache Wiederholungen dieser kleinen Übungsreihe, dass einem Click immer ein Leckerchen folgt.

Das ist die Basis für das Clickertraining. Ist sie dem Hund nicht klar und deutlich, wird die spätere praktische Umsetzung nicht so gut funktionieren. Daher lieber das Training x-fach wiederholen, bis man zu 100% sicher ist, dass der Hund weiß, dass ein Click einen Keks bedeutet!

Hat der Hund es verstanden?

Wenn der Hund über mehrere Tage immer wieder mit dieser Konditionierungsübung vertraut gemacht wurde, können Sie mit ihm die Probe aufs Exempel machen.

Dazu schauen Sie, wo Ihr Hund gerade ist. Liegt er im Wohnzimmer, gehen Sie kommentarlos und ohne ihn zu animieren mit dem Clicker in die Küche. Leckerchen liegen parat. Nun clicken Sie. Ist der Hund binnen der nächsten Sekunden hochmotiviert bei Ihnen in der Küche, bekommt er sein Leckerchen und Sie wissen, dass er das Prinzip „Click = Leckerchen" verstanden hat.

Bleibt der Hund jedoch liegen, ist das ein Zeichen dafür, dass der Lernprozess noch nicht abgeschlossen ist und der Hund noch nicht weiß, dass er mit dem Click eine Belohnung erhält und damit entsprechend auch ein gutes Gefühl erlangt. Dann üben Sie mit ihm noch eine Weile nach dem Schema „Click + Leckerchen" weiter.

Tipp Das Clickerprinzip

Der Click ist das Versprechen auf ein Leckerchen! Und Versprechen werden nicht gebrochen. Das heißt, dass auf jeden Click ein Leckerchen folgen muss. Bitte denken Sie daran, wenn Sie den Clicker „nur mal ausprobieren" wollen und machen Sie sich vorher die Vorgehensweise klar.

Die Zeitung zu Frauchen bringen, lernt Mango hervorragend, wenn die Übung in Teilschritte zerlegt wird.

Geräuschempfindliche oder schreckhafte Hunde

Viele Hunde sind ängstlich, geräuschempfindlich oder unsicher. Das sollte im Vorfeld beim Clickertraining beachtet werden, denn wird geklickt und der Hund zuckt erschrocken zusammen, ist es schwierig, ein gutes Gefühl bei ihm auszulösen. Es können vielmehr negative Verknüpfungen entstehen. Daher sollte man bei geräuschempfindlichen Hunden den Clicker bei der ersten Benutzung in der Faust in der Hosentasche betätigen, bis der Hund sich daran gewöhnt hat.

Keine Hilfestellungen geben

Um den Hund beim Clickertraining nicht zu irritieren, sollte man keine verbale Hilfestellung geben. „….nun guck doch mal zu dem Target, das ist doch nicht so schwer, hier, ich zeig es

dir …" hilft ihm nicht, die gewünschte Handlung herauszufinden, und lenkt ihn nur ab.

Außerdem sollten Sie keine tätige Hilfestellung geben und z. B. nicht auf den Gegenstand tippen, den der Hund berühren soll. Was genau soll der Hund selbst erarbeiten, wenn Frauchen oder Herrchen permanent selbst den Input geben?! Richtig, nichts – zumindest nichts kognitiv Anspruchsvolles.

Geduld ist etwas, was den meisten Hundehaltern wirklich schwer fällt. Wir neigen dazu, unseren Hunden gerne Hilfestellungen zu geben, denn wenn wir unseren „Familienmitgliedern" helfen können, dann tun wir das. Das ist menschlich und nach unserer Moralvorstellung auch lobenswert. Allerdings sollten wir das Ziel des Clickertrainings nicht aus den Augen verlieren: Selbstständiges Lernen über positive Ver-

stärkung und dabei auch den Hund auslasten. Je mehr Hilfe von uns kommt,
desto weniger Denkleistung des Hundes. Umso größer unsere Enttäuschung,
wenn der Hund nach einiger Zeit keine
Eigeninitiative mehr zeigt und „nicht
checkt", was er tun soll. Doch eigentlich
liegt es dann nur daran, dass wir ihm
keine Chance zum Denken gegeben haben! Ein Kursteilnehmer in der Hundeschule sah uns nach einer Unterrichtsstunde mal an und sagte: „ ... wenn ich
das richtig verstanden habe, bin ich der
limitierende Faktor in der Hund-
Mensch-Beziehung ..." In vielerlei Hinsicht trifft das zu!

Gerade für das Clickern heißt es Geduld haben! Hat der Hund die Motivation, den Clicker hören zu wollen, wird
er den Hundehalter auffordern und
ihm etwas anbieten, damit der endlich
clickt.

Sich die Pfote auf die Hand legen zu lassen und mit dem Signal „Guten Tag" zu belegen, ist eine tolle Anfängerübung ...

Mit dem Clicker Tricks einüben

Der erste Trick

Wenn der Hund verstanden hat, dass das Clickgeräusch ein Leckerchen zur Folge hat, wird er sehr motiviert sein, es wieder zu hören, und ist bereit, etwas dafür zu tun. Jetzt können wir darangehen, einen Trick einzuüben.

Wir setzen uns wieder bequem hin, halten den Clicker und Leckerchen bereit. Gedanklich setzen wir uns ein Ziel und stellen uns das gewünschte Verhalten bildlich vor. Wir möchten dem Hund beispielsweise den Trick „Giveme-Five" beibringen. Dazu soll er die rechte Vorderpfote heben und gegen unsere ausgestreckte Hand „touchen."

Und los gehts: Durch den Anblick des Clickers wird der Hund motiviert sein und darauf warten, dass es endlich

clickt. Doch jetzt passiert erst mal nichts mehr. Denn ab jetzt bekommt der Hund nicht einfach Click + Leckerchen „umsonst", sondern er muss uns etwas anbieten – und am besten bietet er das an, was unserem Ziel näher kommt. Das bedeutet, dass wir clicken, wenn sich der Hund dem Ziel „Give-meFive" annähert. Das kann zum Beispiel das Anheben der rechten Vorderpfote sein. Jedes noch so kleine Anheben der Pfote wird geclickt und mit einem Leckerchen bestätigt.

Das Anheben der Pfote wird der Hund zuerst nicht willentlich, sondern zufällig zeigen, genauso wie zig andere fordernde Anzeichen. Der Hund könnte sich hinsetzen, hinlegen, bellen, mit der linken Pfote kratzen, stupsen und vieles mehr. Aber diese Verhaltensweisen kommen dem Ziel nicht näher. Aus diesem Grund wird das Verhalten nicht

... und ganz im Ernst, es sieht auch schon beeindruckend aus.

geclickt, sondern ignoriert. Dadurch kann der Hund erkennen, welches Verhalten gewünscht wird, und die „falschen" Schritte, die ignoriert wurden, wird er unterlassen. Denn die sind aus seiner Sicht nur Energieverschwendung und führen nicht zum gewünschten Erfolg. Wichtig ist, dass der Mensch seinem Ziel treu bleibt und jeden Schritt des Hundes in die richtige Richtung bestätigt. So lange, bis das Ziel erreicht ist und der Hund mit der Pfote auf die Menschenhand stupst! Und nicht vergessen: Click = Leckerchen! Immer! Denn der Click ist ein Versprechen, und das hält man.

Ein Signal einführen

Sobald wir dem Hund ein neues Verhalten beigebracht haben und ihm die Endhandlung bekannt ist, können wir beginnen, für diese Handlung ein Signal einzuführen und danach den Clicker wieder auszuschleichen. Das geschieht in zwei Schritten, die nacheinander durchgeführt werden:

Hörzeichen verwenden

Der Hund absolviert nun zu 100% das gewünschte Verhalten und zeigt z.B. ein sicheres „Give-me-Five", er kennt aber noch nicht das entsprechende Hörzeichen dafür. Damit der Hund das Hörzeichen (Signal) mit der Handlung verknüpft, gehen wir schrittweise und in der richtigen Reihenfolge vor: Das neu zu Lernende wird vor das Bekannte gesetzt. In unserem Fall heißt das:

> Erahnen, wann der Hund die Handlung zeigt
> Vor der Handlung das Hörzeichen „Give-me-five" sagen
> Der Hund führt die Handlung aus
> Click + Leckerchen

Das Signal „Peng", auf das hin der Hund wie tot umfällt, ist auch ein schöner Trick für Kinder.

Clicker ausschleichen

Sobald der Hund das gesprochene Signal verstanden hat und daraufhin zuverlässig die Handlung ausführt, muss nicht mehr jede Befolgung des Signals mit Click + Belohnung beantwortet werden und der Clicker kann ausgeschlichen werden. Man lässt den Clicker hin und wieder weg oder setzt ihn nur noch leise ein (in der Hosentasche). An die Stelle von Click + Belohnung tritt im Laufe der Zeit Lob, Streicheln oder andere Belohnungen, die der Hund mag.

Was tun, wenn ...

Was tun, wenn mein Hund keine Leckerchen mag? Nicht alle Hunde lieben Leckerchen. Das ist nun mal einfach so – aber sicherlich gibt es eine andere Art der Belohnung. Auch ein Ballspiel ist eine Belohnung, und wenn der Hund auf Ballspielen steht, bedeutet es für das Clickertraining, dass es nun nicht heißt Click + Leckerchen, sondern Click + Ball spielen. Wichtig ist: Die Art des Lobes wird dem Hund angepasst – nicht umgekehrt!

Stimmungsneutral

Der Clicker ist „stimmungsneutral". Wenn ich als Besitzer gestresst und angespannt ins Hundetraining gehe, merkt mein Hund das sofort und das Training ist eigentlich schon zum Scheitern verurteilt. Mit dem Clicker kann ich dennoch das Training absolvieren, weil er meine Stimmung nicht übermittelt: Der Click klingt immer „gleich freundlich", auch wenn ich wütend draufdrücke. So überträgt sich meine schlechte Laune nicht über den Druckknopf auf den Hund. Dennoch sollte man nicht vergessen, dass Hundetraining nur unter dem positiven

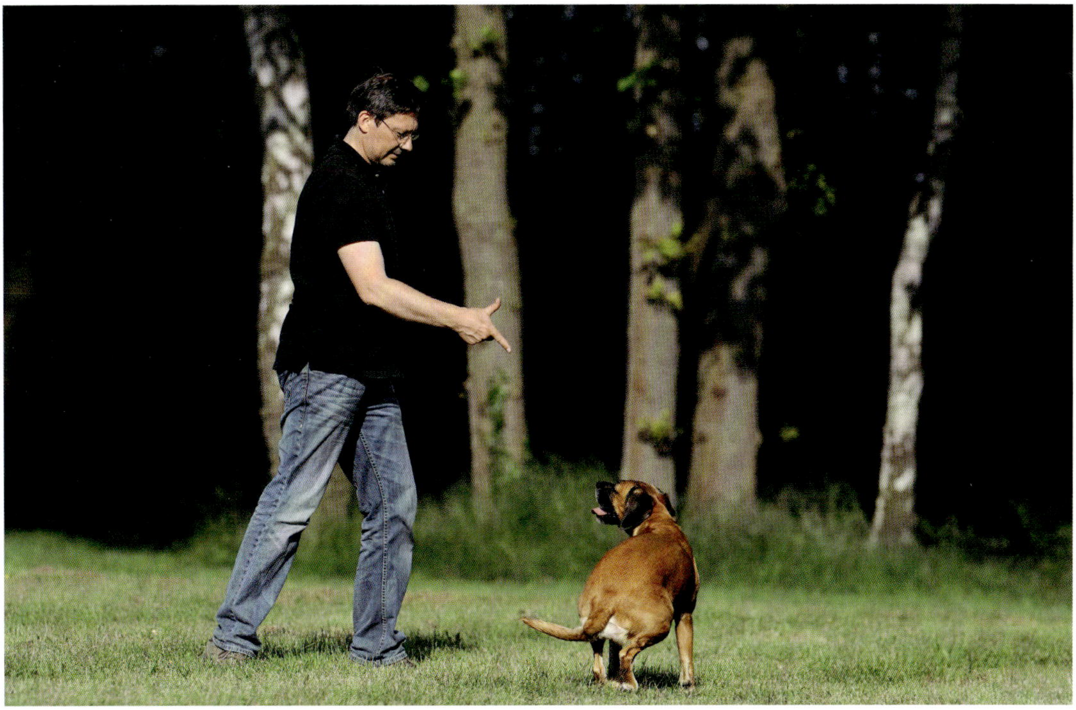

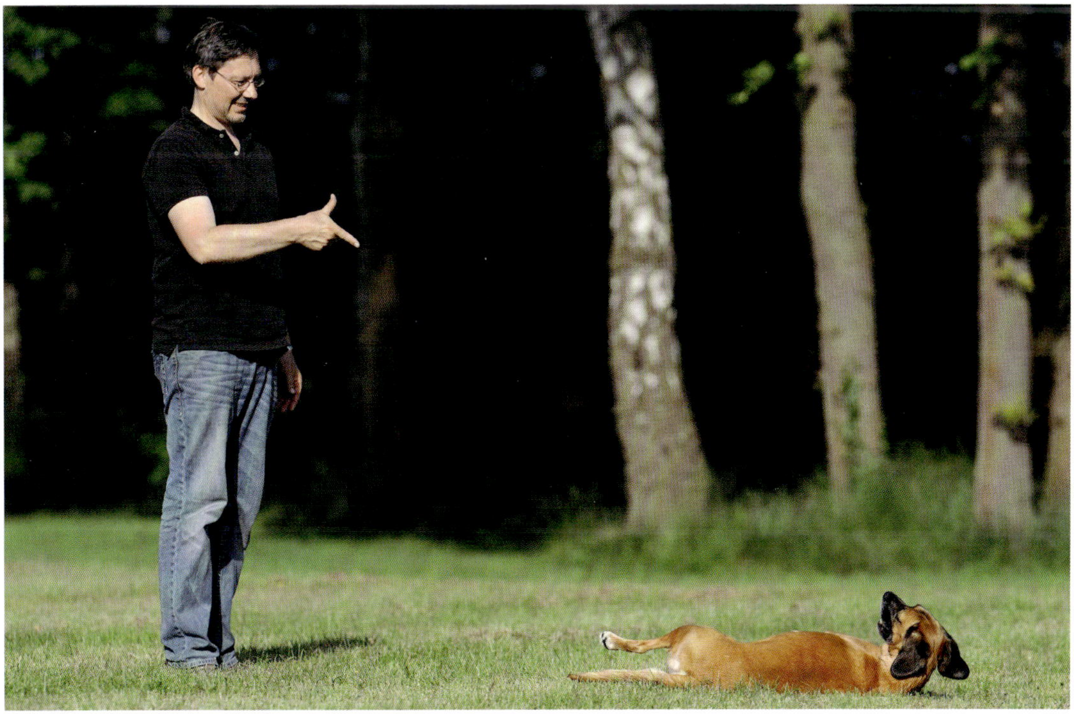

Mozart genießt die Streicheleinheit von Herrchen. Trotz des Größenunterschieds entspannt sich der Kleine – aufgrund der angenehmen Körpersprache.

Ohne Vertrauen wären solche sportlichen Leistungen nicht möglich!

Einfluss der eigenen Stimmung den besten Nutzen bringt. Also Neutralität hin oder her – gute Stimmung unterstützt!

Jedes Click heißt ein Leckerchen

Für jedes Click gibt es ein Leckerchen. Das gilt auch, wenn wir „an der falschen Stelle" geclickt und damit versehentlich ein nicht erwünschtes Verhalten bestärkt haben – durch schlechtes Timing oder weil wir gerade nicht 100%ig aufmerksam waren. Der Hund bekommt aber sein Leckerchen. Denn wenn wir von dem Schema „Click = Leckerchen" abweichen, wäre das sehr verwirrend.

Ein Target verwenden

Das Clickertraining kommt, wie erläutert, weitgehend ohne Hilfsmittel aus. Speziell bei komplexeren Übungen kann es aber manchmal sinnvoll sein, einen Zeigestock als Hilfsmittel einzusetzen, ein so genanntes „Target". Das Target kann tatsächlich ein Zeigestock sein, oder auch eine Fliegenklatsche, ein kleiner Stab oder ähnliches.

Mit Hilfe des Clickers lernt der Hund, das Target mit seiner Schnauze zu berühren:

> Halten Sie in der einen Hand Clicker und Leckerchen, in der anderen Hand das Target. Sobald der Hund die Targetspitze mit seiner Nase berührt, clicken Sie und der Hund bekommt ein Leckerchen.

> Wiederholen Sie diese Übung einige Male, sodass der Hund den Zusammenhang verinnerlichen kann.

> Sobald für den Hund die Verknüpfung besteht, kann das Target in viele Übungen integriert werden.

Neugierig beschnuppert Mogli das Leckerchen am Target. Schon dieser Schritt wird belohnt.

Tipp Targets

Anstelle eines Stabes, den der Hund mit der Nase berührt, können Sie auch ein Target verwenden, das der Hund mit der Pfote berühren soll – etwa ein Deckchen, ein Mousepad oder einen Post-it-Zettel.

Die Feinmotorik verbessern

Beweglichkeit

Manchmal sind unsere Hunde Grobmotoriker. Sie stoßen mit Ihren Beinen gegen Gegenstände oder gar Möbel. Beim Agility ist häufig zu beobachten, dass die Hunde über Monate hervorragend die Hürden überspringen und dann plötzlich mit den Pfoten immer wieder gegen die Sprungausleger prallen. Nicht schön für die Hunde und ihre Knochen …

Meistens ist mit den Hunden anatomisch alles in Ordnung. Die Konzentration lässt jedoch nach, wenn die Übungen bekannt sind und immer nach Schema F ablaufen. Helfen Sie Ihren Hunden daher mit abwechslungsreichen Übungen, ihre Feinmotorik zu verbessern.

Verschiedene Sprünge

Ändern Sie die Hürdenhöhe bei Sprüngen. Wenn wir Unterricht geben und die Sprungausleger nutzen, stellen wir jede Hürde auf eine andere Höhe ein. Bei jedem Sprung muss sich der Hund neu konzentrieren, um seine „Flugparabel" richtig zu berechnen. Das fordert das Gehirn und fördert die Konzentration. Keine Sorge, Sie müssen nicht extra Hürden kaufen, Sie können mit Besenstielen und Übertöpfen hervorragend improvisieren.

Mikadospiel

Nehmen Sie acht bis zwölf Stangen (z. B. vom Agility-Slalom oder Bambusstäbe) und legen Sie diese so aus, dass die Enden teilweise übereinander liegen; zwischen den Stangen entstehen so freie Flächen. Nun führen Sie Ihren Hund über diesen Parcours: Er soll nur in die freien Flächen treten und die Stangen nicht berühren. Schafft er das, wird er gelobt; berührt er mit den Pfoten die Stangen, brechen Sie den Parcours ab und starten erneut. Bei dieser Übung werden nicht nur die Vorderläufe, sondern auch die Hinterläufe kontrolliert eingesetzt. Sie können den Schwierigkeitsgrad erhöhen, indem Sie die Stangen enger aneinander legen.

Alternativ können Sie das mit einer auf dem Boden liegenden Leiter trainieren. Der Hund soll nicht auf die Sprossen, sondern nur dazwischen treten.

Jede Pfote auf Signal

Die Königsdisziplin zur Sensorik der Läufe besteht darin, dass Sie jede Pfote auf Signal setzen. Sie bringen Ihrem Hund also bei, jede Pfote einzeln auf Ihr Signal hin zu bewegen. Eine hohe Konzentration für Hund und Halter. Sehr nützlich ist diese Übung bei dem Klassiker unten den Pannen: Der Hund hat sich mitsamt der Schleppleine um einen Baum gewickelt. Jetzt können Sie ihn so dirigieren, dass er sich selber „entwirren" kann. Diese Übung erfordert bei Mensch und Hund eine hohe Konzentration – aber sie lohnt sich.

So lernt es der Hund

> Zuerst benennen Sie die Pfoten: vorne rechts, vorne links, hinten rechts und hinten links. (Bestehen die Namen schon für Richtungsübungen, nehmen Sie unbedingt andere Bezeichnungen.) Am besten trainieren Sie mit Ihrem Hund, wenn er parallel zu Ihnen steht und nicht gegenüber, denn sonst wäre Ihr „rechts" bei ihm links. Trainieren Sie also immer aus der Perspektive des Hundes.
> Dann setzen Sie den Fokus auf eine Pfote und clicken, wenn der Hund sie anhebt.
> Nun muss die Richtung der Bewegung bestimmt werden: nach vorne oder nach hinten. Üben (und clicken) Sie immer nur eine Richtung zur Zeit.
> Dann wird das Signal für das Verhalten eingeführt.
> Nun trainieren Sie die anderen Pfoten analog.
> Nun können Sie Ihren Hund auf Ihre Signale hin einzelne Schritte ausführen lassen.

Das Gangbild

Bei einer hohen sportlichen Betätigung Ihres Hundes ist es sinnvoll, regelmäßig sein Gangbild zu kontrollieren. Beobachten Sie seine Bewegungsabläufe, am besten sogar mit einer Videokamera. So bemerken Sie mögliche Veränderungen des Bewegungsapparates eher und können auf gesundheitliche Beeinträchtigungen schneller reagieren. Und Sie bekommen ein noch besseres Gefühl und Gespür für Ihren Hund.

Lustige Spiele und Tricks

Spiele und Tricks machen Spaß, stärken die Beziehung und lasten Hund und Mensch auf angenehme Weise aus. Sicher ist bei unserer Auswahl auch etwas für Ihren Hund dabei. Lassen Sie ihn z.B. das Licht anmachen oder Ihre Wäsche sortieren.

Die Zeitung reinholen

Was gibt es Schöneres, als wenn Sie morgens beim Frühstück die Zeitung bereits druckfrisch auf dem Tisch liegen haben? Erfüllen Sie sich diesen Wunsch! Bringen Sie Ihrem Hund bei, die Zeitung aus dem Briefkasten zu apportieren. Die Zeitung aus dem Briefkasten zu holen, ist eine komplexe Handlung. Unterteilen Sie die Übung daher in mehrere Teilschritte.

Zunächst bringen Sie dem Hund bei, die Zeitung in die Schnauze zu nehmen. Setzen Sie sich zusammen mit Ihrem Hund auf den Boden, halten Sie den Clicker griffbereit, legen die Zeitung vor sich hin und warten Sie, bis er zum ersten Mal mit der Schnauze die Zeitung berührt. In diesem Augenblick wird geclickt und das Leckerchen folgt. Nach mehreren Wiederholungen steigern Sie den Schwierigkeitsgrad, indem Sie erst dann clicken, wenn er die Zeitung mit der Schnauze auch bewusst aufnimmt. Diese Übung können Sie in den nächsten Tagen mit dem Hund einige Male am Tag trainieren.

Nimmt Ihr Hund die Zeitung problemlos in die Schnauze, ist es Zeit für den zweiten Schritt: Er soll die Zeitung auch wieder loslassen. Entscheiden Sie,

Mango freut sich, seinem Frauchen zu gefallen.

ob er Ihnen die Zeitung in die Hand geben oder an einen bestimmten Platz legen soll (etwa auf den Frühstückstisch). Beides ist möglich, das sind dann aber unterschiedliche Übungen, für die Sie auch unterschiedliche Signale verwenden, etwa „Hand" für das Ablegen in Ihre Hand und „Tisch", wenn er die Zeitung auf den Tisch legen soll. Ihr Hund ist clever genug, um beides locker zu absolvieren.

Hat der Hund verstanden, dass er die Zeitung in Ihre Hand legen soll, beginnen Sie das Training so abzuändern, dass die Zeitung immer weiter entfernt von Ihnen liegt. Das Ziel der Handlung ist jedoch immer das Gleiche, nämlich das Ablegen der Zeitung in Ihre Hand. Danach folgen Click und Leckerchen.

Halten Sie zu Beginn den Abstand zwischen Ihnen und der Zeitung noch gering. Ihr Hund soll nicht überfordert werden. Beginnen Sie mit 50 cm. Motivieren Sie Ihren Hund, zur Zeitung zu gehen und sie mit der Schnauze aufzunehmen. Steigern Sie den Abstand nach den individuellen Fortschritten des Hundes. Anschließend deponieren Sie sie draußen, bis Sie sie schließlich

Überlegen sie im Vorfeld, ob ein gezeigtes Verhalten unterbunden oder gefördert werden soll. Gerade beim Junghund sollte die Entscheidung eindeutig sein.

im Briefkasten lassen können und Ihr Hund sie erfolgreich zu Ihnen bringt.

Beherrscht Ihr Hund das Bringen der Zeitung aus dem Briefkasten heraus, können Sie dafür ein Signal einführen. Die Anleitung dazu finden Sie auf Seite 267.

Korrekturen

Das Ziel ist zwar deutlich definiert, der Hund bringt Ihnen die Zeitung, aber es könnte sein, dass er auf dem Weg zu Ihnen noch einen Umweg macht. Das eine oder andere Mal kann man ja noch an einem Maulwurfshügel schnüffeln oder noch schnell eine Ecke markieren, wo gestern ein anderer Hund gepinkelt hat.

Der Vorteil beim Clickertraining ist, dass Sie den Handlungsablauf wieder verändern können. Auch Korrekturen lassen sich mit einem Clicker durchführen. Bestätigen Sie mit dem Clicker nur den direkten Weg auf Sie zu. Alle Umwege werden ignoriert.

Weiterhin unterstützen Sie die korrekte Ausführung, indem Sie die Distanz von der Zeitung zu Ihnen noch einmal verringern und Zwischenschritte einbauen.

Geben Sie Ihrem Hund die Zeitung nicht zur freien Verfügung. Sie dient als „Arbeitsgegenstand" und er soll sie nicht einfach zerfetzen.

Info Sachen bringen

Hat der Hund das Prinzip verstanden, dass es eine Belohnung gibt, wenn er Ihnen die Zeitung bringt, kann es sein, dass er in Zukunft auch mit weiteren Gegenständen zu Ihnen kommt. Das können Pantoffeln oder andere „tragbare" Gegenstände aus Ihrem Umfeld sein. Fördern Sie dies ruhig, indem Sie Ihren Hund auch dafür bestätigen. Natürlich können Sie für jeden neuen Gegenstand ein individuelles Signal einführen.

Wäsche in die Maschine tun

Wenn Ihr Hund gelernt hat, Ihnen die Zeitung zu bringen, warum erweitern Sie diese Form des Apportierens nicht? Was spricht dagegen, dass er die Wäsche in die Waschmaschine legt?

Statt einer Zeitung steht nun ein Korb mit Wäsche parat, die Sie waschen wollen. Mit dem Clicker bestätigen Sie Ihren Hund, wenn er Interesse an der Wäsche zeigt oder sie in die Schnauze nimmt. Da er schon bei der Übung mit der Zeitung die Erfahrung gemacht hat, dass auf das Aufnehmen ein Click + Leckerchen folgt, wird er dies bei der Wäsche wahrscheinlich schneller anbieten. Wenn nicht, werfen Sie ein Leckerchen in den Korb, um seine Motivation zu steigern.

Nun halten Sie Ihre Hand in die Waschmaschinentrommel. Bereitwillig wird er Ihnen die Wäsche in die Hand geben wollen. Nehmen Sie diese jedoch nicht ab, sondern clicken Sie, wenn er mit der Schnauze Ihre Hand in der Maschine berührt. Der Click erfolgt, der Hund lässt das Wäschestück in der Maschine los und die Übung ist fertig! Leckerchen nicht vergessen.

Verzweifeln Sie nicht, wenn Ihr Hund nicht sofort begeistert mithilft.

Wiederholen Sie diese Übung häufig. Durch den immer gleichen Kontext wird sich der Hund schnell an die neue Übung gewöhnen und Ihnen nach und nach die Maschine einräumen.

Schleichen Sie dann beim Üben Stück für Stück Ihre Hand aus. Entfernen Sie sich auch immer weiter von der Waschmaschine.

Das Ziel wäre, dass Sie entspannt im Wohnzimmer sitzen und Ihr Hund auf Ihr Signal hin die Waschmaschine ganz allein einräumt. Perfekt!

Info Seien sie kreativ

Probieren Sie auch Übungen aus, bei denen Sie vielleicht zu Beginn denken: „Das macht mein Hund nie!" Sie werden überrascht sein, wozu Ihr Hund in der Lage ist, wenn Sie die Übung in kleine Teilschritte zerlegen und Schritt für Schritt mit dem Clicker aufbauen. Trauen Sie Ihrem Hund ruhig etwas zu und erweitern Sie dadurch seine Fähigkeiten und seine geistige Auslastung immer weiter.

Durch den Trick mit dem Ball am Wäschestück findet auch Wumm Gefallen am Wäsche sortieren.

Das Licht anmachen

Einen schönen Hingucker bietet unsere nächste Übung. Bringen Sie Ihrem Hund bei, dass er Zuhause das Licht anmacht. Für diese Übung empfehlen wir die Verwendung eines Targets als Trainingshilfe – in diesem Fall wäre ein Post-it-Zettel das richtige.

Ähnlich wie auf 271 beschrieben, bringen Sie Ihrem Hund mit Hilfe des Clickers nun bei, ein Target mit der Pfote zu berühren. Legen Sie dazu das Post-it zunächst auf den Fußboden. Warten Sie – den Clicker griffbereit – was der Hund macht. Wenn er mit seiner Pfote sicher das Post-it berührt, clicken Sie und belohnen ihn.

Funktioniert dies zuverlässig, legen Sie den Klebezettel an eine andere Stelle. Je nach Auffassungsgabe des Hundes können Sie diesen direkt auf den Lichtschalter kleben. Es gibt aber auch Hunde, denen diese Veränderung zu groß ist. Dann legen Sie den Klebezettel auf dem Fußboden näher zur Wand und wandern schrittweise die Wand hoch. Clicken + belohnen sie jedes Mal, wenn Ihr Hund den Post-it berührt und gehen Sie einen Schritt weiter, bis letztendlich der Post-it auf dem Lichtschalter klebt. Beherrscht der Hund die Übung perfekt, können Sie ein Signal einführen (S. 267) und den Klebezettel ausschleichen: Sie können ihn halbieren, vierteln und immer kleiner werden lassen.

Natürlich funktioniert bei dieser Übung auch ein Zeigestock als Target, allerdings müssten Sie als Hundehalter in der Nähe sein; beim Klebezettel können Sie an einer ganz anderen Stelle des Raumes stehen. Nutzen Sie die Trainingshilfe, die für Ihren Hund am besten passt. Machen Sie das von seiner Erfolgsquote abhängig.

Durch Hilfsmittel wie das Pfoten-Target fällt dem Hund die Übung leichter.

Beherrscht er das Lichtanschalten in einem Raum und Sie haben das Signal sicher eingeführt, könnten Sie ihn auch motivieren, das Licht wieder auszumachen. Führen Sie dafür ein anderes Signal ein, dann steht dem An- und Ausschalten durch Ihren Hund nichts mehr im Wege.

Die Übung, das Licht anzumachen, können Sie mit Ihrem Hund jeden Tag als Guten-Morgen-Ritual durchführen. Verbinden Sie diese Übung direkt mit dem Zeitungholen. Sie werden morgens weniger zu tun haben, dafür ist Ihr Hund ausgelasteter – und es ist ein prima Ritual für Hunde, die nach Sicherheit im Alltag streben.

Tipp   Noch mehr Licht

Ihr Hund beherrscht das Licht anmachen in Perfektion?! Dann geht es weiter: Lassen Sie ihn alle Lichtschalter Ihres Zuhauses kennenlernen. Hat jeder einen eigenen Namen, so kann der Hund sie über entsprechende Signale unterscheiden und entweder zu jedem Lichtschalter einzeln geschickt werden, oder – wenn Sie jeden Tag die gleiche Übung in der gleichen Reihenfolge trainieren – wird er dies als komplexe Handlungskette erkennen und kann alle Räume ablaufen und das Licht anmachen – zum Beispiel morgens im Büro.

Den Mülleimer aufmachen

Viele Hundehalter haben Probleme damit, dass sich Ihr Hund eigenmächtig in der Küche betätigt und zum Beispiel den Müll durchwühlt. Drehen Sie den Spieß einfach um und fordern Sie genau das von ihm. Natürlich soll er nicht den Müll durchwühlen, sondern stattdessen bei der Hausarbeit behilflich sein und den Mülleimer aufmachen. Auch diese Übung lässt sich hervorragend mit dem Clicker trainieren.

> Setzen Sie sich zusammen mit Ihrem Hund in die Küche vor den Mülleimer. Ein Tretmülleimer eignet sich am besten, weil der Hund mit seiner Pfote die Taste betätigen kann.
> Die ersten Clicks gibt es, wenn Ihr Hund den Mülleimer mit der Pfote berührt. Dann bestätigen Sie nur noch, wenn er das Pedal zum Öffnen berührt und schließlich erst dann, wenn er stärker auf den Öffner drückt und sich der Deckel hebt.
> Clicken Sie nach erfolgreichem Trai-

Vorsichtig erkundet Frau Meier den Mülleimer. Mit einem Leckerchen auf dem Pedal wird die Motivation erhöht.

Tipp   Noch mehr Müll

Eine schöne Aufbau-Übung ist, wenn Sie ihm zusätzlich zeigen, wie er Abfall selbst aufsammelt, zum Mülleimer bringt, diesen öffnet, den Abfall hineinfallen lässt und den Eimer wieder schließt. So komplex diese Übung auch klingt – in kleine Zwischenschritte aufgeteilt, ist es möglich. Dank Clickertraining. Probieren Sie es aus – Sie werden es lieben.

ning nur noch, wenn der Hund mit seiner Pfote längere Zeit auf dem Öffner steht, so dass der Deckel des Mülleimers tatsächlich geöffnet bleibt.

Werfen Sie nun Müll in den Eimer. Dies kann Ihren Hund zunächst irritieren; gehen Sie langsam vor.

Trainieren Sie auch die Distanzen. Optimal ist es ja, wenn Sie aus allen Räumen Ihres Hauses den Hund zum Mülleimer schicken können, um ihn den Eimer öffnen zu lassen.

Angstfrei wird der geöffnete Mülleimer nun beschnuppert.

Entspannt liegt Mogli auf der Decke – eine gute Ausgangsposition, um die Übung „Eindrehen" zu beginnen.

Sich zudecken

Viele Hunde lieben es, wenn Sie unter einer Decke liegen. Wir kennen viele Hundehalter, die ihren Hund regelmäßig abends zudecken. Setzen Sie das Zudecken doch auf Signal und lassen Sie den Hund die Handlung selbst ausführen! Das spart Ihnen den Weg von Ihrem gemütlichen Sofa zu Ihrem Hund.

> Legen Sie eine große Decke aus – sie sollte von der Größe her so gewählt werden, dass Ihr Hund sich darin wirklich ganz einrollen kann. Eine gute Startposition wäre es, wenn Ihr Hund bereits auf der Decke liegt bzw. Sie ihn dort ablegen können.

> Beginnen Sie nun damit, die Decke für ihn interessant zu machen: Sobald er sie mit der Schnauze berührt, clicken Sie. Nimmt er sie sogar recht zügig in die Schnauze, dürfen natürlich auch Jackpots (besonders große Belohnungen) verteilt werden. Ihre Reaktion auf das Verhalten Ihres Hundes wird ihn motivieren, dass gewünschte Verhalten öfter zu zeigen. Fehlverhalten wird ignoriert.

> Hält er die Decke in der Schnauze, reicht es häufig schon aus, wenn Sie dann beginnen, den Bauch des Hundes zu streicheln. Aus seiner Seitenlage dreht er sich auf den Rücken und hat sich somit automatisch in die Decke eingedreht. Click + Belohnung.

> Die letzte Viertel-Drehung bekommen Sie ganz leicht dadurch hin, dass Sie weiter Ihre Stimmung halten und diese intensivieren, sobald der Hund noch weiter auf die andere Seite kippt und ganz eingedreht ist: Loben und Wiederholen. Dreht sich Ihr Hund nicht ganz herum, nehmen Sie ein Leckerchen in die Hand und locken ihn damit – unter der Decke – in die gewünschte Position.

Clicken Sie, sobald sich Ihr Hund mit der Decke beschäftigt.

Schach spielen

Sie sind leidenschaftlicher Schachspieler, doch manchmal fehlt Ihnen der richtige Partner? Nehmen Sie Ihren Hund! Im Stadtpark sind die großen Schachspiele sehr beliebt. Nutzen Sie Ihren Hund als Schachfigur. Überlegen Sie sich, als welche Figur Sie Ihren Hund einsetzen möchten. Im folgenden Ablaufbeispiel übernimmt der Hund die Rolle der Schachfigur eines Bauern.

Bei einer Schachpartie kann der Bauer nur ein Feld nach vorne ziehen. Das wird Ihre erste Aufgabe sein: dem Hund beizubringen nach vorne zu gehen, bis zu einer bestimmten Markierung. Das können Sie mit einem Bodentarget trainieren, welchen Sie in das Feld direkt vor Ihrem Hund legen. Als Signal können Sie z. B. „Einen vor" verwenden.

Schachspieler wissen: Wenn ein Bauer im Spiel noch nicht bewegt wurde, kann er auch zwei Felder nach vorne gehen. Auch dies sollten Sie extra mit Ihrem Hund trainieren. Das Signal für diese Handlung könnte dann „Zwei vor" sein.

Nun wird es richtig spannend: Wenn ein Bauern einen anderen Stein schlägt, dann nur einen, der schräg vor ihm steht. Die Bewegung Ihres Hundes sollte dann schräg nach vorne rechts oder schräg nach vorne links gehen. Auch diese jeweils unterschiedlichen Züge sollten Sie mit neuen Signalen belegen.

Insgesamt haben wir jetzt vier verschiedene Handlungsmöglichkeiten. Zwei davon führen Ihren Hund (beim Schlagen eines anderen Steines) auf ein Feld, welches von einer Figur besetzt ist. Damit Ihr Hund sich aber nicht neben die gegnerische Figur setzt, sondern sie wirklich schlägt, bringen Sie ihm bei, die Figur umzuwerfen.

Zum Schlagen einer Figur ist es wichtig, dass die Figur umfällt. Das geht am leichtesten, wenn er die Figur am oberen Ende mit der Nase umstößt. Benutzen Sie dazu die Vorgehensweise aus der Treibball-Übung (siehe Seite 324) und befestigen Sie einen Post-it als Target an der Figur.

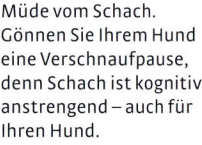

Müde vom Schach. Gönnen Sie Ihrem Hund eine Verschnaufpause, denn Schach ist kognitiv anstrengend – auch für Ihren Hund.

Bei längeren Schachpartien empfehlen wir, den Hund nur einige wenige Züge einzusetzen und nicht das ganze Spiel mitmachen zu lassen, da es für ihn langweilig werden könnte.

Sachen tragen

Eine weitere schöne Möglichkeit, Ihren Hund im Haushalt einzusetzen, ist es, ihm das Tragen von Gegenständen beizubringen. Er kann etwa den Korb tragen, wenn Sie ihn beim Einkauf mitnehmen. Solche kleinen Aufgaben, die an einen Spaziergang in der Stadt gekoppelt sind, machen Ihrem Hund sicherlich Freude. Sollte für Ihren Hund – aufgrund seiner Größe – der Einkaufskorb zu schwer sein, können Sie ihm alternativ beibringen, etwa die Brötchentüte zu tragen. (Wenn Ihr Hund leicht speichelt, verwenden Sie dafür ein kleines Körbchen, in dem die Brötchen liegen.)

> Stellen Sie einen leeren Korb in die Nähe Ihres Hundes. Um seine Aufmerksamkeit auf die richtige Stelle des Korbes zu lenken, können Sie den Henkel mit Leckerchen belegen oder mit etwas Leberwurst einschmieren.
> Bestätigen Sie Ihren Hund, wenn er mit der Schnauze den Henkel berührt bzw. hineinbeißt.
> Beginnen Sie dann, den Henkel zu bewegen, wie bei einem vorsichtigen Zerrspiel. Sobald der Hund beginnt, den Korb selbständig zu tragen, lassen Sie diesen natürlich sofort los – es soll ja nur eine kleine Starthilfe sein. Trägt Ihr Hund den Korb, loben Sie ihn.
> Wenn Ihr Hund das Signal „Aus" schon kennt, verwenden Sie dieses, um die Übung zu beenden.
> Hat Ihr Hund den Aufbau Ihrer

Noch ist der Korb zu groß und zu schwer. Fangen Sie mit einem leeren Korb an.

Übung verstanden, verlängern Sie die Zeiten zwischen dem „in die Schnauze nehmen" und dem „wieder loslassen". Beginnen Sie auch, sich zusammen mit dem Hund zu bewegen bzw. animieren Sie ihn, dass er mit dem Korb auf Sie zukommt.

Tipp Tauschen

Sie bringen Ihrem Hund das „Aus" bei, indem Sie ihm etwas Interessanteres anbieten als er gerade in der Schnauze hat. Ihr Hund wird z.B. den Ball fallen lassen, um einen Keks zu nehmen. Das Zeigen des Leckerchen wird zum Übergangssignal. Sagen Sie „Aus" und zeigen ihm dann das Leckerchen. Ihr Hund lernt so nicht nur ein wichtiges Signal, sondern Ihre Beziehung wird dadurch auch vertrauensvoller: Ihr Hund erfährt, dass Sie ihm schöne Dinge nicht einfach wegnehmen, sondern dass er etwas anderes Gutes dafür bekommt.

Klettverschluss oder Schnürsenkel – beides stellt für Hunde kein Problem dar.

Geschafft – der Socken ist ausgezogen.

Beim Ausziehen helfen

Es gibt Tage, da ist man abends zu müde, sich die Socken oder Schuhe auszuziehen, geschweige denn auch noch den Hund auszulasten. Kein Problem – beides lässt sich kombinieren: Ihr Hund kann Ihnen in Zukunft die Schuhe oder Socken ausziehen.

Üben Sie in entspannter Haltung und setzen sich zu Ihrem Hund auf den Boden. Sicherlich wird er Ihnen nach einigem Training die Socken auch ausziehen, wenn sie stehen oder auf einem Stuhl sitzen. Für den Anfang wäre das aber zu schwierig, denn Sie würden eine Körperhaltung einnehmen, die zunächst auf den Hund zu „stressig" wirkt. Wenn wir stehen, signalisieren wir – bewusst oder unbewusst – meist mehr Hektik, als wenn wir uns zum Hund auf den Boden setzen.

> Für den Hund ist es nicht auf Anhieb erkenntlich, dass wir wollen, dass er uns den Socken auszieht, schließlich haben wir vom Welpenalter an alles unternommen, damit er nicht unsere Sachen anfrisst. Verdeutlichen Sie sich das, bevor Sie mit der Übung anfangen oder gar frustriert sind, wenn der Hund Startschwierigkeiten hat.

> Unterstützen Sie Ihren Hund, indem Sie Leckerchen auf Ihren Socken legen. Nimmt er diese herunter, loben Sie ihn. Wackeln Sie zur Motivation gerne mit den Zehen.

> Klappt das gut, stecken Sie nun ein Leckerchen in den Socken und ziehen ihn wieder an. Das Leckerchen sollte sich an den Zehenspitzen befinden und der Socken ein wenig nach vorne gezogen werden, so beißt Ihr Hund nur in den Socken und nicht in den Fuß.

> Sollten Sie an diesem Trainingsschritt hängen bleiben, weil der Hund nicht in den Socken beißt und daran zieht, legen Sie einen Zwischenschritt ein, indem Sie den Socken ausziehen und ihn ohne Ihren Fuß anbieten. Beißt er dort hinein und zieht ihn aus Ihrer Hand, können Sie das Signal einführen – etwa „Socken aus". Klappt dies, können Sie beim vorherigen Schritt wieder weitermachen.

> Trainieren Sie dies an beiden Füßen, schließlich wollen Sie ja, dass Ihr Hund Ihnen beide Socken auszieht.

Den Schrank aufmachen

Der Traum eines jeden Hundes ist es wohl, den Kühlschrank zu öffnen – warum auch nicht. Auf Signal gesetzt könnte Ihr Hund, der sich so langsam aber sicher zur Küchenfee entwickelt, Ihnen nun helfen, Gegenstände aus den Schränken zu holen. Es eignen sich Küchenschränke, Kühlschränke, Wohnzimmerschränke usw.

Wenn Sie im späteren Trainingsverlauf ein Signal einführen, nutzen Sie für jeden Schrank ein anderes. So können Sie den Hund ganz gezielt auffordern, speziell den Schrank zu öffnen, den Sie sich wünschen. Das steigert die Denkfähigkeit und Sie haben viele Kombinationsmöglichkeiten für Ihren Hund.

Beginnen Sie das Training „Schrank öffnen" wie folgt:

> Wählen Sie zu Beginn einen Schrank, der leicht zu öffnen ist. Das erhöht die Erfolgsquote für den Hund.
> Befestigen Sie ein Geschirrhandtuch am Griff des Schrankes. Das macht das Training zu Beginn einfacher und schützt gleichzeitig Ihren Schrank vor den Hundezähnen.
> Schmieren Sie etwas Leckeres (Leberwurst, Quark) an das Handtuch, so dass der Hund eine Motivation hat, es mit seiner Schnauze aufzunehmen.
> Wenn er das recht fließend macht, beginnen Sie parallel auch Interesse am Handtuch zu zeigen. Aufgefordert durch Ihr Handeln, wird er es schnell in seine Schnauze nehmen.
> Wenn er nun leicht zieht, wird sich der Schrank öffnen.
> Loben Sie ihn und führen Sie nach sicherer Durchführung das Signal ein.
> Reagiert Ihr Hund nun auf das Signal, wird es Zeit, dass Geschirrtuch auszuschleichen. Wer möchte schon sämtliche Schränke mit einem Geschirrtuch versehen haben? Falten Sie das Tuch zusammen oder wechseln Sie es gegen ein kleineres aus. Schließlich kann das Tuch weggelassen werden.
> Stellen Sie fest, dass der Hund Schwierigkeiten ohne Handtuch hat, hängen Sie es als Zwischenschritt wieder hin.

Polly lernt durch den guten Geruch der Leberwurst am Küchentuch, dass Küchentücher ab nun für sie interessant sind.

Ein Taschentuch bringen

„Gesundheit" nach dem Niesen zu sagen, gehört wieder zum guten Ton und ist laut Knigge erlaubt. Also nutzen Sie diese Situation und bringen Ihrem Hund bei, Ihnen nach dem Niesen ein Taschentuch zu reichen.

Spielt Ihr Hund leidenschaftlich gerne mit Papiertaschentüchern und trägt sie durch die Gegend, ist das klasse. Zerkaut er sie allerdings in liebevoller Kleinarbeit, verwenden Sie besser statt eines einzelnen Taschentuches eine ganze Packung. Dann haben Sie noch eine Chance, schnell einzugreifen, bevor alles weiß ist ...

> Stecken Sie sich das Taschentuch zu Beginn des Trainings so in die Hosentasche, dass es zu $3/4$ herausguckt und deutlich sichtbar für den Hund ist.
> Machen Sie Ihren Hund neugierig. Nehmen Sie selbst das Taschentuch aus der Hose, knistern Sie damit, sprechen Sie das Taschentuch mit erhöhter Stimmlage an. Sobald er das Taschentuch berührt oder in die Schnauze nimmt, loben Sie ihn, überlassen ihm aber nicht das Taschentuch.
> Im Laufe der Zeit wird der Hund das Taschentuch auch berühren, wenn es nur aus der Hose hängt und nicht in Ihrer Hand ist.
> Der Hund zieht das Tuch aus Ihrer Tasche.
> Der Hund soll Ihnen das Tuch in die Hand geben. Halten Sie ein Leckerchen in der Hand. Dieses bieten Sie Ihrem Hund sofort an, wenn er das Taschentuch in der Schnauze hält. Der gute Geruch des Leckerchen wird den Hund dazu veranlassen, auf Ihren Tausch einzugehen. Er lässt dann das Taschentuch zu Gunsten des Leckerchens in Ihre freie Hand fallen.
> Als Signal eignet sich „Hatschi" oder „Gesundheit"
> Beherrschen Sie und Ihr Hund diesen Trick perfekt, können Sie ihn verallgemeinern und ihm beibringen, auf Ihr Signal hin anderen Menschen (nach dem Niesen) ein Taschentuch zu bringen.

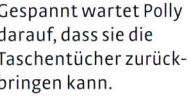

Gespannt wartet Polly darauf, dass sie die Taschentücher zurückbringen kann.

Sportliche Betätigungen

Sportliche Betätigungen für Hunde gibt es in großer Auswahl – vom bedächtigen Schnüffeln über konzentrierte Longenarbeit, sportliches Apportieren bis hin zu Höchstleistungen beim Agility oder Frisbee-Spielen. Auch für ältere, körperlich nicht mehr so fitte Hunde werden Sie unter den hier vorgestellten Sportarten etwas finden. Auch für kleine oder kurzbeinige Hunde ist sicher etwas dabei.

Schnüffeln und Spurensuche

Hunde arbeiten akribisch, wenn es darum geht, Ihre Nase einzusetzen. Schon seit vielen Jahren machen wir Menschen uns das zu Nutze. Egal ob beim Zoll, bei der Drogenfahndung oder einfach nur zum Spaß – der Hund ist zu Höchstleistungen zu motivieren und der Hundehalter hat ein geeignetes Hobby gefunden, um seinen Hund auszulasten. Keine andere Sportart ist so artgerecht wie die Nasenarbeit.

Daraus ergeben sich wieder Vorteile für Hunde und Halter: Schnüffeln ist eine kognitive Auslastung für den Hund. Er wird müde dabei und sein Gehirn hat ganz schön was zu tun! Von der Sinnesleistung her wird er stark gefordert. 15 Minuten Schnüffeln macht ihn ausgeglichener als ein einstündiger Spaziergang! Und ausgelastete Hunde sind bekanntermaßen entspanntere und glücklichere Hunde!

Voller Vorfreude aufs Schnüffeln folgen die Blicke der beiden gespannt ihrem Frauchen.

Schnüffeln für Jagdhunde? – Ja, unbedingt, dabei verfolgen wir „kontrolliert", zusammen mit unserem Hund, eine Spur. Und diese Art der „gemeinsamen Jagd" unterscheidet sich deutlich von den üblichen „Jagderlebnissen", von denen geplagte Hundehalter sonst berichten. Da ist der Hund dann einfach mal weg und viele Hundehalter gucken hinterher und haben keine Einflussmöglichkeit. Bei der Fährtenarbeit darf der Hund seine Nase gezielt einsetzen und folgt dabei den Signalen seines Hundehalters. Außerdem verbessert sich die Bindung zwischen Hund und Halter.

Beim Schnüffeln gibt es zwei Disziplinen: Zum einen das Tracking, auch Fährtenarbeit genannt. Hier riecht der Hund die Bodenverletzungen ab. Sie entstehen z.B. durch eine Schubkarre, die die Grashalme beschädigt, Fußabdrücke usw. Hunde riechen den Mischgeruch aus Bakterien, Pflanzengerüchen und Erdorganismen. Hierbei arbeitet der Hund mit der Nase auf dem Boden.

Auf der anderen Seite gibt es das sogenannte Mantrailing. Beim Mantrailing geht es darum, dass der Hund lernt, Personen oder Gegenstände zu suchen. Dabei ist er in der Lage, der jeweiligen individuellen Geruchsspur zu folgen. Trotz vieler unterschiedlicher Spuren kann der Hund auf seiner Spur bleiben und sie verfolgen.

Jeder Hund ist geeignet! Schnüffeln ist nicht von Rasse, Körpergröße, Aussehen oder Alter abhängig. Junge Hunde, sogar Welpen können in den Genuss der Schnüffelarbeit kommen und Ihre Nase bewusst einsetzen; ebenso die Senioren. Bedenken sollten wir nur, dass Schnüffeln sehr anstrengend ist. Der Hund sollte gesund sein, wenn er Schnüffeltraining macht. Ist er krank, gönnen Sie ihm eine Schnüffelpause.

Den Fund anzeigen
Bei der Schnüffelarbeit geht es nicht darum, dass wir dem Hund das Riechen beibringen – das kann er schon. Wir

Der Schlüssel steht stellvertretend für Gerüche. Ihr Hund kann prima alle Geruchsproben unterscheiden, die Sie ihm vorhalten.

Auch die Personensuche ist möglich. Gerne findet er alle Ihre Familienmitglieder.

müssen vielmehr überlegen: Woran kann ich erkennen, dass mein Hund etwas gefunden hat? Dieses „Erkennen" wird in der Nasenarbeit „Anzeige" genannt. Die einfachste und beste Art ist die aktive bzw. natürliche Anzeige: Diese bringt der Hund von Haus aus mit und muss ihm nicht beigebracht werden. Etwa das Vorstehen bei Jagdhunden: Sie pirschen sich an die Beute an, verharren bei Sichtung und heben eine Pfote.

Die passive bzw. unnatürliche Anzeige wird dem Hund antrainiert, etwa ein „Sitz", „Platz" oder „Steh" vor dem gefundenen Objekt. Wenn Sie nun z. B. das „Sitz" als Anzeige beibringen wollen, gehen Sie folgendermaßen vor:

> Eine Dose mit verschließbarem Deckel (und Luftlöchern) wird mit Leckerchen oder Wurst präpariert und fest verschlossen, so dass der Hund die Wurst riecht, aber von allein nicht dran kann.
> Ihr Hund ist in Ihrer Nähe. Die Dose legen Sie vor sich auf den Boden. Angezogen durch den Geruch, wird der Hund Richtung Dose gehen. Ist er nahe genug und berührt etwa mit der Nase die Dose, ertönt von Ihnen ein „Sitz". Setzt er sich, gehen Sie hin, loben ihn, öffnen die Dose und geben ihm etwas daraus.
> Wiederholen Sie diese Übung die ersten Tage bis zu zehn Mal, dann machen Sie eine Pause und üben es später noch einmal. Durch die Wiederholun-

gen gewöhnt sich der Hund an das Schema, dass er sich setzt, sobald er an der Dose ankommt. Dieser Prozess wird sich automatisieren.

> Wenn Sie an diesem Punkt angekommen sind, wird es Zeit, das Signal „Sitz", welches Sie bis jetzt noch gegeben haben, auszuschleichen. Das geschieht, indem Sie es z. B. immer leiser sagen, so dass das gesprochene Signal an Bedeutung verliert, bis Sie es irgendwann ganz weglassen können. Geben Sie die Belohnung immer genau dann, wenn Ihr Hund sich setzt.
> Vergrößern Sie später die Abstände zwischen Ihrem Hund und der Dose. Beginnen Sie, nachdem der Hund die Anzeigeart verstanden hat, die Leckerchen nicht mehr aus der Dose, sondern aus Ihrer Hosentasche zu nehmen und ihn damit zu belohnen. Denn er soll ja irgendwann auch Gegenstände suchen und finden, die er nicht direkt als Belohnung fressen darf, wie etwa unser Handy.

Natürlich können Sie Ihrem Hund auch beibringen zu bellen, wenn er etwas gefunden hat – dies wird in der Rettungshundestaffel genutzt, sollte aber nur unter fachlicher Anleitung beigebracht werden, weil der Hund viel Energie geben muss. Für den „Hausgebrauch" ist ein „Sitz" oder „Platz" als Anzeige völlig ausreichend.

Natürlich können Sie für verschiedene Sucharten unterschiedliche Anzeigearten wählen. Ihr Hund kann unterscheiden lernen, dass er sich bei der Personensuche nur davor setzt, Gegenstände aber apportiert. Wir empfehlen, dieses Anzeigen parallel zu den weiteren Übungen regelmäßig zu trainieren, umso schneller erkennen Sie, dass Ihr Hund etwas gefunden hat!

Motiviert wird der Hund zu Beginn mit einer Leckerchendose. Die kann er bringen, aber nicht selbst öffnen.

Etwas suchen

Vorbereitungen

Ähnlich wie für eine Grillparty benötigen Sie mehrere Bierdeckel, Einmalhandschuhe, Gefrierbeutel mit Zipp-Verschluss, eine Grillzange und Käse. Einige Stunden vor Spielbeginn präparieren Sie einige „Bierdeckel-Burger", die aber farblich identisch sein sollten, damit Sie ausschließen können, dass der Hund die Burger anhand der Farbe unterscheidet und nicht am Geruch. Ziehen Sie Handschuhe an, um nicht noch Ihren Individualgeruch an die Deckel zu bringen. Stapeln Sie Bierdeckel und Käsescheiben abwechselnd übereinander. Es empfiehlt sich, Käse und Deckel nicht mit der Hand, sondern mit der Grillzange aufzunehmen, um zusätzliche Gerüche zu vermeiden. Ist der Burger fertig, stecken Sie ihn mithilfe der Zange in den Gefrierbeutel und verschließen diesen mithilfe des Zipp-Verschlusses. Lassen Sie den Käse eine Zeit auf die Bierdeckel einwirken und entfernen Sie ihn nach einiger Zeit mit der Zange.

Mithilfe der Tüten tragen Sie Sorge dafür, dass die zu suchenden Objekte nicht durch andere Gerüche kontaminiert werden und der Hund plötzlich einer anderen Fährte folgt – etwa Ihnen, weil Sie die Tüte in den Händen halten. Dies ist der Grund, weshalb Sie bei der Vorbereitung Handschuhe tragen sollten, um die Bierdeckel geruchlich nicht zu manipulieren.

Zunächst scheint das ein großer Aufwand zu sein, mit all den Bierdeckeln und Tüten. Dennoch ist es ein effektiver Weg, um mehrere Gerüche ins Spiel zu bringen und dem Hund die Gelegenheit zu geben, diese einwandfrei – ausschließlich am Geruch und ohne optische Hilfe – unterscheiden zu können. Bierdeckel sehen alle gleich aus und eignen sich hervorragend, um mit unterschiedlichen Gerüchen gespickt zu werden. Für den Hundehalter ist es von der Handhabung her ganz praktisch und für den Hund optisch nicht zu unterscheiden. Gut präpariert, kann es losgehen.

Der Start (Abgang) dient als Ritual für die Hunde. Sie konzentrieren sich anschließend besser.

Wummi zeigt die
typische Suchhaltung:
gespannter Körper,
aktive Rutenarbeit,
konzentrierter Blick.

Die Suche beginnt

> Setzen Sie Ihren Hund an einer Stelle des Raumes ab und öffnen Sie den Gefrierbeutel. Der Käsegeruch strömt sofort aus. Der Hund wird seine Aufmerksamkeit nun nicht mehr von Ihnen nehmen und seine innere Motivation steigt.
> Er bleibt sitzen und sieht, wie Sie mit der Grillzange einen Bierdeckel ein paar Meter von ihm entfernt auf den Boden legen.
> Gehen Sie zurück und halten Sie ihm den Gefrierbeutel vor die Nase. Beim Einatmen sagen Sie „Schnüffel" (oder ein anderes Signal Ihrer Wahl) und nehmen anschließend die Tüte weg.
> Hochmotiviert stürzt sich Ihr Hund auf den auf dem Boden liegenden

Tipp   Geruch aufnehmen

Halten Sie den Beutel zur Geruchsaufnahme für den Hund so hin, dass er daran riechen, aber nichts daraus klauen kann. Gleichzeitig darf er keine Angst verspüren, wenn Sie raschelnd auf ihn zukommen. Gehen Sie dazu am besten in die Hocke und halten Sie die Tüte auf Halshöhe vor seine Nase. Bitte nicht überstülpen!

Bierdeckel und zeigt ihn im besten Fall an. Gehen Sie sofort hin und loben Sie ihn, als hätte er gerade ein Weltwunder vollbracht. Wiederholen Sie das mehrere Male. Nach spätestens 10 Minuten benötigt Ihr Teampartner eine Pause.

Das Signal „Schnüffel" führen Sie ein, wenn Ihr Hund just dabei ist, den zu suchenden Geruch einzuatmen. Das ist sein Arbeitsauftrag, dass er nun etwas – und zwar genau den Geruch, den er jetzt in der Nase hat – suchen soll. Das Timing ist sehr wichtig.

Die ersten Erfolge lassen nicht lange auf sich warten – jetzt heißt es Varianten einbauen. Beginnen Sie den Bierdeckel zu verstecken, ohne dass Ihr Hund es sieht. Öffnen Sie die Terrassentür, verstecken Sie draußen die begehrten Objekte, dadurch wechseln Sie die Untergründe und die Umwelteinflüsse und steigern damit das „Schnüffel-Niveau".

Such-Übungen im Haus

Nicht nur spielerische Übungen sind möglich. Erleichtern Sie sich die Hausarbeit ein bisschen und setzen Sie Ihre „kleine Spürnase" im Alltag ein. Die Grundlage haben Sie gelegt. Ab jetzt heißt es Abwechslung und neue Spielideen einzubringen. Haben Sie Ihrem Hund etwa als Anzeigeart das Apportieren beigebracht, dann können Sie darauf aufbauen und ihm beibringen, Ihre Pantoffeln zu suchen und Ihnen zu bringen, sobald Sie nach Hause kommen.

Und so wird das Training aufgebaut

Packen Sie einen Pantoffel in die Tüte, den zweiten legen Sie einen Meter entfernt vor Ihren Hund. Vergessen Sie den Einsatz von Einmalhandschuhen und Grillzange nicht. Denn wenn Sie die

Pantoffeln mit der bloßen Hand anfassen, könnten die weiteren Geruchspartikel an der Hand den Hund auf eine „falsche" Spur bringen. Wenn Sie vielleicht zuvor die Katze gestreichelt haben und der Hund diesen Geruch bei seinem Schnüffelauftrag einatmet, verknüpft er die Katze mit dem Wort Pantoffeln. Schließlich wissen wir nicht, was er gerade riecht, daher sollten wir alle Geruchsablenkungen ausschließen. Bleiben Sie pingelig!

Das Signal „Schnüffel Pantoffel" bei gleichzeitigem Einatmen der Geruchstüte ist das Startzeichen für Ihren Hund. Er wird sich auf den Pantoffel stürzen und ihn freudig bringen. Loben Sie ihn und geben Sie ihm das Signal „Aus", damit er den Pantoffel abgibt. (Eventuell muss „Aus" vorher unter Signalkontrolle gebracht werden, siehe S.285.) Beginnen Sie nun die Entfernung zwischen Hund und zu suchendem Pantoffel zu vergrößern. Ihre ganze Wohnung steht Ihnen zur Verfügung. Schnell wird er das Signal „Schnüffel Pantoffel" verstanden haben und für das eine oder andere Leckerchen gerne auf die Suche gehen.

Nach vielen Wiederholungen machen Sie die Probe aufs Exempel: Lassen Sie die Tüte zur Geruchsaufnahme weg und schicken ihn nur mit dem Auftrag „Schnüffel Pantoffel" los. Läuft er zielstrebig schnüffelnd los und kommt mit den Pantoffeln zurück, wissen Sie, dass Ihr Hund das Wort Pantoffel mit der richtigen Handlung und dem richtigen Gegenstand verknüpft hat. Klappt es noch nicht, trainieren Sie weiter mit der Tüte und versuchen es eine Woche später erneut. Ist der Hund dann soweit, stellen Sie beide Pantoffeln zum Apportieren hin. Bringt er zu Beginn nur einen, schicken Sie ihn ein zweites Mal los oder

befestigen zunächst beide Pantoffeln aneinander.

Setzen Sie die Übung bewusst ein, wenn Sie zu Tür hereinkommen. Die meisten Hunde freuen sich überschwänglich, wenn Herrchen oder Frauchen nach Hause kommen, und springen womöglich an Ihnen hoch. Geben Sie Ihrem Hund den Auftrag „Schnüffel Pantoffeln" unmittelbar nachdem Sie die Wohnung betreten. Ihr Hund hat einen Job erhalten, der hohe Konzentration bedeutet – und wer sucht, springt nicht.

Verstecken Sie die zu suchenden Gegenstände – das ist ein weiteres Kopftraining für den Hund.

Die ersten Fährten

Wenn Sie eine Fährte legen, sollten Sie sich den Verlauf merken, so dass Sie erkennen können, ob Ihr Hund der richtigen Spur nachgeht. Denken Sie sich vorher z. B. eine kleine Schrittfolge aus und schreiben Sie diese auf einen Zettel, den Sie beim Fährtenlegen am Abgang (Startposition) herausholen und ablaufen, etwa so: „Vom Abgang 20 Schritte geradeaus, 90° Winkel nach rechts, 15 Schritte geradeaus ...". Die genaue Beschreibung ist für den Hund unwichtig, aber nicht für Sie als Hundehalter, damit Sie nach der Schnüffeltour Ihres Hundes auch wissen, ob er mit der Nase wirklich gearbeitet hat oder sich ablenken ließ.

Eine Spur legen

Die Spur soll zu Beginn deutlich sein - je mehr Duftpartikel auf der Spur, umso einfacher. Setzen Sie einen Fuß dicht vor den anderen. Je langsamer Sie gehen, umso intensiver wird der Geruch des zu suchenden Objekts, das Sie als Schleppe hinter sich herziehen. Legen Sie die Spur auf einer Wiese, durch auftretende Bodenverletzungen wird Ihre Spur optisch sichtbar. Am Ende verstecken Sie das zu suchende Objekt am Boden. Fern von Ihrer Spur gehen Sie zurück und holen den Hund.

Routinierten Hunden dürfen Sie die Spur erschweren, indem Sie zu normalen oder besonders großen Schrittlängen übergehen. Später fällt noch die Schleppe weg und Sie tragen das Objekt nur noch mit Handschuhen mit sich.

Wo bleibt der Hund solange? Ist Ihr Hund Anfänger, sollte eine Hilfsperson mit ihm ca. zwei Meter neben dem Abgang warten, damit er Sie ohne Ablenkung beobachten kann. Ist Ihr Hund mit den Abläufen vertraut, steigern Sie

Beim Suchspiel erfahrene Hunde können zur Abwechslung auch mal zusammen schnüffeln. Vorsicht jedoch bei Futterneid!

den Schwierigkeitsgrad und lassen ihn im Auto oder Zuhause warten. Oder bitten Sie jemanden, mit ihm solange spazieren zu gehen. Dadurch nehmen Sie ihm die optische Hilfe, Ihnen zuzusehen. Haben Sie die Fährte gelegt, holen Sie ihn und gehen gemeinsam mit ihm zum Abgang und beginnen das Startritual.

Die Länge der Spur

Beginnen Sie mit kürzeren Spuren. Wählen Sie einen Arbeitsradius von 10 Metern. Das ist ein übersichtlicher Bereich für Sie und den Hund. Schnüffelt Ihr Hund die Spur konzentriert aus und Sie können jeden Schritt nachvollziehen, wird es Zeit, die Fährten zu verlängern. Erweitern Sie stetig in kleinen Etappen, etwa um zwei Meter. Allein diese Steigerung ist anstrengend für ihn. Würde er durch zu lange Strecken überfordert, ginge ihm der Spaß verloren.

Winkel, Geraden, Kurven

Bauen Sie Winkel und Kurven in Ihre Fährten mit ein. Hat Ihr Hund verstanden, dass er einer bestimmten Duftnote folgen soll, wird er das tun, egal in welche Richtung. Bedenken Sie: Wir müssen dem Hund beim Schnüffeln nicht das Riechen beibringen – das beherrscht er in Perfektion –, sondern nur das konstante Verfolgen einer Duftspur. Sie unterstützen ihn dabei, wenn Sie zu Beginn große Kurven laufen, die einfach zu erschnüffeln sind. Zick-Zack-Läufe auf kurzen Distanzen würden den Hund irritieren.

Ablenkung

Ablenkungen verführen den Hund dazu, sich während der Suche von anderen Spuren ablenken zu lassen und diesen zu folgen. Schließen Sie das aus, indem Sie zunächst Strecken wählen, die Ihr Hund in- und auswendig kennt. Das senkt die Motivation, sich ablenken zu lassen.

Erhöhen Sie den Schwierigkeitsgrad, indem Sie auf Ihrer Fährte weitere Geruchsstoffe auslegen. Präparieren Sie Zuhause Bierdeckel mit einem anderen als dem zu suchen Geruch. Verteilen Sie diese in Abständen auf der Fährte. Sie können gleiche, aber auch unterschiedliche Geruchsträger auf die Spur legen. Der Hund darf daran gerne verweilen und an ihnen schnüffeln. Im Optimalfall lässt er sich aber nicht beirren und sucht weiter die richtige Spur.

Die Körpersprache des Menschen

Ihr Hund schafft es, Sie während des Schnüffelns zu beobachten und darauf zu achten, ob Sie ihm unbewusst die Richtung weisen. Um zu verhindern, dass Ihr Hund mit seinen Augen sucht, sondern seine Nase einsetzt, sollten Sie immer hinter ihm gehen.

Bleibt er stehen, tun Sie das auch. Bleiben Sie ruhig, egal was der Hund macht. Ihre Füße, Schultern und Oberkörper sollten in Laufrichtung des Hundes zeigen und nicht in Richtung des gesuchten Objektes weisen. Haben Sie die Spur selbst gelegt, wissen Sie ja, wo der nächste Winkel kommt. Halten Sie Ihre Geschwindigkeit und signalisieren Sie dem Hund nicht durch langsamer werden, dass Sie eine Richtungsänderung von ihm erwarten. Korrigieren Sie nicht über die Leine. Lassen Sie hin und wieder eine andere Person die Spur legen. So kennen sie weder Spur noch Ziel, und der Hund ist bei der Suche auf sich allein gestellt.

Am Ende wartet natürlich ein Jackpot auf Ihren Hund. Durch diesen fördern Sie die Motivation des Hundes.

Agililty

Was ist Agility?

Agility ist eine Mensch-Hund-Team-sportart. Sie wurde erstmals 1977 bei der Crufts Dog Show als Pausenüberbrückung gezeigt. Der Hund wird in einer bestimmten Reihenfolge durch einen Hindernis-Parcours geschickt und mittels Handzeichen, Stimme und Körpersprache des Halters schnellstmöglich und möglichst fehlerfrei hindurchgeleitet.

Das klingt recht nüchtern – Agility ist mehr! Es ist ein Sport, der durch Vertrauen und Spaß aufgebaut werden sollte, denn so sind Hundehalter und Hund zu Höchstleistungen fähig. Im Laufe einer gewaltfreien Ausbildung wachsen Hund und Mensch zu einem guten Team zusammen. Agility wird zu einer Leidenschaft – meistens für beide! Der Hundehalter lernt seinen Hund und dessen Grenzen, aber auch die eigenen besser kennen. Und der Hund macht einen großen Schritt in punkto Vertrauen auf sein Herrchen/ Frauchen zu. Denn ohne Vertrauen kommt man beim Agility nicht weit.

Gleichzeitig ist Agility eine hervorragende Möglichkeit, seinen Hund sowohl körperlich als auch geistig zu fördern und auszulasten. Für ihn sollte allerdings der Spaßfaktor im Vordergrund stehen, denn er ist derjenige, der die meiste Arbeit vor sich hat. Er muss sich auf die Geräte, den Besitzer und dessen Signale konzentrieren und jede Menge lernen. Bei dieser Anstrengung darf der Hund nicht überfordert werden! Denn das führt zu Misserfolgen und diese wirken für alle Beteiligten demotivierend.

Vom Spiel zum Wettkampf

Viele Hundehalter melden sich wegen des Spaßfaktors zum Agilitykurs an, aber dann wird sehr schnell ihr Wettkampfgeist geweckt. Der eigene Hund wird mit anderen Hunden verglichen

Integrieren Sie Anfängerhunde beim Aufbau des Parcours. Das fördert das Gemeinschaftsgefühl und der Hund gewöhnt sich an die Geräte.

Home-Agility ist eine
spannende Alternative.

und es wird versucht, das Bestmögliche aus seinem Hund herauszuholen – und das ist meist, ein klein wenig besser als der andere zu sein. Im Laufe der Zeit baut sich bei den Teilnehmern ein Leistungsdruck auf, der auf die Hunde übertragen wird. Dadurch weicht die ursprüngliche Motivation, Spaß, einem neuen Ziel: nämlich dem, Erfolg zu haben.

Jeder Hund (und Mensch) ist individuell zu betrachten. Jeder bevorzugt ein anderes Gerät als „Lieblingsgerät" und erarbeitet dieses in seinem individuellen Tempo und auf einem eigenen Weg. Dabei spielt das Wesen des Hundes eine Rolle. Schüchterne und ängstliche Hunde brauchen etwas länger und mutige stürzen sich direkt in den Parcours. Auch hier liegt die Aufgabe des Trainers darin, dem Hundehalter nicht nur die richtigen Techniken zu vermitteln, sondern Ihm auch die nötige Geduld im Training mit seinem Hund nahe zu bringen.

Und dann ist da auch noch der Team-Partner, der die Fehler macht! Ein häufiges Missverständnis ist, dass der Halter meint, dass der Hund die Fehler mache. Im Agility liegt die Fehlerquote aber zu 99,9% beim Menschen. Das ist manchmal schwer einzusehen und demotivierend. Diese Missstimmung sollte nicht dem Hund angelastet werden.

Drinnen und Draußen

Wenn wir an Agility denken, sehen wir meistens eine riesengroße Wiese, auf der ein Parcours mit 20 Geräten steht. Das ist die Idealvorstellung – und wir wissen, wie viele Hundetrainer auf der Suche nach einer Wiese sind. Leider ist dies nicht immer möglich. Aber die gute Nachricht ist: Agility ist überall möglich, sowohl drinnen als auch draußen! Sie können mit dem Hund einzelne Geräte benutzen und diese auch auf Distanz trainieren, so dass er sie selbständig findet.

Viele unserer Kursteilnehmer bauen sich einen eigenen Parcours in Garten, Haus, Wohnung oder sogar auf dem Balkon auf. Wenn Sie offen für „Home-Agility" sind, sind dem Vorhaben keine Grenzen gesetzt. Zudem sagten uns 80% unserer Kursteilnehmer, dass ihre Hunde noch ausgeglichener wurden und sich auch das eine oder andere Problem mit ihrem Hund „wie von selbst" erledigt hat. Klasse!

Gesundheitliche Voraussetzungen

Ein Hund sollte vor dem ersten Lebensjahr an keinem Agility- oder Sprungtraining teilnehmen. Speziell große Hunde sollten noch länger warten, da die Wachstumsphase bzw. das Erwachsenwerden länger dauert. Der Hund sollte körperlich ausgewachsen sein.

Befände er sich während des Trainings noch in der Entwicklung, wäre die Gefahr von Bänderrissen und Überdehnung viel zu groß. Sehnenverletzungen und Zerrungen können für den Hund sehr schmerzhaft sein. Verletzte Gelenksknorpel können zu bleibenden Arthrosen führen. Entwicklungsstörungen würden sich einstellen, die nicht mehr reparabel wären.

Häufig erlebt man, dass Hunde nach einer Trainingspause von einigen Wochen wesentlich entspannter und freier laufen! Während der Pause entspannt sich der Hund körperlich und mental. Im Ruhezustand werden Trainingssequenzen, Geräte, Atmosphäre etc. gespeichert. Eine Pause ist im Trainingsverlauf sinnvoll! In der Fachsprache nennt man das latentes Lernen.

Gespannt wartet Frau Meier auf die Dinge, die da kommen.

Warm-up

Bevor es ans eigentliche Training geht, müssen sich die Hunde aufwärmen, wie bei jedem Mannschaftssport auch. Der Stoffwechsel soll angeregt werden, das Blut soll mehr Sauerstoff transportieren, um den Körper auch unter Belastung versorgen zu können. Muskeln und Bänder sollen vorbereitet werden. Bitte laufen Sie Ihren Hund vor Trainingsbeginn warm, auch wenn er zu Beginn die ersten Übungen langsam absolviert. Für ihn bildet das Aufwärmen bald ein schönes Ritual vor dem Start, das auch Endorphine freisetzt.

Um mit dem Hund im Parcours gut arbeiten zu können, sollte seine Motivation richtig hoch sein. Deshalb ist es sinnvoll, wenn Sie verschiedene Motivationsmittel ausprobieren.

Die Startposition

Bevor der Hund das erste Hindernis angeht, stellt sich die Frage nach dem richtigen Abstand und der Position zum Gerät. Es ist Ihnen freigestellt, ob der Hund aus dem Sitzen, Liegen oder Stehen heraus startet.

Die Position soll aber so lange beibehalten werden, bis sich der Hundebesitzer in Ruhe auf dem Parcours an seine eigene Startposition gestellt hat

Tipp Trinken & Fressen

Ihr Hund sollte mindestens vier Stunden vor Trainingsbeginn nicht gefüttert werden. Planen Sie das mit ein, spätestens wenn er auf dem Platz richtig Gas gibt. Die Gefahr einer Magendrehung könnte steigen und zusätzlich würde der Hund sehr schwerfällig den Parcours durchlaufen. Ähnlich sieht es mit dem Trinken aus. Wasser sollte zwar zur Verfügung stehen, aber nicht in großen Mengen. Es beschwert nur unnötig.

Das Signal Mitte hilft bei allen Positionierungsversuchen.

und den Hund zum Start ein Auflösungssignal gibt. Sollte einen das Turnierfieber packen, würde ein Frühstart zur Disqualifikation führen.

Der Hund sollte 1,5 Hundelängen weit weg vor dem ersten Hindernis sitzen. So kann er den Abstand zum Hindernis einschätzen. Beachten Sie, ob er im Links- oder Rechtsgalopp abspringen muss, wie der Boden beschaffen ist und wie hoch er die Läufe nehmen muss und vieles mehr.

Die Startposition einnehmen

Viele Hunde lassen sich nicht optimal positionieren, wenn der Halter sie zum Start ruft. Der Hund kommt zwar, setzt sich aber meist vor seinen Besitzer. Das bedeutet, er sitzt häufig nicht optimal zum Hindernis.

Weiterhin gibt es Situationen, wo der Hund nicht gerade vor einem Gerät starten sollte, sondern besser in einem Winkel seitlich vom Gerät. Das ist davon abhängig, in welchen Winkeln das zweite und dritte Hindernis im Verhältnis zum ersten stehen.

Um den Hund einfach und schnell zu positionieren, können Sie ihm in wenigen Schritten das Signal „Mitte" beibringen.

> Im Grundtraining nehmen Sie breitbeinig die Startposition des Hundes ein. Sprich: Sie stehen jetzt so vor dem Gerät, wie Sie sich Ihren Hund positioniert wünschen. Ihr Hund befindet sich hinter Ihnen.
> Beugen Sie sich vornüber und nehmen durch die Beine Blickkontakt zu Ihrem Hund auf. Halten Sie ein Leckerchen parat und locken Sie ihn zu sich.
> Mithilfe des Leckerchens können Sie den Hund nun durch Ihre Beine dirigieren und das Leckerchen vor seinem Körper nach oben führen. Die meisten Hunde setzen sich dann automatisch hin. Der Hund sitzt nun optimal vor dem Gerät.
> Sie können nun das Hörzeichen „Mitte" einführen und Ihren Hund mit dem Leckerchen belohnen. Sie können sich vom Hund entfernen und schon kann es losgehen!

Foto linke Seite: Auch die Startposition sollte ritualisiert werden, um Frühstarts zu vermeiden.

Ihr Hund sollte Signale auch auf Distanz beherrschen. Dabei bieten sich verschiedene Trainingsvarianten an.

Für Hunde, die sich nicht gerne hinsetzen, ist ein „Platz" oder „Steh" genauso in Ordnung. Ist die Übung erst einmal konditioniert, können Sie Ihren Hund mit dem Signal „Mitte" zu sich rufen, er „parkt" automatisch ein und schon kann es mit der Übung losgehen.

Im Parcours

Nachdem Sie den Hund nun perfekt starten lassen, können Sie im nächsten Schritt das Absolvieren des Parcours optimieren. Manchmal schießen Hunde über das Ziel hinaus. Wir selbst trainieren mit unserem Hund „Wumm", einer Boxer-Bracken-Mischlingshündin. Wumm ist eine Granate im Parcours, ihre Schwachstelle ist jedoch, dass sie vor lauter Spaß gerne mal größere Bögen als nötig läuft und dann die Orientierung „vergisst". Durch die Einführung des Signals „Stopp" haben wir sie dazu ermutigen können, dass sie auf uns reagiert und sich dann selbständig

im Parcours neu orientiert. Und so bringen Sie Ihrem Hund das Signal „Stopp" bei:

> Trainieren Sie auf dem Spaziergang, während eine zweite Person den Hund an der Leine bzw. Schleppleine hat.

> Ihr Hund soll auf Sie zugehen. Achten Sie darauf, dass er kein schnelles Tempo hat. Sie geben das Signal „Stopp" und in dem gleichen Augenblick (um die beste Verknüpfung herzustellen) hält der Helfer die Leine fest. Diese wird dadurch gestrafft und der Hund bleibt stehen und führt somit die gewünschte Handlung „Stopp" richtig aus.

> Die Hilfsperson entspannt die Leine wieder (der Hund soll in Zukunft ja nur auf das Signal reagieren und nicht die Leine in den Kontext mit aufnehmen) und Sie dürfen den Hund loben und direkt wieder motivieren, weiter zu laufen, so dass der

Spaßfaktor bleibt. So soll es im Parcours auch werden.

> Nach einigen Wiederholungen werden Sie feststellen, dass der Hund bereits stehenbleibt, sobald Sie das Signal geben. Höchste Zeit, die Leine auszuschleichen und die Übung auch ohne Leine zu trainieren.
> Vergessen Sie nicht, die Übungen auch auf größere Distanzen zu trainieren, so dass Sie im Parcours nicht immer in der Nähe des Hundes sein müssen, um ihn abzustoppen.

„Stopp" hat für uns einen Signalcharakter und entsprechend stellt sich eine Ernsthaftigkeit ein. Beim „Stopp" im Agility-Kontext ist diese nicht erforderlich, denn der Hund soll den weiteren Parcours mit Spaß und Motivation absolvieren. Sollten Sie also merken, dass Ihre Anspannung bei der Aussprache des Signals „Stopp" zu intensiv ist, verwenden Sie ein anderes Wort, das eine entspannte Stimmung auslöst. Versuchen Sie es mal mit dem Wort „Urlaub"...

„Links", „Rechts" und „Voraus"

Eine nützliche Übung – nicht nur für den Grundgehorsam – ist, den Hund nach links und rechts schicken zu können. Beim Agility ist es zudem von Vorteil, wenn Ihr Hund an beiden Seiten läuft, also rechts und links von Ihnen. Umso weniger müssen Sie im Parcours laufen und wechseln, sondern können das Ihrem Hund überlassen.

Trainieren Sie sowohl Zuhause als auch auf den Spaziergängen. Für eine kleine Übungssequenz ist immer mal Zeit und speziell diese Übung eignet sich prima, um die Distanzkontrolle zu überprüfen. Je weiter Sie den Hund kontrolliert nach links und rechts schicken können, umso besser.

Und so bringen Sie Ihrem Hund die Richtungen bei:

> Suchen Sie sich eine Seite aus. Wenn Ihr Hund beispielsweise „Fuß" auf Ihrer linken Seite beherrscht, fangen Sie auf dieser Seite an, denn dann wird er sich wie von selbst dort „einparken".
> Setzen Sie den Hund auf der linken Seite ab. An Ihrer linken Seite sollte sich im Abstand von ca. zwei Metern eine Markierung befinden, etwa ein Hütchen.
> Lassen Sie den Hund weiterhin sitzen und Sie beobachten, während Sie auf dem Hütchen ein Leckerchen ablegen. Danach stellen Sie sich wieder parallel neben ihn.
> Schicken Sie Ihren Hund zu dem Futter und merken sich Ihre Handlung, welche das Loslaufen auslöst. Dies ist Ihr Übergangssignal.
> Sobald Sie das Loslaufen sicher auslösen können, führen Sie das endgültige Signal ein: Strecken Sie die linke Hand in Richtung des Futters aus, sagen „links" und geben sofort danach das Übergangssignal.
> Klappt das prima, trainieren Sie die andere Seite entsprechend.

Sie können die bei dieser Übung das zuvor gelernte „Stopp"-Signal einbeziehen: Sie können es immer einsetzen, wenn der Hund an der Markierung automatisch anhält. Sobald das klappt, können Sie Ihren Hund solange nach links laufen lassen, bis Sie „Stopp" sagen. Sie werden merken, wie ihn das fordert und Sie gleichzeitig im späteren Parcoursverlauf entlastet.

Zu Beginn ist es einfacher, mit nur einer Seite anzufangen. Nicht weil der Hund nicht dazu in der Lage wäre, es zu trennen. Rechts und links kann er nämlich einwandfrei auseinander halten – nur leider viele Hundehalter-

Hier lernt Whopper das Signal „Links". Die Seite wird immer aus Sicht des Hundes genannt.

nicht. Schwierig wird es dann auch noch, wenn uns der Hund gegenübersteht – wo ist denn dann links?

Gehen Sie – wie in der Medizin auch – immer aus Sicht des „Patienten", also hier aus der Sicht des Hundes vor. Somit ist links klar definiert: Stehen Sie parallel neben Ihrem Hund, heben Sie die linke Hand und sagen „Links". Steht Ihr Hund Ihnen gegenüber heben Sie den rechten Arm und sagen „Links". Das ist für den Hund logisch! Er läuft dann in beiden Fällen über seine linke Schulter nach links.

Wenn Sie also zu den Menschen gehören, die mal links und rechts vertauschen, empfehlen wir, die Übungen langsam und einzeln anzugehen. Sie können auch eine andere Übung dazwischen setzen – etwa das „Voraus". Und so lernt Ihr Hund „Voraus":
> Ihr Hund sitzt neben Ihnen.
> Vor Ihnen befindet sich im Abstand von ca. zwei Metern eine Markierung, etwa das Hütchen.

> Lassen Sie den Hund weiterhin sitzen und Sie beobachten, während Sie auf das Hütchen ein Leckerchen legen. Danach stellen Sie sich wieder parallel neben ihn.
> Schicken Sie Ihren Hund mit einem Übergangssignal zu dem Futter auf dem Hütchen.
> Sobald Sie das Loslaufen sicher auslösen können, führen Sie das endgültige Signal ein: Strecken Sie eine Hand in Richtung des Futters aus, sagen „voraus" und geben sofort danach das Übergangssignal.
> Üben Sie auch weitere Distanzen, so dass Sie ihn auf beliebige Strecken schicken können.

Nach dem gleichen Schema bringen Sie Ihrem Hund auch bei, im Winkel oder nach hinten zu laufen. Wichtig ist nur, dass jede Richtungsangabe ein Wort bekommt und der Hund dieses mit dem jeweiligen Winkel (zu Ihnen) in Verbindung bringen kann.

Wie zu Beginn des Buches erwähnt, ist eine kontrollierte Stimmung und Körpersprache beim Training immer von Nutzen. Der Hund kann sich orientieren und die Richtung wird klarer definiert. Da wir Hundehalter dazu neigen, viel mit den Augen zu beobachten und auch zu steuern, neigen wir dazu, dass wir unseren Hund beim Laufen durch den Parcours meistens ansehen. Aber für ihn wäre es wichtig, dass wir „richtungsweisend" blicken. Logischerweise sind wir das nicht, wenn wir ihm bei jedem Gerät auf die Füße sehen anstatt auf das nächste Hindernis.

Die folgende Checkliste hilft Ihnen, den Ablauf zu verbessern. Ziel ist es, dass Ihr Hund freier laufen kann und auch die Distanzen nutzt. Dadurch wird er die Geräte im Parcours selbstständiger laufen und braucht nicht andauernd auf uns zu achten. Keine Sorge, dadurch wird die Bindung zum Hund nicht schlechter, sondern eher besser. Nutzen Sie Ihre Körpersprache beim Agility und unterstützen Sie

damit Ihren Hund! Sie können ihn komplett sprachfrei durch den Parcours schicken. Er wird es lieben.

> Stellen Sie sich aufrecht hin. Je aufrechter umso besser. Viele Hundehalter meinen, dass Sie Ihrem Hund das Gerät zeigen müssen. Genau das Gegenteil wäre das Optimum. Der Hund sucht sich aufgrund Ihrer Ansage, wie etwa „Tunnel", das Gerät und läuft es selbständig. Unterstützen können Sie sein Handeln, indem Sie aufrecht zum Gerät hin ausgerichtet stehen.
> Schauen Sie nicht auf Ihren Hund, sondern auf das nächste Hindernis. So denkt der Hund nicht, dass Sie an ihm „kleben", sondern ebenfalls zielgerichtet zum Gerät laufen wollen. Das fördert ihn auch, selbständig auf das gewünschte Hindernis zuzulaufen.
> Richten Sie Ihren Oberkörper, speziell Brust und Schultern, auf die Hindernisse aus. Denn wenn sich der Hund an der Ausrichtung Ihres Körpers orientieren soll, dann macht es

Schultern, Brust und Fußstellung dienen Ihrem Hund zur Orientierung – ebenso wie klare Handzeichen.

Sinn, wenn dieser auf die Hindernisse hin ausgerichtet ist.

> Unsere Füße dürfen wir im Training auch nicht vergessen. Stellen Sie sich vor, der Hund wartet am Tunnel auf Ihr Startzeichen. Er sieht jedoch, dass Ihr Brustkorb zwar auf das Ende des Tunnels (bzw. auf das nächste Gerät) ausgerichtet ist, die Füße aber in eine andere Richtung zeigen. Hier ist die Gefahr groß, dass der Hund erst motiviert in den Tunnel hineinläuft und dann aber auf der gleichen Seite wieder herauskommt, weil er sieht/ interpretiert, dass Sie nicht die entsprechende Laufrichtung wie er eingeschlagen haben. So wird dies zu einem „Unsicherheitsfaktor" und er hinterfragt das Ganze noch mal.

> Wenn wir im Parcours laufen, setzen wir auch unsere Arme ein. Das ist vollkommen in Ordnung, wichtig ist nur, dass die Körperspannung vorhanden ist und die Arme und Finger eine deutliche Richtung (wieder auf das Gerät hin) anzeigen. Wir werden uns im Weiteren noch mit den Aufgaben der Hände beim Agility auseinandersetzen (siehe Seite 320).

Viele Hundehalter denken nicht an die korrekte Körpersprache und meinen, dass der Hund etwas falsch gemacht hat. Dies sollte unbedingt beachtet werden, denn meistens wird der Hund für „falsches" Verhalten ignoriert und der Halter wird frustriert, was sich auf den Hund überträgt. Die Übung wird mit einer Demotivation abgebrochen, obwohl der Hund alles richtig gemacht hat.

Zur Überprüfung der eigenen Körpersprache nutzen wir in unseren Kursen gern eine Videokamera. Filmen auch Sie sich beim Agility, und Sie werden sehen, wie viele kleine Baustellen auftauchen werden. Seien Sie nicht frustriert, erstens ist das normal und zweitens ist es eine tolle Chance und gute Möglichkeit, die Körpersprache und damit die Kommunikation zu verbessern.

Der Sprung gelingt, weil Whoppers Frauchen klare Signale gibt, auch ohne dabei zu sprechen.

Früh übt sich – auch
Welpen können den
Tunnel problemlos
trainieren.

Die Geräte

Jeder Hund reagiert anders auf Agility-Geräte. Jedem Hund sollten wir Zeit geben, sich mit den neuen Übungen auseinanderzusetzen. Sollte unser Hund an Grenzen stoßen, beginnen wir wieder bei einem Übungslevel, das er beherrscht, und bauen kleinere Zwischenstufen ein, bis wir an dem gesetzten Ziel ankommen.

Alle Geräte werden beidseitig angelernt, sprich links- und rechtsführig. Sobald die Einzelgeräte beherrscht werden, können direkt kleine Parcourskombinationen genutzt werden. Richtige Schritte werden gelobt, falsche ignoriert.

Im Grundtraining bekommt der Hund kein Signal (z. B. „Nein") für einen Handlungsabbruch für „falsches" Verhalten, da er die Geräte als etwas Positives ansehen soll. Der Hund sollte während des gesamten Trainings im Parcours nicht vom Hundehalter berührt werden, da das während eines Wettbewerbs auch nicht erlaubt ist. Außerdem fördert das Berühren nicht die Selbständigkeit des Hundes in un-serem Parcours – also: Finger weg! Alle Geräte (bis auf den Reifen) sollten aus verschiedenen Anlaufwinkeln trainiert werden. Unsere Hunde sollen möglichst die Geräte per Signal unterscheiden lernen. Dadurch ist ein freies Führen möglich, da der Hund sich nach einiger Zeit das Gerät selbst suchen kann.

Der Tunnel

Der Tunnel ist das Lieblingsgerät vieler Hunde. Alle Farben sind erlaubt, auch ein durchsichtiges Material. Letzteres vereinfacht das Training durch den Blickkontakt zwischen Hund und Besitzer. Zugelassene Länge: zwischen 3 und 6 m. Signal: „Tunnel"

Abrufen durch den Tunnel

Beim Agility geht es darum, dass der Hund geschickt oder abgerufen wird. Folglich sollten beim Tunnel beide Varianten trainiert werden.

Der Tunnel sollte zunächst komplett zusammengeschoben werden. Der Hund bleibt bei einer Hilfsperson an einem Tunnelende sitzen. Der Besit-

Ist der Hund ausgewachsen, läuft er den Tunnel aus dem FF und ist gedanklich schon beim nächsten Gerät.

zer stellt sich seitlich neben das andere Tunnelloch (beide Seiten trainieren!) und lockt den Hund durch den Tunnel. Blickkontakt sollte durch den Tunnel gehalten werden. Hocken Sie sich nicht genau vor das Tunnelloch, sondern besser seitlich des Tunnels. Damit verdunkeln Sie den Tunnel für den Hund nicht und er kann angstfrei durchgelotst werden.

Bei Anzeichen von Angst können Sie Leckerchen und Spielzeug nutzen. Der Tunnel wird erst verlängert, wenn der Hund sicher durch die kleinen Etappen läuft. Setzen Sie sich abwechselnd links und rechts vom Tunnel hin, so dass der Hund von Anfang an das Durchlaufen von beiden Seiten erlernt. Beherrscht der Hund seine Aufgabe, setzen Sie das Signal „Tunnel" in den Momenten ein, wo er ihn gerade durchläuft. Später lernt er dann, dieses Gerät zu suchen und zu durchlaufen.

Vorausschicken durch den Tunnel
Der Hundehalter steht neben dem Hund und schickt ihn von vorne in den Tunnel. Der Besitzer läuft die Strecke mit und nimmt seinen Hund hinten in Empfang. Kräftiges Lob und Spielen! Manche Hunde haben Schwierigkeiten und drehen im Tunnel um und kommen zurück. Da kann eine Hilfsperson helfen, indem der Hund sie durch den Tunnel beobachten kann, sie dient als „Zugpferd". Diese sollte jedoch passiv arbeiten und den Hund nur kurz annehmen, wenn der Besitzer noch nicht da ist.

Stehen Sie rechts vom Tunnel, während der Hund rauskommt, wird er Sie über die rechte Schulter suchen. Stehen Sie links von ihm, wird er diese Richtung einschlagen.

Kurven
Lässt sich der Hund ohne weiteres durch den Tunnel abrufen oder schicken, kann die Hilfsperson ausgeschlichen werden. Nun wird es Zeit, den Tunnel nach und nach einzudrehen. Das wird so lange gesteigert, bis das Tunnelende vom Hund nicht mehr gesehen werden kann. Variationen wären eine U- oder S-Form des Tunnels, alles ist erlaubt.

Variieren Sie im Training die Sprunghöhe, damit sich der Hund auf jeden Sprung neu einstellt.

Hürden

Ein weiteres attraktives Gerät für Hunde sind Hürden. Sinnvoll ist das Trainingsziel, dass der Hund nicht nur in der Lage ist, eine Hürde zu nehmen, sondern, dass Sie ihn bequem (aus Ihrer Standposition) über mehrere Hürden schicken können. Spaßfaktor pur!

Trainieren sie immer mit unterschiedlichen Hürdenhöhen, damit sich der Hund nicht an eine Sprunghöhe gewöhnt, sondern sich bei jedem Sprung neu konzentrieren muss. Stellen Sie die Hürden so weit von einander entfernt auf, dass der Hund seinen Absprung berechnen und ohne Engpass landen kann. Signal: „Hopp" und „Vor".

Erste Übungen

Laufen Sie mit Ihrem Hund zusammen über die Hürden. Er sollte dicht bei Ihnen laufen, so dass Sie beide nebeneinander über die Stangen passen. Die Stangen liegen zunächst auf dem Boden. Diese Anfangsübung soll prüfen, ob der Hund ein ängstliches Verhalten gegenüber den Stangen zeigt oder diese ihn gar nicht stören. Läuft er freundlich und entspannt mit, kann während des Überquerens das Signal „Hopp" eingeführt werden.

Abrufen über eine Hürde

Setzen Sie zum Abrufen Ihren Hund vor eine Hürde. Ihr Hund sollte soweit vom Gerät entfernt sitzen, dass er seine Läufe während des Sprungs ausstrecken und die entsprechenden Bewegungen sicher durchführen kann. Machen Sie Ihrem Hund die Übung vor, indem Sie die ersten Male selbst über das Gerät gehen, nachdem Sie ihn an der Startlinie abgesetzt haben. Er kann Sie beobachten (Lernen durch Nachahmung) und konzentriert sich bereits im richtigen Kontext auf die Übung.

Stellen Sie sich weit genug hinter das Gerät, so dass der Hund nach dem Absprung sicher landen und ein paar Schritte zu Ihnen laufen kann. Stehen Sie zu nahe, blockieren Sie sozusagen die Sprungbahn und Ihr Hund wird eher um die Hürde herumlaufen. Stehen Sie und der Hund richtig, locken Sie ihn über die Hürde und belohnen ihn anschließend mit einem Spiel oder Leckerchen.

Nach erfolgreichem Sprung (genauso nach jedem letzten Gerät im Parcours) sollte Ihr Hund unmittelbar belohnt werden, quasi für die gute Leistung an sich. Würden Sie am Parcoursende (bei dem er mächtig Spaß hat), ein „Sitz" verlangen, könnte das die Stimmung trüben. Zum anderen würde er an den letzten Geräten in Zukunft abbremsen, weil er erwartet, dass Sie am Ende etwas von ihm verlangen. Und zu guter Letzt könnte er Ihr Lob auf das „Sitz" beziehen und nicht auf sein erfolgreiches Absolvieren des Parcours.

Beim Abrufen über mehrere Hürden ist der Ablauf der gleiche ist wie für eine Hürde beschrieben, aber Sie platzieren sich hinter den zwei oder drei in der Reihe stehenden Hürden.

Vorausschicken

Ihr Hund wird vor der ersten Hürde platziert und Sie stellen sich hinter diese. In der Führhand wird ein Spielzeug gehalten. Sobald der Hund die erste Hürde nimmt, werfen Sie das Spielzeug in Laufrichtung über die nächste Hürde und rufen „Voraus". Eilen Sie zu Beginn dieser Übung direkt hinterher, um Ihren Hund hinter der Hürde mit dem Spielzeug zu belohnen.

Sie können den Hund auch über mehrere Hürden vorausschicken, indem Sie das Spielzeug bis hinter die letzte Hürde werfen.

Falls Sie nicht so gut werfen können oder nicht genau zielen und das Spielzeug in der falschen Richtung landet, dann macht das auch nichts. Läuft Ihr Hund hinterher und führt seinen Job richtig aus, bedenken Sie bitte, dass er unbedingt gelobt werden muss, da er schließlich alles richtig macht.

Beherrscht Ihr Hund das Abrufen und Schicken bzw. hat er das Prinzip verstanden, können Varianten eingebaut werden. Stellen Sie die Hürden zum Beispiel um 90° versetzt zueinander auf. Rufen Sie ihren Hund über drei Hürden ab. Sie werden merken, dass Sie ihn nun über Ihre Körpersprache führen müssen, da die Hürden nun nicht mehr hintereinander stehen.

Positionieren Sie Ihren Hund am besten so, dass Sie zwischen Start und Ziel eine gedachte Linie ziehen können. Am Ziel stehen Sie und am Anfang Ihr Hund. Können Sie ihn auf direktem Weg über das Hindernis sehen, stehen die Chancen sehr gut, dass der Sprung klappt. Wenn nicht, korrigieren Sie seine Position in die Diagonale. Das Schöne ist, dass Sie im Parcours immer frei entscheiden können, wo Sie sich aufhalten und welche Position Sie einnehmen. Es gibt keine Regeln diesbezüglich. Passen Sie Ihre Position an das Können des Hundes an.

Nun kennen Sie schon zwei Geräte – wir empfehlen, dass Sie direkt beginnen, diese zu kombinieren und in verschiedenen Aufstellungen und Reihenfolgen zu durchlaufen. Das steigert den Spaß, aber auch die Bindung, da der Hund nicht nach einem gewohnten Schema seinen Parcours durchläuft, sondern auf Sie und Ihre Signale wartet. Das gilt natürlich auch für alle folgenden Geräte.

Auch mehrere Sprünge hintereinander sind für einen gesunden Hund kein Problem.

Der Tisch

Der Tisch beim Agility hat eine rutschfeste Oberfläche und ist mindestens 90 x 90 cm, maximal 120 x 120 cm groß und für kleine und mittelgroße Hunde 35 cm hoch, für große 60 cm. Der Tisch darf aus der Laufrichtung heraus von vorne, links und rechts angelaufen werden. Nicht aber von hinten oder unten durch (Verweigerung). Signal: „Tisch".

Trainieren Sie ohne Leine. Legen Sie ein Leckerchen auf den Tisch und lotsen Sie Ihren Hund auf diesen. Springt er freudig auf die Platte, führen Sie augenblicklich das Signal „Tisch" ein. Der Hund sollte nach den Agility-Regeln mindestens fünf Sekunden auf diesem verweilen, bis Sie das Kommando wieder auflösen. Dabei ist es freigestellt, ob er steht, sitzt oder liegt.

Vergrößern Sie nach einiger Zeit den Abstand zum Hund. Hunde lieben den Tisch – und die Hundehalter meistens auch, weil man eine kleine Verschnaufpause einlegen und sich neu orientieren kann.

Der Slalom

Der Slalom besteht aus bis zu zwölf Stangen, die in einen Abstand von 60 cm aufgestellt werden. Der Weltrekord für das Durchlauf des Slaloms liegt übrigens bei 2,9 Sekunden! Der Hund muss im Wettkampf immer von rechts nach links in den Slalom einfädeln. Signal: „Slalom".

Da der Slalom eine enorme Belastung für die Wirbelsäule des Hundes darstellt, werden pro Unterrichtsstunde nur maximal fünf Durchgänge geübt!

Achten sie mal darauf: Der Tisch ist für viele Hunde das Lieblingsgerät.

Setzen Sie Ihren Hund rechts neben den Slalom, auf Höhe der ersten Stange, ab. Stellen Sie sich nun ebenfalls parallel zum Slalom, aber vor Ihren Hund. Locken Sie Ihren Hund mit Hilfe eines Leckerchens in Schlangenlinien durch die Stangen. Dadurch hat der Hund Sie als „Zugpferd" vor der Nase und eine Motivation, durch den Slalom zu laufen. (Mal im Ernst, es gibt für einen Hund wohl nichts unnatürlicheres, als durch 12 farbige Stangen zu laufen, folglich hängt der Erfolg von der Steigerung seiner Motivation durch uns ab.) Wenn der Besitzer seinen Hund direkt auf gleicher Höhe vorwärts führen würde, würde er sich – nach einigen Stangen – dem Tempo des Hundes anpassen und beide würden im Slalom stecken bleiben. Denn der Hund hat ja noch gar nicht verstanden, dass er zwölf Stangen absolvieren soll. Diesen Job übernimmt der Hundeführer. Nutzen Sie dabei das Wort „Slalom" bewusst mehrfach während des Laufens, um das Gerät zu konditionieren.

Fädelt sich der Hund zwischendurch falsch ein, wird wortlos abgebrochen und es gibt einen Neustart. Erst nach Absolvierung aller Stangen wird er ausgiebig gelobt und bekommt sein Leckerchen. Bei den ersten Durchgängen liegen die Lerneffekte des Hundes darin, dass er feststellt, dass er nach dem richtigen Durchlaufen eine Belohnung bekommt und die Slalomstangen bei Berührung nicht schmerzhaft für ihn sind.

Stellen Sie sich immer noch eine 13. Slalomstange vor, so drosseln Sie Ihre Geschwindigkeit nicht während des Laufens. Verlängern Sie um eine gedachte Stange, so ziehen Sie den Hund in voller Geschwindigkeit durch alle zwölf Stangen.

Der Hund wird im Grundtraining langsam geführt. Hier kommt es auf eine saubere und richtige Führung an.

Nur durch Handzeichen wird Wummi durch den Slalom geführt.

Die Geschwindigkeit erhöht sich von ganz alleine. Wenn möglich, laufen Sie von Anfang an ohne Leine, denn wir ertappen viele Kursteilnehmer dabei, dass der Hund im Slalom über die Leine gelenkt wird. Ebenso ist es tabu, den Hund während des Laufes mit dem Knie zu korrigieren, indem man ihn mit mal „wie von selbst" in die Lücke zwischen den Stangen schiebt.

Beginnt der Hund die Übung selbstständiger auszuführen, drehen Sie sich um, laufen nun parallel neben ihm her, aber mit gleicher Blickrichtung. Achtung: Aus Sicht des Hundes verändern Sie den Kontext; es kann daher sein, dass seine bis dato aufgebaute Leistung zunächst schwächer wird. Keine Sorge, das ist normal und gibt sich wieder.

Beherrscht Ihr Hund den Slalom, wird es Zeit, dass Sie sich nun langsam zurückziehen. Laufen Sie nicht mehr ganz bis zum Ende mit, sondern begleiten Sie nur noch bis Stange 11 und motivieren Sie ihn über Ihre Stimme, dennoch den ganzen Slalom zu nehmen, anschließend bis Stange 10, 9, usw.

Der Reifen darf nur gerade angesprungen werden, um die Verletzungsgefahr zu mindern.

Der Reifen

Der Reifen darf nur in gerader Linie zum vorhergegangenen Gerät angesprungen werden. Er ist so aufgehängt, dass der Reifenmittelpunkt für kleine und mittelgroße Hunde in 55 cm Höhe hängt, für große Rassen in 80 cm Höhe.

Setzen Sie den Hund vor das Gerät, der Abstand sollte wie bei den Hürden sein. Stellen Sie sich hinter den Reifen und locken Sie ihn mit seinem Lieblingsspielzeug oder einem Leckerchen durch den Reifen. Lob erfolgt, wenn er auf Anhieb hindurchspringt. Wenn er drunter durch oder nebenher läuft, erfolgt ein kommentarloser Neustart.

Beim Vorausschicken starten Sie zusammen mit Ihrem Hund in Laufrichtung. Dabei kann das Spielzeug durch den Reifen geworfen werden, aber nur, wenn das Handzeichen der Führhand (noch) nicht ausreicht, um den Hund zu motivieren, durch den Reifen zu gehen.

A-Wand und Steg

Zum Antrainieren der A-Wand sollte diese zunächst so tief wie möglich stehen. Die Hunde müssen die beiden Kontaktzonen beim Aufgang und beim Abgang auf jeden Fall berühren. Der Hund wird mit der leckerchengefüllten Führhand locker über die Wand geführt. Die ersten Male soll der Hund erst einmal ein Gespür für den neuen Untergrund bekommen und den Höhenwechsel. Wenn sich der Hund nicht traut, helfen wir ihm, indem wir eine „Leckerchen-Straße" auf der Wand nach oben legen. Beachten Sie, der Hund entscheidet, wann er wie weit das Hindernis laufen möchte. Mit Druck würde der Hund blockieren und nicht mehr lernen können. Entscheidet er sich beim Aufgang also doch beizudrehen, so lassen Sie ihn und trainieren druckfrei weiter oder vertagen diese Trainingseinheit auf einen späteren Zeitpunkt.

Wenn der Hund ohne Scheu die Wand läuft, sollte er als nächstes lernen, die Kontaktzone zu passieren und dort auch zu verweilen. Durch die kleine Verschnaufpause können Sie in dieser Zeit Orientierung im Parcours bekommen, Wechsel vorbereiten und dann in Ruhe Ihren Hund abrufen. Dieses Verweilen ist keine Pflicht. Dennoch macht es Sinn, es von Anfang an zu trainieren. Wenn der Hund gelernt hat, sich korrigieren zu lassen, ist dies einfacher, als wenn er mit Geschwindigkeit über die Wand läuft und sich nach einem möglichen Überspringen der Kontaktzone nicht mehr „zurückbefördern" lässt.

Trainieren Sie das Laufen auf die A-Wand aus verschiedenen Anlaufwinkeln. Der Schwerpunkt liegt bei dem sauberen Aufgang der Kontaktzone. Die Wand wird höher und steiler gestellt, sobald der Hund sie sicher überläuft. Als Signal verwenden Sie „Hoch", „Auf" „Wand" oder „Steg"

Dem Besitzer steht es frei, seinen

Hund auf der Kontaktzone ins „Sitz", „Platz" oder „Steh" zu bringen. Wir tun dem Hund jedoch einen Gefallen, wenn wir uns kurz Gedanken über seinen Knochenbau und die Gelenkbelastung bei den verschiedenen Positionen auf der Wand machen. Sie wird im Laufe der Zeit immer steiler gestellt, entsprechend steht die Lauffläche immer steiler! Wenn Sie dem Hund das Signal „Platz" geben, legt er sich zwar mit geradem Rücken auf die Kontaktzone, wird aber immer den Kopf heben, um Sie zu sehen. Dadurch stehen die Halswirbel fast im 90°-Winkel zur restlichen Wirbelsäule. Das ist nicht gesund.

Gebe ich meinem Hund die Position „Steh" vor, ist das für einen leichten Hund sicherlich einfacher als für einen Bernhardiner. Da die Schwerkraft wirkt, muss der Hund sein Gewicht unter Kontrolle haben. Zudem läuft er die Wand mit Geschwindigkeit und es wird den Gelenken einiges abverlangt.

Setzt man den Hund hingegen am Ende der Kontaktzone hin, und zwar so, dass die Vorderläufe bereits auf der Wiese stehen und die Hinterläufe und Po noch auf der Kontaktzone sind, behält der Hund eine gerade Wirbelsäule, auch wenn er nach seinem Besitzer schaut. Aus gesundheitlicher Sicht die beste Position.

Die Wippe
Das Absolvieren der Wippe lernt Ihr Hund am besten durch ein langsames, sorgfältiges Training, das ohne Leine durchgeführt wird. Das Gerät wird immer gesichert aufgestellt, am besten mit einem Sprungausleger. Signal: „Wippe".

Der Hund soll zu Beginn des Trainings noch gar nicht den Kipp-Punkt finden, sondern einfach nur Vertrauen in das Gerät bekommen. Da es kein Standgerät ist und sich dadurch von den anderen Kontaktzonen unterscheidet, dürfen wir es auch nur mit „Wippe" ansprechen. Würden wir „Auf" sagen, wie bei der Wand oder dem Steg, und der Hund würde sicher hinaufge-

Die Wippe darf der Hund in seinem Tempo erkunden. Sichern Sie ihn dabei ab.

hen, sich aber beim Kipppunkt erschrecken, weil er nicht darauf eingestellt ist, würde er schlimmstenfalls nie wieder die Wippe betreten! Führen Sie Ihren Hund mit Hilfe eines Leckerchens lobend nach oben. Wenn der Hund abspringen will, lassen Sie ihn. Kommt er mutig oben an, tragen Sie ihn die ersten Male hinunter.

Beherrscht Ihr Hund diesen Schritt, wird der Sprungausleger weggenommen. Der obere Teil der Wippe wird durch eine Hilfsperson gehalten (bei schweren Hunden bitte die Wippe zu zweit halten). Der Hund wird in die Mitte der Wippe geführt und mit Leckerchen belohnt. Steht der Hund sicher, versuchen wir, die Wippe ganz langsam zu senken. Der Hund kann während der Zeit weiter über Leckerchen abgelenkt werden. Im Laufe der Zeit wird der Hund seinen Kipppunkt suchen und finden.

Beherrscht der Hund das Absenken der Wippe, erlernt er auch ein „Sitz" auf der abgehenden Kontaktzone und eine kurze Verweilpause.

Achtung: Setzt sich der Hund nicht auf die Kontaktzone und läuft weiter, sollte er nicht nachträglich korrigiert werden. Da er sich dann hinter das Wippenende setzen und diese zurückschlagen würde, bekäme er sozusagen einen Tritt. Das sollte verhindert werden!

Die Fortschritte an der Wippe sollten immer dosiert gesteigert werden. Den Hund sollten wir die ersten Wochen bzw. Monate nicht alleine damit lassen.

Führhand und Gegenhand

Als Führhand des Halters ist die Hand gemeint, die dem Hund am nächsten ist. Wenn der Hund rechts neben Ihnen läuft, ist es daher die rechte Hand. Mit

Whopper hat den Sprung absolviert, dreht sich aber nicht zu mir, weil ich mit der Führhand deutlich „Voraus" signalisiere.

dieser Hand zeigt der Hundeführer dem Hund das nächste Gerät. Führen Sie ihn mit einer offenen Körpersprache deutlich zum nächsten Hindernis. Bedenken Sie, der Hund soll sich an Ihnen orientieren und nicht umgekehrt. Unterstützen Sie ihn durch eine deutliche Sprache.

Die Gegenhand ist die vom Hund abgewandte Hand. Mit ihr lassen sich Richtungskorrekturen durchführen, z.B. bei mehreren Hürden hintereinander. Beispiel: Sie dirigieren den Hund über vier Hürden hintereinander und er läuft aus der Hindernislinie auf Sie zu. Wechseln Sie nun von der Führhand auf die Gegenhand, dadurch drehen Sie sich ganz automatisch ein wenig in den Parcours hinein und „schieben" den Hund wieder auf die richtige Spur zurück. „Schieben" und „Ziehen" sind zwei wesentliche Aspekte beim Agility. Beherrschen Sie dies, führen Sie schon hervorragend.

Die Körpersprache des Menschen

Wenn sich der Hund entscheiden muss, ob er auf die menschliche Stimme oder auf seine Körpersprache reagieren soll, reagiert er zuerst auf die Körpersprache – auch beim Agility. Da wir permanent – allein schon durch das Laufen durch den Parcours – körpersprachlich kommunizieren, ist es wichtig, dass der Hund dies richtig verstehen kann.

Der Hund reagiert hauptsächlich auf unsere Schultern, Brust und Füße. Daher muss der Hundehalter nicht nur auf die richtige Position des Hundes achten, sondern sich überlegen, wie er selbst steht und was der Hund aus seiner „Figur" lesen kann.

Die Füße sollten immer in Laufrichtung stehen. Sie ebnen den Weg. Eine gespannte Brust fördert die Aufmerksamkeit des Hundes. Die Schulter ist für ihn richtungweisend (zusammen mit der Führ- und Gegenhand, aber auch alleine). Bei manchen Hunden reicht eine einfache Schulterbewegung für eine Richtungskorrektur vollkommen aus. Somit müssen präzise und genaue Sichtzeichen vom Halter gegeben werden.

Startsequenzen

Während der Startsequenz wird der Hund an der richtigen Stelle vor dem ersten Hindernis positioniert. Frühstarts sollen verhindert werden. Durch einen hohen Adrenalinspiegel und das Bedürfnis, möglichst schnell in den Parcours zu kommen, läuft der Hund gerne mal ohne Signal los. Disqualifikationen sind die Folge. Daher sollte von Beginn an darauf geachtet werden, dass der Hund erst auf ein Auflösewort hin startet. Deshalb sollte er jedes Mal auf seinen Platz geschickt werden, um eine Selbstbelohnung zu vermeiden. Zudem lernt er von Anfang an, auf die Zeichen seines Besitzers zu achten.

Bei aktiveren Hunden, denen es schwer fällt, lange abzuwarten, ist es sinnvoll, die Hunde über ein „Sitz" zu positionieren, sich abzuwenden und in Ruhe selbst eine Starthaltung einzunehmen. Der Hund sollte weitestgehend ignoriert werden und erst nach Auflösung aktiv mit ihm gearbeitet werden. Der innere Druck des Hundes wird dann durch die Ruhe des Halters verringert.

Tipp Cool Down

Nach der Agilitystunde sollte auch ein Cool-down stattfinden, bei dem man die Hunde herunterfährt, indem man noch zwei bis drei langsame Runden über den Platz geht. Der Kreislauf kann sich normalisieren und der Körper fährt auf den Normalzustand zurück.

Obedience

1x1 der Hundeerziehung

Für alle, die weiterhin am Grundgehorsam ihres Hundes feilen wollen, ist die Hundesportart Obedience eine tolle Herausforderung!

Beim Obedience kommt es auf eine harmonische, perfekte und schnelle Ausführung von Übungen wie „Sitz", „Fuß", „Platz" usw. an. Daher nennt man Obedience auch das große 1x1 der Hundeerziehung.

Bei den Wettbewerben spielen Teamfähigkeit und Sozialverträglichkeit eine Rolle und gehen in die Bewertung ein. Der Vorteil von Obedience ist, dass jeder Hund zugelassen werden kann und nicht aufgrund von Rassedispositionen oder Größe ausgeschlossen ist.

Probieren Sie Obedience aus! Während des Trainings wird sich auch Ihre gegenseitige Bindung verbessern.

Bekannte Übungen

Der große Unterschied zur „Unterordnung" – ein Begriff, der in den meisten Köpfen mit einer harten Erziehung assoziiert wird – ist, dass mit dem Hund leise und sanft umgegangen wird. Ohne Druck, sondern mit Spaß zum Erfolg!

Viele Lektionen, die im Obedience perfektioniert werden, kennen Sie aus der Grunderziehung Ihres Hundes: Bei Fuß gehen mit und ohne Leine, „Sitz" (im Bild unten), „Platz" und „Steh" aus der Bewegung heraus, die Kontrollierbarkeit des Hundes aus der Distanz, das Abstoppen aus der Bewegung und die Übung „Bleib". Auch Vorausschicken und Abrufen gehören dazu.

Nützlich im Alltag

Alle Übungen, die Sie für den Hundeführerschein oder Sachkundenachweis kennen und beherrschen sollten, werden beim Obedience mit trainiert, etwa das im Bild gezeigte Abrufen.

Daher lohnt es sich, diese faszinierende Sportart näher zu betrachten.

Zur Verbesserung Ihres Trainings können Sie sich dabei filmen lassen. Schauen Sie sich die Aufnahmen auch in Zeitlupe an; zur Analyse hilft Ihnen das ungemein. In Wettbewerben wird übrigens auch Ihre Bewegung bei der jeweiligen Übung bewertet.

Das Training

Wenn Sie Schwierigkeiten bei den Übungen haben, empfehlen wir Ihnen, sich professionelle Hilfe durch einen zertifizierten Hundetrainer zu holen. Da beim Obedience viel über Vertrauen gearbeitet wird, sollte der Besitzer eine sichere, klare Kommunikation und Körpersprache beherrschen und genau wissen, was er tut. Manchmal sind es nur ein paar kleine Tricks und Kniffe, die Ihnen ein Hundetrainer mitgibt, so dass Sie stressfrei mit Ihrem Hund weiterarbeiten können. Sie können das Training per Videokamera aufzeichnen und gemeinsam analysieren, um Ihre Körpersprache zu optimieren.

Apportieren

Aus dem Bereich der Schnüffel- und Geruchskontrolle finden Sie ebenso Übungen beim Obedience, wie Ihnen auch das Apportieren bekannt vorkommen wird. Sie können also viele Anleitungen aus diesem Buch nutzen, um Ihrem Hund die Grundbegriffe des Obedience beizubringen.

Gebisskontrolle

Nicht nur beim Obedience, auch bei Hundeausstellungen oder beim Tierarzt ist es nützlich, wenn der Hund seine Zähne inspizieren lässt. Gewöhnen Sie ihn von klein auf spielerisch daran. Nehmen Sie sich zum Üben viel Zeit und bestätigen Sie anfangs bereits, wenn Sie Ihren Hund mit der Hand an der Schnauze berühren können. Später clicken Sie, wenn Sie die Lefzen berühren können, wenn Sie sie anheben können, wenn er sich den Fang öffnen lässt usw.

Lässt sich Ihr Hund entspannt anfassen, wird er auch den Alltag stressfreier bewältigen können.

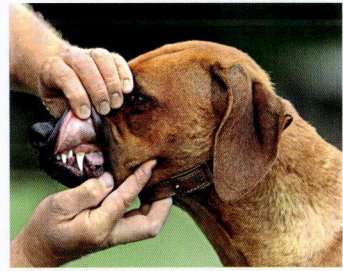

Die Motivation von Mango ist kaum zu toppen!

Treibball

Treibball ist für den Hund neben einer sportlichen Auslastung auch eine starke Konzentrationsübung. Ziel ist es nämlich, dass der Hund nach Anleitung lernt, acht Bälle – und zwar in einer bestimmten Reihenfolge – in ein Tor hinein zu manövrieren. Die Anleitung erhält er vom Hundehalter, der im oder am Tor steht und von dort aus alles dirigiert.

Sollte man Profi-Treibballer werden wollen, steht einem dazu eine Fläche von bis zu 50m Länge x 25m Breite als Spielfeld zur Verfügung. Klingt ganz einfach – und das ist es auch, wenn ein paar Regeln eingehalten werden.

Treibball bietet folgende Vorteile: Zunächst die kognitive und körperliche Auslastung. Die Körperkontrolle des Hundes durch die Lenkung des Halters ist natürlich ein langfristiger Vorteil, vor allem bei sehr aktiven Hunden. Treibball ist zudem problemlos im Garten umsetzbar – wir kennen viele Hundehalter, die sogar Treibbälle mit auf den Spaziergang nehmen.

Als wir vor Jahren das erste Mal mit Treibball in Kontakt kamen, wurde noch viel davon berichtet, dass gerade Hütehunde besonders für diese Sportart geeignet seien. Treibball ist allerdings kein Ersatz für Hütearbeit, denn der Ball wird nicht gehütet und umgekehrt wird ein Schaf beim Hüten auch nicht berührt.

Man denkt zunächst, dass besonders energiegeladene Hunde wie Hütehunde, Jack Russell Terrier oder belgische Schäferhunde besonders prädestiniert für Treibball seien. Die Erfahrung zeigt aber, dass diese Hunde zum einen gerade bei den ersten Treibball-Versuchen über das Ziel hinausschießen und es die eine oder andere „Ballleiche" gibt. Zum anderen sind die zurückhaltenden Hunde oft schneller in der richtigen Umsetzung, weil sie zu Beginn oftmals konzentrierter sind.

Damit wollen wir keine Hunderassen diskriminieren – ganz im Gegenteil. Sie sollen sich eher motiviert fühlen und nur im Vorfeld darauf vorbereitet sein, dass Ihr Hund ggf. anders als erwartet reagiert.

Das brauchen Sie

Treibbälle

Sie müssen nicht gleich acht Bälle kaufen. Zu Beginn trainieren Sie mit einem oder zwei. Die Anzahl steigert sich im Laufe der Zeit. Außerdem bestimmen Sie, mit wie vielen Bällen Ihr Hund arbeiten soll. Sprich: Aufstocken und Verringern der Anzahl ist jederzeit erlaubt. Orientieren Sie sich an der Regel: Ihr Hund soll Spaß am Treibball haben – völlig stressfrei! Danach richten Sie auch die Anzahl der Bälle.

Bälle

Es gibt weiche Bälle und Hartbälle. Probieren Sie einfach beide Varianten aus. Der Durchmesser bei großen Bällen liegt zwischen 65 bis 85 cm.

Untersetzer

Haben Sie ein unebenes Grundstück, auf dem Sie trainieren, lohnt sich die Anschaffung von Gummiringen, auf die die Bälle während der Pausen gelegt werden. Ansonsten laufen Sie nur Ihren Bällen hinterher. Achten Sie zu Beginn des Trainings, wenn der Hund die

> ### Tipp Vorkentnisse
>
> Vorkenntnisse erwünscht: Machen Sie Ihren Hund „Treibball-fit". Folgende Übungen helfen Ihnen als Vorbereitung und Sie können schneller mit dem eigentlichen Treibball beginnen: Links, Rechts, Voraus und Zurück (Seite 307).

eigentliche Arbeit mit dem Ball noch nicht verstanden hat, darauf, dass Sie auf einem ebenen Untergrund üben. Denn wenn Ihr Hund gegen ein Gefälle arbeiten muss, strengt ihn das zunächst sehr an und es könnte schnell zu einer Überforderung kommen.

Leiter

Zum Treiben eignet sich hervorragend eine Leiter, die auf den Untergrund gelegt wird, um den Hund zum Treiben zu motivieren. Sie funktioniert wie Gleise, auf denen die Bälle leichter rollen.

Leckerchen

Sie dienen beim Üben als Hilfsmittel und auch zur Belohnung.

Gönnen Sie sich zwischendruch einen Hundetrainer, der kann Ihnen den einen oder anderen Tipp geben.

Die ersten Schritte sehen so aus, dass Frauchen den Ball durch Berührung noch interessanter macht.

Treibball beibringen

Es gibt drei bewährte Trainingsmethoden, die Sie nutzen können, um Ihrem Hund das Treiben beizubringen.

Shapen

Das Shapen (freies Formen) wird zu Beginn beim Clickertraining erklärt (Seite 261). Verwenden Sie also das Clickertraining, um dem Hund das gewünschte Verhalten beizubringen.

Mit einem Target

Wenn Sie den Hund zielgerichtet steuern wollen, können Sie auch ein Target verwenden (Seite 271). In diesem Fall eignen sich hervorragend Post-it, die Sie auf den Treibball kleben. Berührt der Hund sie mit der Schnauze, clicken und belohnen Sie den Hund.

Das Training mit Target eignet sich hervorragend für Hunde, die in den Treibball beißen wollen. Unsere Hündin Wumm gehört zu den Kandidaten, die übermotiviert die ersten drei Bälle binnen Sekunden zerbiss. Durch die Nutzung von Clicker und Target hatten

wir schnell Ihre Konzentration wieder „eingefangen". Gleichzeitig konnten wir die Berührungen des Balls mit geschlossener Schnauze belohnen. So konnten wir ihr Verhalten formen und korrigieren.

Mit der Leiter

Der Nutzen einer Leiter liegt unter anderem darin, dass der Ball auf der Lei-

ter besser rollt und der Hund dadurch zu Beginn unterstützt wird. Legen Sie also eine Sprossenleiter auf den Boden. Zuerst gehen Sie mit Ihrem Hund auf die Leiter zu. Läuft er freundlich mit, belohnen Sie ihn entweder verbal oder über den Clicker. Weicht Ihr Hund aus, sobald er in Richtung der ersten Sprosse läuft, ignorieren Sie das. Legen Sie Leckerchen in die Zwischenräume der Leiter, so dass der Hund diese entspannt fressen kann und sich langsam weiter über die Leiter orientiert.

Belohnen Sie den Gang über die Leiter bis zum Ende. So lernt Ihr Hund, dass es sich lohnt, weiter zu gehen. Gelingen diese Schritte, setzen Sie ihn vor der Leiter ab und Sie selbst stellen sich an das andere Ende und rufen ihn über die Leiter ab. Klappt das, loben Sie kräftig – das sind Jackpot-Momente. Springt der Hund währenddessen aus der Leiter, beginnen Sie kommentarlos von vorn und legen zur Motivation weitere Leckerchen zwischen die Sprossen. Kommt er hinten bei Ihnen an, loben Sie wieder kräftig.

Im nächsten Schritt legen Sie den Treibball auf die Leiter und stellen sich am anderen Ende der Leiter auf. Motivieren Sie Ihren Hund, über die Leiter zu Ihnen zu kommen. Wenn er den Ball nun mit seinem Kopf treibt, loben Sie ihn, bis er bei Ihnen ist.

Tipp   Beide Seiten

Trainieren Sie sowohl die linke als auch die rechte Seite. Ist Ihr Hund gewöhnt, an beiden Seiten neben Ihnen her zu laufen, dann fällt ihm die Orientierung zu Ihnen und den Bällen im späteren Parcours wesentlich leichter.

Das Training kann zu Beginn mit der Schleppleine abgesichert werden, diese sollte dann aber frei am Boden liegen.

Treibt er nur die ersten Schritte und bricht dann ab, präparieren Sie die Strecke so, dass Sie den Hund an die Startposition setzen und hinter dem Treibball – für den Hund sichtbar – Leckerchen auslegen. Dadurch wird er motiviert sein, den Ball weiter zu treiben. Kommt er am Ende bei Ihnen an, folgt sogar noch ein Jackpot!

Lassen Sie die Leckerchen dann weg und belohnen Sie das richtige Treiben. Wenn Ihr Hund auch das beherrscht, beginnen Sie, Ihre Position zum Hund zu verändern. Er soll Sie aus verschiedenen Winkeln anlaufen. Später stehen Sie dann im Tor und der Hund treibt den Ball auf Sie zu – und zwar aus verschiedenen Winkeln.

Sobald Ihr Hunde diese Übung sicher beherrscht, führen Sie ein Signal ein, wie etwa „Treib", und nun steht einer Verallgemeinerung der Übung nichts mehr im Wege. Dazu muss natürlich die Leiter weg, und Sie sollten Ihren Hund nun auch ohne die Leiter auffordern zu treiben.

Der Feinschliff

Bislang haben Sie trainiert, dass der Hund an einer Stelle sitzt und auf das Treibsignal wartet, während der Ball neben ihm liegt. Ganz so einfach soll es für den Hund nicht bleiben. Ziel ist es, dass Sie ihn von allen Positionen aus zu bestimmten Treibbällen schicken können und er lernt, diese zu umrunden, damit Sie ihn in die richtige Position für das Treiben dirigieren können. Die Übung „Voraus" (Seite 307) ist dafür nützlich.

Umrunden

Solange Ihr Hund das Treiben noch lernt, trainieren Sie das Umrunden zu Beginn noch nicht mit dem Ball, um ihn nicht zu verwirren. Verwenden sie zum Beispiel Pylonen, die er umrunden soll.

> Nutzen Sie zunächst das Prinzip „Lernen durch Nachahmung": Laufen Sie ein paar Mal mit Ihrem Hund zusammen um die Pylone herum.
> Setzen Sie Ihren Hund anschließend hinter die Pylone und locken Sie ihn zu sich. Wenn Sie wollen, dass Ihr Hund an Ihre rechte Seite kommt, winkeln Sie Ihren Körper zur rechten

Seite. Aus Hundesicht läuft er dabei links an der Pylone vorbei. Die Hand dürfen Sie gerne ausstrecken, um zu unterstützen. Je weiter Sie sich nach rechts beugen und damit die Richtung signalisieren, umso eher wird der Hund über die richtige Seite zu Ihnen kommen. Loben Sie ihn und wiederholen Sie diese Schritte.

> Klappt das, setzen Sie den Hund nun aus Ihrer Sicht weiter nach links ab, so dass er nun um die Pylone laufen muss, um zu Ihnen zu kommen. Die kürzere Strecke wäre in direkter Linie zu Ihnen. Daher motivieren Sie Ihren Hund durch Ihre deutliche Körpersprache, den richtigen, „umständlichen" Weg zu nehmen.
> Trainieren Sie erst einmal nur eine Seite gründlich.
> Führen Sie ein Signal ein, etwa „Rum".
> Trainieren Sie anschließend aus verschiedenen Distanzen heraus. Ein Spielfeld kann bis zu 50m lang sein – da lohnt sich eine gute Distanzkontrolle. Je mehr der Hund selbständig arbeiten kann, umso weniger Arbeit für Sie!

Durch diese ersten Schritte können Sie Ihren Hund nun zum Ball schicken, ihn umrunden und ihn auf sich zu treiben lassen. Setzen Sie diese Übungen nun zusammen und festigen Sie das Verhalten des Hundes.

Wie schon erwähnt, nutzen viele unserer Kursteilnehmer den Treibball auch als Auslastung und zum Spaß für Mensch und Hund auf dem Spazierweg. Hat der Hund nun seine Aufgabe am Ball verstanden und die Handlungsketten verknüpft, wird er nicht mehr auf die Idee kommen, querfeldein dem Ball hinterherzujagen oder gar hineinzubeißen.

Gut zu erkennen ist, dass Mango nicht in den Ball beißt, sondern diesen anstupst.

Treibball drinnen

Wenn Ihr Hund soweit ist und kontrolliert Ihre Anweisungen befolgt, können Sie auch in der Wohnung einen kleinen Treibballparcours aufbauen. Bei schlechtem Wetter wäre dies eine Alternative zu einem langen Spaziergang. Dabei können Sie Gegenstände wie kleine Pylonen nutzen, um den Hund den Ball statt in ein Tor durch einen Slalom treiben zu lassen. Unterstützen Sie ihn zu Beginn, indem er einen großen Spielraum zwischen den einzelnen Pylonen hat und Sie in der Wohnung ein langsameres Tempo anschlagen.

Leidenschaftliche Treiball-Hunde sind es draußen gewohnt, auf Geschwindigkeit zu kommen, was aus räumlichen Gründen in der Wohnung meist nicht möglich ist. Sie würden Ihren Hund bremsen müssen, falls er zu schnell wird. Die Folge wäre eine Demotivation und Frustration aller Beteiligten.

Besser ist es, Sie drosseln von Beginn an das Tempo und fordern ihn mehr kognitiv als körperlich – etwa indem Sie einen Parcours innerhalb der Wohnung stellen und der Hund durch Türen und Zimmer zu einem Ziel gelangen soll. Gar nicht so einfach.

Die Anforderungen steigern

Am Anfang haben wir beschrieben, dass Ihr Hund auf einem ebenen Untergrund anfangen sollte zu trainieren. Da Ihr Hund nun bereit für weitere Herausforderungen ist, können Sie das Training modifizieren. Trainieren Sie das Treibballspiel zum Beispiel auch auf unterschiedlichen Untergründen wie Gras, Asphalt, Waldboden oder Unterholz.

Ist Ihr Hund an unterschiedliche Winkel gewöhnt, vervielfältigen sich natürlich auch Ihre Möglichkeiten, auf dem Spazierweg den Treibball einzusetzen. Verwenden Sie dafür kleinere Bälle, die Sie leichter mitnehmen können. Für den Hund ist das ein weiteres Geschicklichkeitstraining.

Probieren Sie doch mal, den Hund bergauf treiben zu lassen. Durch die Schwerkraft wird der Treibball natürlich nach unten rollen und der Hund muss nun mehr Geschicklichkeit und Kraft aufwenden, um den Ball nach oben zu befördern. Bitte achten Sie darauf, zu Beginn des Bergauftrainings eine flache Steigung zu wählen. Sie sollte auch nicht zu lang sein. Suchen Sie sich für den Beginn eine ebene Fläche, darauf folgt eine kleine Steigung und das Tor liegt wieder eben. Klappt alles gut, kann natürlich der Schwierigkeitsgrad gesteigert werden.

Umgekehrt können Sie – unter Berücksichtigung des Winkels und der Schwerkraft – natürlich auch bergab trainieren. Berücksichtigen Sie dabei aber den Gesundheitszustand Ihres Hundes: Wenn der Bewegungsapparat geschwächt oder nicht ok ist, scheidet das Treiben bergab für ihn aus!

Auch um Bäume herum kann der Hund mit Treibbällen arbeiten.

Familienduell

Sie haben nun fleißig trainiert und viel Spaß mit Ihrem Hund gehabt. Warum sollte man nun diesen Spaß nicht mit der Familie teilen? Sie können sogar kleine Turniere veranstalten.

Alle Familienmitglieder treten gegeneinander an. Im Vorfeld wird die Anzahl der Bälle definiert. Einigen Sie sich auf fünf Bälle, legen Sie diese ins Spielfeld, definieren Sie das Tor und los gehts. Ein Familienmitglied wird beauftragt, die Zeit zu stoppen. Fangen Sie mit der Zeitmessung an, wenn der Hund zum ersten Mal mit der Schnauze den Ball berührt, und stoppen Sie die Zeit, wenn er den letzten Ball über die Torlinie treibt. Gewinner ist das Familienmitglied, bei dem der Hund die kürzeste Zeit brauchte.

Spannend bei kleinen Wettbewerben ist, dass wir selbst unter Konkurrenzdruck geraten, worunter sich unsere Körpersprache verändern kann und wir hektisch werden. Verständlich, aber hier nicht zielfördernd, denn es kann sein, dass unser Hund die Stimmung übernimmt und nicht mehr unter Signalkontrolle bleibt.

Durch diesen kleinen Wettbewerb gewinnen Sie also gleichzeitig Trainingsvariationen. Sie sehen, es gibt so viele Möglichkeiten.

Laden Sie Freunde mit ihrem Hund zu sich ein. Bauen Sie ein Spielfeld auf und lassen Sie beide Hunde dabei zusehen. Sind beide schon Treibball-Kenner, werden Sie die Hunde damit noch weiter motivieren können.

Spielvariante 1

Sie bauen, wie bei einem echten Fußballfeld, zwei Tore auf. Bringen Sie mehrere Bälle ins Spiel, und zwar für jeden Hund die gleiche Anzahl – beispielsweise für Ihren Hund drei blaue Bälle und für den anderen Hund drei gelbe Bälle. Beide Hunde kommen gleichzeitig auf das Spielfeld. Sie und der andere Hundehalter positionieren sich jeweils in einem der Tore, stehen sich also gegenüber.

Nun beginnen Sie wie gewohnt den Hund zu schicken, mit der Aufgabe, den Ball ins Tor zu treiben. Gleichzeitig startet auch der andere Hund in Richtung seines Halters. Das Team, welches die eigenen Bälle zuerst ins Tor getrieben hat, gewinnt.

Bei dieser Spielvariante ist folgendes zu beachten:

> Beide Hunde müssen sozialverträglich sein.
> Die Hunde müssen kontrollierbar sein und die Halter sollten den Hund jederzeit aus dem Spielfeld abrufen können, falls nötig.
> Der Hund darf den Ball nicht als Ressource verteidigen, denn das könnte Aggressionen fördern – und Stress soll ja vermieden werden!
> Begrenzen Sie die Spielzeit. Da doppelte Anzahl von Hunden und Bällen natürlich auch doppelten Spaß bedeuten, verausgaben sich die Hunde leicht. Also: Aufhören, wenn es am schönsten ist.

Tipp Filmen

Filmen Sie sich beim Training. Nichts ist so aufschlussreich wie der Blick durch die Kamera. Machen Sie das regelmäßig, erkennen Sie Ihre kleinen Schwächen und können im weiteren Verlauf viel daraus lernen und es ändern.

Sie werden merken, dass es sich im Ergebnis lohnt. Sie werden immer deutlicher und ruhiger in Ihrer Körpersprache und Ihr Hund führt den Ball mit Gelassenheit – perfekt!

Spielvariante 2

Beide Hunde sind im Spielfeld und werden nacheinander aufgefordert, die Bälle in das jeweilige „Heimtor" zu treiben. Klingt einfach, ist aber für die Hunde die Königsdisziplin, denn sie müssen jeweils bei ihren Besitzern warten und dem anderen zusehen. Ein gutes Training für Sie und Ihren Hund. Es stellen sich dabei mehrere Lerneffekte ein:

> Der Hund lernt passiv Treibball, durch Zuschauen beim anderen Hund (Lernen durch Nachahmung und Beobachtung).
> Der Hund lernt, erst auf das Signal seines Hundehalters zu starten. Durch diese Vorgehensweise und den Spaß am Spiel intensiviert sich die

Tipp Farbige Bälle

Wenn Sie Bälle in blau und gelb wählen, können die Hunde sie farblich gut unterscheiden. Rot und grün hingegen erkennen sie nicht als Farbe.

Mensch-Hund-Beziehung.
> Der Hund gewöhnt sich trotz verstärkter Reizeinflüsse daran, auf die Signale seines Halters zu achten und zu reagieren.

Aber auch der Hundehalter lernt viel: Sie können genau erkennen, auf welche Reize Ihr Hund reagiert und wann er Ihren Signalen folgt und wann nicht. Nutzen Sie diese Momente auch als Training für sich und Ihren Hund.

Zu fressen sollte der Hund während des Spiels nicht bekommen. Lieber nur etwas Wasser.

Binden Sie auch die Agilitygeräte in den Treibballparcours ein.

Mit anderen Sportarten kombinieren

Wenn Sie nur annähernd die Hälfte der Übungen dieses Buches mit Ihrem Hund ausprobieren, können Sie beide bereits eine Menge. Wenn Sie nun noch anfangen, die Tricks und Actionaufgaben zu kombinieren, wird sich Ihr Hund über die vielen abwechslungsreichen Übungen freuen!

Nutzen Sie Ihre Agilitygeräte und bauen Sie einen Parcours auf! Geben Sie dann dem Hund die Aufgabe, den Treibball durch den Parcours zu bringen. Als Ziel dient wieder das Tor, in dem Sie stehen. Tolle Geräte für diese Kombination sind der Tunnel, der

Sacktunnel, der Slalom, die A-Wand oder die Wippe.

Auch die Hürden können eingesetzt werden: Stellen Sie zwei Reihen auf: Drei Hürden dicht aneinandergereiht und in einem Abstand von einem Meter die Reihe mit den anderen Hürden. So entsteht eine Gasse, durch die Ihr Hund die Bälle treiben kann.

Wenn Sie Ihren Hund dabei mit dem Clicker lenken, können Sie Präzisionsarbeit leisten und den Hund auch kognitiv fordern. Beherrscht Ihr Hund auch noch das Distanztraining und die verschiedenen Richtungen ... Sie merken schon: Langweilig kann es eigentlich nicht mehr werden.

Tipp   Nicht überfordern

Bei allem Ehrgeiz, der sich logischerweise bei einem erfolgreichen Training entwickelt, behalten Sie bitte immer die Psyche und körperliche Gesundheit Ihres Hundes im Auge. Er bestimmt die Grenze jeden Trainings.

Das Treiben verlängern

Ihr Hund hat zu Beginn seiner Treibball-Karriere gelernt, den Ball mit seiner Schnauze anzustupsen und voranzutreiben. Wenn Sie nun möchten, dass er das über einen längeren Zeitraum und öfter hintereinander macht, haben Sie dafür verschiedene Möglichkeiten.

> Lässt sich Ihr Hund über Leckerchen motivieren, können Sie eine kleine Fährte legen, die den Hund dazu veranlasst, den Ball über die Leckerchen zu treiben und sich dabei selbst zu belohnen.
> Sie laufen erst einmal parallel neben ihm her und motivieren ihn zudem über die Stimme. Sie treiben an ...
> Sie laufen rückwärts vor Ihrem Hund her und agieren als „Zugpferd", dem er folgen möchte.

Probieren Sie die verschiedenen Methoden aus, Sie werden sehen, auf welche Ihr Hund am besten reagiert. Gleichzeitig wird der Hund durch das verlängerte Treiben an Geschwindigkeit gewinnen. Sie werden überrascht sein, wie Ihr Hund kontrolliert durch Wald und Flur treiben wird.

Tipp   Tempo gestalten

Je aktiver Sie Ihren Hund motivieren und je mehr Spaß Sie selbst an Treibball haben, umso mehr können Sie Ihren Hund in Ihren Bann ziehen und das Tempo steigern. Möchten Sie hingegen, dass der Hund langsamer arbeitet, können Sie durch Ihre Ruhe den Hund entsprechend ruhiger werden lassen – die Stimmungsübertragung (Seite 268) funktioniert in beide Richtungen.

Die Startposition variieren

Ihr Hund kann direkt neben Ihnen starten, aber auch hinter den Treibbällen oder irgendwo auf dem Spielfeld. Lassen Sie ihn bei gleicher Ballanordnung von unterschiedlichen Positionen aus starten. Mit dem Auftrag,

Mango spielt den Ball auf sein Frauchen zu.

die Bälle in unterschiedlicher Reihenfolge zu Ihnen zu treiben, können Sie den immer gleichen Spielfeldaufbau für viele Varianten nutzen.

Beim Training der Startposition kann Sie wieder ein Target unterstützen. Dieses Mal empfehlen wir ein sogenanntes Bodentarget. Das kann eine kleine Matte oder ein Mousepad sein, das auf den Boden gelegt wird. Natürlich müssen Sie dieses zunächst neu antrainieren, denn Ihr Hund soll ja einen positiven Bezug herstellen:

> Legen Sie das Bodentarget auf die Wiese. Das Antrainieren eines Targets ist auch auf dem Spazierweg möglich, und da der Hund in Zukunft überall auf das Target reagieren soll, kann gerne häufig geübt werden. Wie immer wird jedes vom Hund gezeigte Interesse am Target geclickt und belohnt.

> Überlegen Sie nun , wie die Startposition des Hundes aussehen sollte. Soll er auf dem Target stehen, sitzen oder liegen, bis Sie ihn zum Treiben auffordern? Haben Sie sich für das „Sitz" entscheiden, clicken Sie bitte nur noch, wenn der Hund sich zum Hinsetzen anschickt bzw. auf das Target setzt.

> Führen Sie dann ein Signal ein. Das Ziel ist, dass Sie aus jeder Position heraus Ihren Hund (egal wie weit entfernt) zu diesem Target schicken können. Sie sollten ein Wort wählen, was nicht im Alltag vorkommt; zu empfehlen wäre etwa „Startposition". Hört der Hund das Wort, wird er sich auf die Suche nach dem Target machen und in der gelernten Position auf weitere Handlungsanweisungen warten.

> Nach der Signaleinführung sollten Sie direkt mit dem Distanztraining beginnen, so dass sich Ihr Hund gleich daran gewöhnt, dass das Target auch weiter von Ihnen entfernt liegen kann.

> Möchten Sie lieber ohne Clicker arbeiten, können Sie Ihren Hund natürlich auch problemlos über Ihre Stimme signalisieren, dass er etwas gut

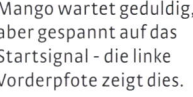

Mango wartet geduldig, aber gespannt auf das Startsignal - die linke Vorderpfote zeigt dies.

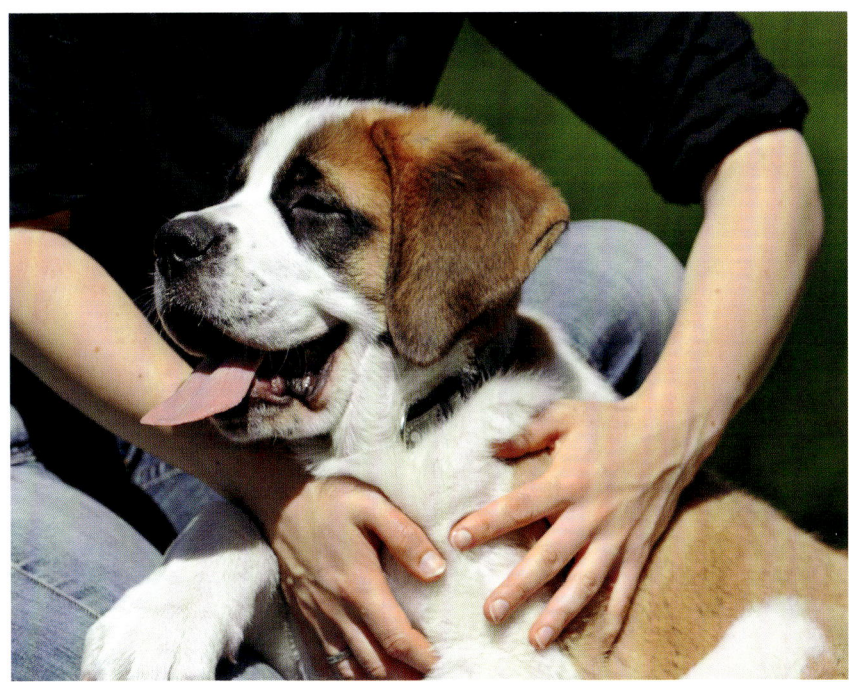

Fahren Hunde beim Spiel zu hoch, können sie durch eine Massage wieder entspannen.

macht. Sobald er mit dem Bodentarget Kontakt aufnimmt, loben Sie und ermuntern ihn, sich darauf zu setzen.

Wenn ein Tor fällt ...

Jetzt sind schon viele Basisübungen und Variationen erklärt worden, allerdings haben wir das Tor noch nicht näher behandelt. Das wollen wir nachholen. Das Tor ist das Ziel! Daher sollte es ein toller Ort für den Hund werden, zu dem es ihn – im wahrsten Sinne des Wortes – gerne hintreibt. Belohnen Sie Ihren Hund nach jedem Treibball, den er Ihnen ins Tor bringt. Das fördert die Motivation, wiederzukommen.

Als Tor können Sie alles nutzen, was einen Raum links und rechts optisch eingrenzt. Entweder Sie stecken das Tor so großzügig ab, dass innerhalb des Torraums mehrere Treibbälle Platz finden, oder Sie räumen diese ab und zu weg, wenn zu wenig Platz ist. Diese Optionen machen es möglich, überall zu trainieren, wo man möchte:

> Im Stadtpark zwischen zwei Bäumen: man muss also keine Torpfosten mitnehmen, sondern nur den Ball. Zur Not und bei Platzmangel geht auch ein kleinerer Ball, z. B. ein Handball oder Wasserball.
> Zuhause dienen Bücherstapel oder Möbelstücke als Torbegrenzung.
> Im Garten kann natürlich auch gerne ein professionelles Treibballtor stehen oder Sie nutzen Slalomstangen.

Lassen Sie Ihren Hund mit den Treibbällen und den Arbeitsmaterialien nie alleine. Abgesehen von einer möglichen Verletzungsgefahr gewinnen diese Utensilien an Bedeutung, wenn sie dem Hund nur begrenzt und in der Interaktion mit Ihnen zur Verfügung stehen.

Informieren Sie sich vor dem Kauf, welcher Dummy zu Ihrem Hund passt.

Apportieren

Unsere Hunde sind „Jäger" – bei den einen findet man diese Vorliebe etwas ausgeprägter, bei den anderen eher weniger. Das Jagdverhalten kann in verschiedene Tätigkeiten unterteilt werden, etwa suchen, verfolgen, vorstehen usw. In diesem Abschnitt wollen wir uns mit dem Apportieren beschäftigen. Die bekanntesten Rassen, die auf das Apportieren spezialisiert sind, sind die Retriever. Bei der Jagd werden diese Hunde erst losgeschickt, wenn die Beute bereits erlegt worden ist, und bringen diese zum Jäger.

Nun wird jedoch nicht jeder Retriever jagdlich geführt, sondern es geht um Familienhunde, die eine entsprechende Präferenz zum Apportieren zeigen. Warum also nicht diese Gabe nutzen und den Hund seiner Natur entsprechend auslasten – jedoch ohne selbst auf die Jagd zu gehen.

Natürlich können Sie mit allen Hunderassen und Mischlingen, die Spaß am Tragen und Bringen von Gegenständen haben, das Apportieren trainieren. Am Beispiel der Retriever se-

hen wir jedoch, dass auch ein intensiver „Jagdtrieb" durch ein antrainiertes Alternativverhalten umgelenkt werden kann. Der Spaß soll für den Hund jedoch der Gleiche bleiben.

Dummytraining

Apportieren geht auf das lateinische „apportare" zurück, das übersetzt „herbeibringen" bedeutet. Was Ihr Hund Ihnen bringen soll, können Sie frei wählen und natürlich mehrere „Apportel" zur Auswahl haben: Dummys, Futterbeutel, Bälle, Stöcke, Frisbeescheiben usw.

Bitte unterscheiden Sie jedoch zwischen dem Spielzeug, mit dem sich ihr Hund ggf. auch allein beschäftigen darf, und dem Dummy als Arbeitsgegenstand, das nur zur Apportierarbeit eingesetzt wird. Der Dummy sollte Ihrem Hund nur zum Training zur Verfügung stehen. Deponieren Sie ihn deshalb danach außer Reichweite.

Info   Die Pfeife

Viele Hundehalter nutzen insbesondere beim Dummytraining die Hundepfeife. Die Pfeifsignale sollten zuerst antrainiert werden, damit der Hund die richtigen Verknüpfungen herstellen kann. Die Konditionierung der Pfeife läuft genauso wie die Verknüpfung beim Clicker (Seite 257). Die Pfiffsignale werden einzeln geübt und erst anschließend in das Dummytraining integriert.

Diese Signale haben sich bewährt:
> „Sitz" = ein langer Pfiff
> „Stopp" = Triller
> „Schau" = ein kurzer Pfiff
> „Hier" = zwei kurze Pfiffe
> „Suchen" = mehrere kurze Töne hintereinander, bis der Hund das Dummy gefunden hat

Dummys (englisch: „Attrappe") sind kleine längliche Säckchen, die mit Sand oder anderen Materialien gefüllt sind. Dummys gibt es in verschiedenen Gewichtsklassen: Ein Welpendummy wiegt um die 200 g, die normalen Dummys 500 g.

Beim Dummytraining wird eine Handlungskette aufgebaut: Der Hund sitzt neben Ihnen ab, Sie werfen das Dummy, der Hund wartet auf Ihr Startzeichen, er läuft zum Dummy, apportiert es zu Ihnen und gibt es ab. Sie sehen also: Apportieren ist nicht gleich Dummyarbeit, sondern nur ein Teil des Dummytrainings.

Als Voraussetzung zur Dummyarbeit sollte der Hund einen guten Grundgehorsam haben, die gängigen Signale wie „Sitz", „Platz", „Hier" beherrschen und ein dazugehöriges Auflösewort gelernt haben.

Das Training beginnt

Die Anfänge des Dummytrainings können direkt in einer spielerischen Situation gelegt werden. Hunde sind während des Spielens entspannt und lernen deshalb am schnellsten. Gehen Sie in die Hocke und bewegen Sie das Dummy in Ihrer Hand hin und her. Nutzen Sie den gesamten Radius Ihrer Arme und halten Sie eine gute und motivierende Stimmung.

Will der Hund nun in das Dummy hineinbeißen und ist sehr interessiert, werfen Sie es weiter weg. Motivieren Sie ihn auf dem Hinweg zum Dummy und auf dem Rückweg zu Ihnen. Bringt er das Dummy zurück, wird er natürlich mit viel Lob überschüttet. Hören Sie nach zwei bis drei Wiederholungen auf und räumen Sie das Dummy weg. So bleibt Ihr Hund weiterhin interessiert für die nächsten Runden.

Machen Sie den Dummy von Anfang an interessant für Ihren Hund. Auch Mogli geht direkt in eine Spielaufforderung über.

Kommt Ihr Hund zu Ihnen zurück, sollte die Freude immer groß sein.

Wählen Sie zunächst kurze Distanzen, um die Motivation zu halten, so ist die Nähe zu Ihnen geschaffen. Mit größerer Distanz steigen für den Hund auch die Ablenkungen und es kann sein, dass er dann erst einmal die Umgebung erforscht, ehe er zu Ihnen zurückkommt. Kommt es tatsächlich dazu, wird das Fehlverhalten ignoriert und der Ablauf besser geplant – nämlich eine kürzere Distanz, die Erfolg verspricht.

Trainieren Sie die genannten Punkte regelmäßig. Im Laufe der Zeit verlängern Sie dann die Strecken.

Setzten Sie nun Akzente in Ihrem Training: Lassen Sie Ihren Hund absitzen, bevor Sie das Dummy werfen. Erst auf Ihr Signal hin darf er loslaufen. Dies bezeichnet man als sogenannte „Steadiness".

Natürlich besteht zunächst die Gefahr eines Frühstarts, deshalb ist es wichtig, dass Ihr Hund sich dabei nicht selbst belohnt. Daher bitten Sie eine weitere Person, das geworfene Dummy einzusammeln, bevor der Hund es erreichen kann. Oder Sie befestigen das Dummy an einer leichten Schleppleine, so können Sie es schnell zurückziehen, so dass der Hund

nicht an das Dummy kommt. Starten Sie dann kommentarlos neu.

Sollte der Hund zu eifrig sein, achten Sie darauf, das Dummy bedächtig und mit wenig animierender Körpersprache auf kurze Distanz zu werfen oder zu legen.

Ist dem Hund die Handlungskette klar, können Sie das Signal „Apport" einführen.

Achten Sie auf ein strukturiertes Ende. Ihr Hund sollte Ihnen das Dummy in die Hand legen und sich vor Ihnen aufhalten oder hinsetzen/hinlegen. Der Vorteil liegt darin, dass er Ihnen die Beute nicht einfach irgendwie abgibt und dann weiter seines Weges geht, sondern dass Sie die Übung ritualisiert beenden.

Sobald Sie und Ihr Hund diese Übung beherrschen, bringen Sie wieder Ablenkung ins Spiel. Diese könnte sein:
> das Dummy in weiterer Entfernung ablegen,
> das Dummy verstecken,
> dem Hund eine Richtung zuweisen,
> einen zweiten oder dritten Dummy ins Spiel bringen und den Hund

Gerne darf auch durch den Futterbeutel positiv bestätigt werden.

durch eine Richtungsweisung schicken – das steigert die Konzentration,
> Training im Gehölz, im Wald und auf verschiedenen Untergründen.
> Verändern Sie die Geräuschkulisse. Gerade wenn Hunde eine Empfindlichkeit gegenüber Geräuschen zeigen, aber Spaß an der Apportierarbeit haben, können Sie die Hunde so langsam an ein lauteres Geräuschumfeld heranführen und es positiv für sie belegen.

Training mit dem Futterbeutel

Haben Sie einen Hund, der sich nicht so recht für das Dummy interessiert, können Sie mit einem „Futterbeutel" die Motivation steigern. Die Futterbeutel sehen wie ein ein Dummy aus, haben jedoch eine Innentasche mit Reißverschluss, die mit Futter oder Leckerchen gefüllt werden kann.

Präparieren Sie das Futterdummy so, dass Ihr Hund Ihnen dabei zusehen kann, wie Sie es mit seinen Lieblingsleckerchen oder alternativ mit seinem Lieblingsspielzeug füllen. Verschließen Sie es und beginnen Sie die Übung zum Dummytraining, wie auf Seite 337 beschrieben.

Ihr Hund weiß nun, dass sich etwas begehrtes im Futterbeutel befindet und wird versuchen, daran zu kommen. Der geschlossene Reißverschluss hindert ihn jedoch daran; er braucht Sie dafür. Sollte seine innere Motivation nun ausreichen und er apportiert das Dummy, loben Sie ihn, öffnen das Dummy und lassen ihn entweder direkt aus dem Futterbeutel fressen oder geben ihm etwas daraus. Danach verschließen Sie den Beutel wieder und wiederholen den Ablauf.

Hat der Hund nur an dem Futterbeutel Interesse, jedoch nicht daran, ihn zu Ihnen zurückzubringen, befestigen Sie eine Schleppleine am Beutel. Werfen Sie ihn, behalten Sie dabei das andere Leinenende in der Hand und schicken Sie Ihren Hund los. Läuft er hin, beginnen Sie mit motivierender Stimme, das Dummy langsam zu sich heranzuziehen. Folgt der Hund, bekommt er aus dem Beutel natürlich sein Leckerchen, sobald Hund und Dummy bei Ihnen angekommen sind.

Apportieren mit mehreren Hunden
Vielleicht kennen Sie Hundehalter, die Ihre Leidenschaft am Dummytraining teilen. Trainieren Sie gemeinsam! Sie können ein Dummy einsetzen und dies von beiden Hunden beobachten lassen, die sich an ihren Startpositionen befinden. Auf einen Pfiff oder ein Signal hin geht es los, aber nur für einen der beiden Hunde. Um die Hunde am Anfang nicht zu verunsichern, sollte jeder Hundehalter seinen eigenen Hund losschicken.

Bedenken Sie bitte, dass bei Ihrem Hund durch die Anwesenheit eines Artgenossen der Adrenalinkick vorprogrammiert ist – vor allem wenn beide Hunde gerne apportieren und sich damit quasi selbst belohnen. Automatisch wird der Wettkampfgeist gefördert. Für Sie bedeutet das:

> Sprechen Sie sich mit dem anderen Hundehalter ab, wie die Übung aussehen soll und wer wie agiert. Absprachen bringen Klarheit.

> Bleiben Sie genauso ruhig und konzentriert, wie wenn Sie mit Ihrem Hund allein trainieren.
> Stellen Sie sich darauf ein, dass Ihr Hund die bekannten Signale nicht unbedingt richtig befolgt. Er will Sie damit nicht ärgern, vielmehr hat er Schwierigkeiten, sich bei der Reizintensität auf die eigentliche Aufgabe zu konzentrieren.

Variationen
Das Dummy muss nicht immer nur auf den Boden gelegt bzw. geworfen werden, gehen Sie auch in die Höhe und legen Sie das Dummy sogar so aus, dass der Hund nicht alleine herankommt. Sie steigern durch die exponierte oder unzugängliche Lage des Dummys den Schwierigkeitsgrad und fördern damit die Konzentrationsfähigkeit des Hundes.

Über die Zeit wird Ihr Hund mehr kognitiv arbeiten, nach einem Lösungsweg suchen und entspannter

Pollys Körpersprache spricht Bände. Lassen Sie sich beim Training filmen, und Sie sehen, wieviel Spaß Ihr Hund hat.

und gelassener werden. Seine Frustrationstoleranz steigt. Daher ist diese Übung speziell für sehr aktive Hunde geeignet. Ganz wichtig dabei: Fordern, aber überfordern Sie Ihren Hund nicht!

Werfen Sie auf dem Spaziergang das Dummy, lassen Sie es liegen und gehen Sie weiter Ihres Weges. Der Hund darf nicht zu dem Dummy. An einer späteren Stelle schicken Sie Ihren Hund los, mit dem Signal „Apport". Ihr Hund wird zurücklaufen und das Dummy zu Ihnen bringen. Mit der Zeit kann man die Entfernung und den zeitlichen Abstand steigern. Dadurch trainiert man natürlich das Orientierungsvermögen des Hundes, ebenso seine Aufmerksamkeit Ihnen gegenüber – schließlich könnte es ja sein, dass Sie das Dummy öfter einmal auf dem Spaziergang verlieren.

Lenken Sie Ihren Hund, während er einem Dummy folgt. Werfen Sie das Dummy so weit es geht. Es gibt mittlerweile Hilfsmittel wie den „Dummy-Launcher", damit können Sie das Dummy über eine weite Entfernung schießen.

Schicken Sie Ihren Hund los und geben Sie ihm dann nach ein paar Metern das Signal „Schau". Ihr Hund sollte sich nun umdrehen und sehen, was Sie von ihm erwarten. Besteht Blickkontakt, kann Ihr Hund zusehen, wie Sie ein zweites Dummy in die entgegengesetzte Richtung werfen. Sie können nun wählen: Ihr Hund soll das erste Dummy weiter verfolgen und danach das Zweite holen. Oder er soll zuerst das zweite Dummy holen und danach schicken Sie ihn zum Ersten zurück. Natürlich können Sie die Anzahl der Dummys steigern. Achten Sie darauf, dass Ihr Hund nicht den Überblick verliert und dadurch in unnötigen Stress gerät.

Stehen Sie rechts neben dem Tunnel, läuft Ihr Hund in dieser Richtung raus, um Blickkontakt zu Ihnen aufzunehmen.

Verlorensuche

Von Verlorensuche sprechen wir, wenn Sie Ihrem Hund das Dummy auslegen, ohne dass er es mitbekommt. Setzen Sie ihn an die Startposition und schicken Sie ihn von dort aus auf die Suche. Ihr Hund wird nach dem Training müde sein, weil er sich nun auf seine Nase verlassen muss und nicht mehr auf seine Augen. Das strengt ihn mehr an. Daher sollten Sie die Verlorensuche besonders belohnen, aber auch zeitlich begrenzen.

Wasserapport

Dies ist die Königsdisziplin bei der Apportierarbeit. Höchste Ansprüche werden an den Hund gestellt. Um den Hund erfolgreich aus dem Wasser heraus apportieren zu lassen, sollten alle Übungen auf dem Trockenen klappen. Bedenken Sie, dass der Hund im Wasser mehr Kraft einsetzen muss. Trainieren Sie zu Beginn in seichten Gewässern. Ruhige Gebiete ohne Strömungen oder Strudel bieten gute Voraussetzungen. Ihr Hund sollte mühelos in das Gewässer hineinkommen und natürlich auch wieder heraus.

Speziell für die Wasserarbeit gibt es schwimmfähige Dummys, auch als Futterbeutel.

Sowohl Frauchen als auch Wummi sind gespannt. Die Stimmungsübertragung ist gut zu erkennen.

Frisbee spielen

Die aus Amerika stammende Frisbee-Scheibe ist ein Markenprodukt und ein wichtiges Utensil für Spiel und Sport geworden. Der Weltrekord beim Frisbeewurf liegt bei 255m.

Mittlerweile ist auch das Frisbeespielen mit Hund zum Kult geworden und die entsprechende Sportart wird als „Discdogging" oder „Dog Frisbee" bezeichnet. Bevor wir uns jedoch in die ersten Übungen stürzen, widmen wir uns dem Thema „Gesundheit". Kaum ein Hundesport wird so stark diskutiert wie der Frisbeesport. Dem Hund wird ein großer körperlicher Einsatz abverlangt. Viele Sprünge, eine hohe Geschwindigkeit, das bedeutet natürlich eine erhebliche Verletzungsgefahr für Ihren Hund – und auch für Sie als Hundehalter! Daher sollten Sie im Vorfeld einige Punkte beachten, wenn Sie

mit Ihrem Hund zusammen Frisbee spielen wollen:
> Der Hund sollte körperlich erwachsen sein. Seine Knochen sind in den ersten zwei Jahren im Aufbau und die Verletzungsgefahr wäre sehr groß. Manche Schäden wären dann irreparabel.
> Beim Frisbee-Kauf achten Sie bitte darauf, dass es ein spezielles Hundefrisbee ist. Es ist bruch- und splittersicher, der Hund darf sich nicht daran verletzen oder gar Teile herunter-

Tipp   Grundlagen

Buchen Sie für den Start einen Hunde trainer, der Ihnen bei den Anfängen behilflich ist. Oft reichen zwei bis drei Trainerstunden; so haben Sie bei den Basics Unterstützung und können von Anfang an vieles richtig machen!

schlucken. Weiches und biegsames Material ist perfekt.

> Behalten Sie den Kreislauf und den Stoffwechsel des Hundes im Auge, auch noch einige Stunden nach den Trainingseinheiten.
> Ihr Hund sollte gesund sein, es dürfen weder akute noch chronische Erkrankungen vorliegen.
> Wenn Sie regelmäßig trainieren oder wettkampfmäßig Frisbee spielen wollen, sollte mehrmals im Jahr der Bewegungsapparat gecheckt werden. Lassen Sie sich von Ihrem Tierarzt beraten.
> Mindestens vier Stunden vor dem Training sollte der Hund nichts zu Fressen bekommen. Ein voller Magen mindert die Motivation und Beweglichkeit des Hundes und es besteht die Gefahr einer Magendrehung bzw von Magenbeschwerden.

> Vor jeder Frisbee-Einheit gibt es ein Warm-up (siehe im Kapitel Agility, Seite 301).
> Hunde im Wachstum sollten noch nicht am Frisbeetraining teilnehmen.
> Zu alte Hunde, die körperlich erschöpft sind, sollten ebenso durch andere Hobbys gefördert und ausgelastet werden.
> Auch wenn es schwer fällt – bauen Sie alle Trainingssequenzen langsam auf.

Wenn Sie für Wettbewerbe trainieren wollen, finden Sie hier die Grundlagen dazu. Es gibt in den Wettbewerben drei verschiedene Disziplinen: Mini-Distance, Freestyle und Long Distance. Suchen Sie sich zu Beginn des Trainings die aus, bei der Sie das beste Gefühl haben.

Wummi läuft zielorientiert der Scheibe nach – jedoch erst auf das Startzeichen hin.

Für solche spektakulären Sprünge sollte der Hund zuvor immer warm gelaufen sein.

Mini-Distance

Bei der Mini-Distance stehen Sie zusammen mit Ihrem Hund in einem markierten Spielfeld. Das können Sie in Ihrem Garten festlegen, auch der Spaziergang eignet sich wieder gut für kleine Frisbee-Einlagen. Hierbei sollte der Hund so viele Scheiben wie möglich innerhalb eines vorgegebenen Zeitraums aus der Luft fangen. Das gibt Punkte! Die Anzahl der Punkte steigt mit dem Schwierigkeitsgrad und der Wurfweite. Eine Minute ist die vorgegebene Wettbe-

werbszeit. Bitte führen Sie Ihren Hund im Training langsam an die Situation heran und beginnen Sie zunächst mit 5 Sekunden. Steigern Sie die Zeit langsam, gemäß den Fortschritten Ihres Hundes.

Nutzen Sie auch hier die Videokamera. In diesem Fall geht es jedoch nicht primär um die Analyse Ihrer Körpersprache oder Kommunikation. Sie können vielmehr den körperlichen Einsatz Ihres Hundes nachvollziehen und verstehen, was Frisbee für ein Kraft- und Energieaufwand für den

Hund bedeutet. Wenn Sie dies erkennen und regelmäßig die Trainingsintensität kontrollieren, schützen Sie ihn vor Verletzungen.

Freestyle

Sie gehören eher zu den künstlerischen Hundehaltern, nicht so sehr zu den sportlichen? Kein Problem – beim Freestyle kommen Sie ganz auf Ihre Kosten, denn hier spielt die Ästhetik von Hund und Halter eine Rolle! Die Choreografie soll nach den üblichen Wettbewerbsregeln rund zwei Minuten dauern. Wenn Sie wollen, können Sie sie zu Musik durchführen.

Der Reiz beim Freestyle ist, dass Sie mit bis zu sieben Scheiben starten dürfen. Aber Sie wissen ja – starten Sie bei Ihrem Training erst einmal mit einer Scheibe nach der anderen. Und auch hier planen Sie die Übungen

im Training nach dem individuellen Leistungsvermögen Ihres Hundes.

Stellen Sie sich in der Mitte eines großen Platzes, an dem der Hund ohne Leine laufen darf (etwa im Stadtpark) und beginnen Sie mit einfachen Übungen. Ein mögliches Ziel könnte sein, dass der Hund hinter der Scheibe herläuft, dass er die Scheibe bereits in der Luft fängt und sie zu Ihnen zurückbringt.

Durch einen Tausch zum Schluss (Leckerchen gegen Frisbeescheibe) motivieren Sie den Hund dazu, Ihnen die Scheibe wieder zu geben und nicht damit über den Platz zu laufen.

Sollte etwas schief gehen, z.B. der Hund haut mit der Scheibe ab, er knabbert daran oder bellt sie an, ignorieren Sie das falsche Verhalten. Bleiben Sie ruhig und geben Sie kurze und klare Signale.

Long Distance

Jetzt ist die Entfernung gefragt. Am besten trainieren Sie auf einem Sportplatz, speziell wenn Sie weit werfen können. Achten Sie auf einen ebenen Untergrund, bei dem der Hund sich nicht verletzen kann. Das wird oft unterschätzt, ist aber wichtig. (Als kleiner Exkurs an dieser Stelle: Die größte Gefahr auf einer Galopprennbahn beim Pferderennen sind Maulwurfshügel! Die Pferde können sich tödlich verletzen. Ähnliches gilt für Hunde, sie können sich dabei den Bewegungsapparat ruinieren.)

Im Long Distance Wettbewerb hat jeder Teilnehmer drei Würfe; der weitest geworfene und gefangene Wurf wird gewertet.

An der Unterteilung in die drei genannten Disziplinen sehen Sie, dass es beim Frisbee nicht einfach nur um Geschwindigkeit geht, sondern der Hund auch von seinem Hundehalter geführt werden sollte. Damit einer unbeschwerten Zeit nichts im Wege steht, sollten Sie die Grenzen Ihres Hundes erkennen und sich im Training und im Wettkampf danach richten – dann steht einer entspannten Frisbeekarriere nichts im Wege! Probieren Sie es aus!

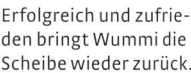

Erfolgreich und zufrieden bringt Wummi die Scheibe wieder zurück.

Auch wenn die Dimensionen groß aussehen – Schritt für Schritt lernt schon der Welpe die ersten Basics und kann diese gut umsetzen.

Longieren

Das Longieren mit dem Hund wird bei vielen Hundehaltern immer beliebter – und das zu Recht: Sie können Ihren Hund damit beschäftigen, er wird kognitiv und körperlich ausgelastet. Die Bindung zwischen Ihnen und Ihrem Hund wird optimiert und Sie können ihn kontrolliert und über Distanz motivieren, Ihre Signale umzusetzen. Longieren erhöht außerdem die Konzentration Ihres Hundes und steigert das Vertrauen zwischen Ihnen.

Den Zirkel aufbauen

Stecken Sie in die Mitte des vorgesehenen Zirkels einen Hering oder Stab in den Boden; befestigen Sie die Schleppleine daran und spannen Sie diese aus. Am Ende der Schleppleine setzen Sie einen zweiten Stab. Gehen Sie nun mit der gespannten Schleppleine zwei, drei Schritte weiter und setzen sie an das Schleppleinenende wieder einen Stab in den Boden und so weiter, bis Sie den Kreis vollendet haben, also beim ersten Stab angekommen sind. Befestigen Sie nun das Flatterband an den Stäben:

Knoten Sie das Band am ersten fest und umwickeln Sie die anderen. Verknoten Sie dann das Ende mit dem Anfang. Der Zirkel steht. Entfernen Sie nun den Stab in der Kreismitte. Die Höhe des Flatterbandes sollte bei einem Anfängerhund so gewählt werden, dass es sich etwa auf Schulterhöhe befindet. Umso schneller akzeptiert der Hund den „Tabubereich". Sind die Heringe

Info Das brauchen Sie

> Flatterband: Für einen Kreis benötigen Sie ca. 33 m Flatterband (im Baumarkt erhältlich).
> Heringe oder Stäbe (10 – 15 Stück), die Sie in den Untergrund stecken können.
> Schleppleine zum Vermessen des Radius von ca. 5 m. Es spielt jedoch keine Rolle, wie groß der Kreis wird, daher kann der Radius frei gewählt werden.
> Schleppleine für Hunde, die noch nicht unter guter Signalkontrolle stehen.
> Halsband für den Hund
> Leckerchen/ Spielzeug
> Eine ebene Wiese für den Anfang

Das Herantreten an und in den Longierzirkel bedarf einer hohen Konzentration seitens des Hundehalters.

gen, damit der Hund Ihre körpersprachlichen Signale gut erkennen kann.

Stecken Sie kleine, weiche Leckerchen ein, mit denen Ihr Hund belohnt werden kann; am besten in die Jacken- oder Hosentasche. Benötigen Sie ein Spielzeug, sollte es auch am besten in Ihre Tasche passen.

Ihr Hund sollte ein Halsband tragen. Der Karabiner der Leine – falls überhaupt eine Leine nötig ist – wird dann unten am Ring des Halsbandes befestigt. Mit einem Geschirr könnten Sie bei den Richtungswechseln Probleme bekommen, da sich der Hund in Leine und Geschirr verwickeln kann. Das stoppt den Lauffluss und die Kommunikation.

Setzen Sie Ihren Hund einige Meter vor dem Zirkel ab. Stellen Sie sich neben ihn. Wenn Sie mit einer Leine trainieren, halten Sie diese locker in der Hand und gehen auf den Zirkel zu. Setzen Sie Ihren Hund erneut ab. Dies ist bereits das erste Ritual, dass Sie einführen, nämlich zusammen mit Ihrem Hund zum Kreis zu gehen.

Nun ist es an der Zeit, dass Sie Ihre eigene Körpersprache erneut überprüfen, tief durchatmen und mit „gespannter Leichtigkeit" in das Innere des Zirkels treten. Ihr Hund verweilt in seiner Position und wartet auf weitere Signale. Sie sollten Ihrem Hund gegenüberstehen, und das zunächst noch sehr dicht am Flatterband. Durch eine konzentrierte Körperspannung – aber keinesfalls drohende Körpersprache! – soll Ihr Hund merken, dass Sie einen Plan haben und es sich lohnt, auf Ihre weiteren Instruktionen zu warten.

Haben Sie seine Aufmerksamkeit, beginnen Sie ihn aufzufordern, Ihrer Laufrichtung im Zirkel zu folgen. Beachten Sie dabei: Wenn Sie nach links

kleiner als der Hund, empfehlen wir Bambusstäbe oder Slalomstangen, da haben Sie mehr Spielraum.

Das Innere des Zirkels sollte nun nicht mehr vom Hund betreten werden.

Das Training

Bevor Sie nun selbst in den Zirkel treten, gibt es noch einige Punkte zu beachten:

Tragen Sie beim Longieren keine weite Kleidung (etwa ein wehender Schal). Da die Körpersprache sehr wichtig ist, sollte die Kleidung am Körper anlie-

Eine Leine ist nur für Hunde nötig, die zwischendurch mit Jagen beschäftigt sind. So kann man sie absichern. Sie wird jedoch locker gehalten. Später wird sie nicht mehr benötigt.

loslaufen, ist das für den Hund ein Start über die rechte Schulter.

Sofern Sie mit Schleppleine longieren wollen, legen Sie die Leine zu Beginn auf die offene linke Hand und die rechte Hand hält die Leine auf Höhe Ihrer Hüfte locker fest. Die Leine darf weder Sie noch Ihren Hund behindern. Zu keiner Zeit sollte Druck über die Leine entstehen. Eine lockere Leine ist das A und O dieser Übung, denn über diese soll schließlich nicht kommuniziert werden, sie dient nur der Hilfestellung, wenn der Hund auf Ihrer gewählten Longierfläche nicht abgeleint werden kann.

Natürlich können Sie auch direkt ohne Leine starten – das sollte ohnehin das Ziel sein.

Der Hund braucht zu Beginn eine klare Startsequenz, oftmals hilft es, wenn man den Start durch ein zusätzliches Wort wie „Go" ansagt und selbst motiviert innerhalb des Kreises losgeht. Sie laufen zu Beginn immer nahe der inneren Kreisbegrenzung. Folgt Ih-

nen Ihr Hund, ist erst einmal jedes Verhalten in Ordnung, er darf nur nicht den Kreis betreten.

Gehen Sie drei Schritte und wenden Sie sich mit Ihrer Körpersprache Ihrem Hund zu. Das heißt, dass Sie sich Ihrem Hund frontal zudrehen, so dass Sie ihm wie bei der Startposition gegenüber stehen.

Loben Sie ihn, dieses sollte ihn aber nicht dazu veranlassen, in den Kreis zu springen. Das können Sie dadurch erreichen, dass Ihre Körpersprache konzentriert und gespannt bleibt.

Wollen Sie die Übung ganz beenden, gehen Sie aus dem Kreis zu Ihrem Hund raus, entspannen sich und loben ihn überschwänglich. Damit lernt der Hund zu unterscheiden:

> Frauchen oder Herrchen bleiben im Kreisel; ich habe etwas gut gemacht, aber die Übung ist noch nicht ganz vorbei.
> Frauchen oder Herrchen gehen aus dem Kreisel, die Übung ist vorbei.

Gehen Sie zu Beginn immer nur ein paar kurze Schritte entlang des Longierzirkels, denn dadurch steigt die Chance, dass Ihr Hund durch Erfolg lernen kann und sich schnell an das neue Spiel gewöhnt. Kurze knappe Einheiten sind Gold wert.

Sobald Sie stehen bleiben und sich Ihrem Hund zuwenden, können Sie leise das Signal „Sitz" benutzen. Achten Sie auf eine klare Aussprache, denn der Hund soll sich später als Endziel (zwischen den Longenstrecken) unaufgefordert bzw. auf ein Handzeichen hin setzen.

Durch diese kleinen Einheiten fordern Sie ihn natürlich öfter auf, sich zu setzen, und so versteht er schnell, dass das Hinsetzen ritualisiert zur Übung gehört. Daher werden Sie das „Sitz" kaum mehr brauchen und er wird über Ihre Körpersprache schnell erkennen, wann es Zeit wird, sich zu setzen.

Wenn er in den Kreis geht …

Natürlich wird es passieren, dass Ihr Hund in den Tabubereich des Longenzirkels springt oder ihn übertritt. Sie wissen, dass das Timing im Hundetraining wichtig ist, daher sollten Sie schnell reagieren und Ihren Hund wieder rausschicken, indem Sie Ihre Körpersprache deutlich, aber nicht drohend einsetzen. Ihr Ziel, den Hund ohne Druck und ohne Angst- oder Meideverhalten auszulösen, aus dem Kreis zu schicken, erreichen Sie so:

Machen Sie sich groß, indem Sie sich aufrecht vor Ihren Hund stellen. Noch sind Sie nah am Flatterband, da reicht „Größe demonstrieren" meistens schon aus, damit der Hund wieder auf die Außenseite des Bandes zurückkehrt. Stehen Sie weiter innen und damit in größerem Abstand zu Ihrem Hund, gehen Sie auf ihn zu.

Achten Sie darauf, dass Ihr ganzer Körper keine bedrohlichen Anzeichen

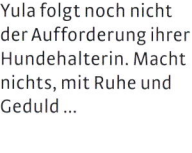

Yula folgt noch nicht der Aufforderung ihrer Hundehalterin. Macht nichts, mit Ruhe und Geduld …

Tipp   Einfach beginnen

Beginnen Sie in den ersten Tagen erst eine Seite zu trainieren. Sobald der Hund die Grundprinzipien verstanden hat, trainieren Sie auch die andere Laufrichtung. Bitte bedenken Sie: Ihre Körpersprache muss nun auch „gespiegelt" werden.
Sobald Sie mit Richtungswechseln arbeiten, sollten Sie noch mehr darauf achten, dass die Leine unten am Halsband befestigt wird. Bauen Sie dann beide Richtungen direkt mit in Ihr Training ein – auch das fördert die Aufmerksamkeit Ihres Hundes.

macht. Beugen Sie sich bei der Korrektur nicht über den Hund und setzen Sie auch Ihre Stimme nicht laut ein. Gegen ein „Raus" – sofern das Signal bekannt ist – ist nichts einzuwenden, es sollte aber leise gesprochen werden und nicht strafend klingen.

Geht Ihr Hund aus dem Kreis, wäre es prima, wenn er von Anfang nicht über das Flatterband springt, denn das kann zu einem selbstbelohnendem Verhalten werden.

Passen Sie die Intensität Ihrer Korrektur immer an die Individualität und Psyche Ihres Hundes an.

Sollten Sie merken, dass Ihr Hund Ihre Stimmung dadurch manipulieren kann, dass er öfter den Kreis betritt und Sie sich ärgern, wird es höchste Zeit, dass auch Sie den Zirkel verlassen, eine Pause einlegen und später entspannt neu starten.

Die Aufmerksamkeit fördern

Das Grundtraining am Longierzierkel hat bereits den Effekt, dass Ihr Hund sich wesentlich besser auf Sie konzentriert (vermutlich auch im Alltag). Dieses Aufmerksamkeits-Training lässt sich aber noch weiter steigern bzw. verfeinern.

... wird sie so entspannt wie Mango laufen, der seinem Frauchen viel Aufmerksamkeit gibt.

Wummi ist noch Longier-Anfängerin. Das verrät auch ihre Körpersprache.

Geben Sie Ihrem Hund immer erst einen neuen „Longierauftrag", wenn er Blickkontakt zu Ihnen hergestellt hat. Fordern Sie also ein, dass er Sie anschauen muss, bevor überhaupt etwas passiert.

Sie werden merken: Sobald Ihr Hund Spaß am Longieren hat, wird er Sie ansehen und vermehrt direkten Blickkontakt suchen.

Apropos Spaß, den können Sie dabei wie von selbst fördern, wenn Sie die Strecken im Parcours verlängern, denn Bewegung tut gut und baut Stresshormone ab.

Nähe und Distanz

Zunächst arbeiten Sie noch recht nahe dem Flatterband, aber die ersten Erfolge sind bereits da: Ihr Hund sucht die Nähe zu Ihnen, indem er für die Start- sequenz Blickkontakt zu Ihnen aufnimmt. Nun geht es darum, dass Sie nicht mehr die ganzen Runden mit Ihrem Hund zusammen laufen, er aber dennoch auf Distanz Kontakt mit Ihnen hält. Beginnen Sie also, bei den beschriebenen Übungen den Abstand zu vergrößern.

Gehen Sie wie folgt vor:
> Starten Sie wie oben beschrieben.
> Gehen Sie dann nach vorne gerichtet weiter, aber dabei ein bis zwei Schritte mehr in den Innenkreis. So vergrößert sich die Distanz zum Hund für diese kurze Strecke.
> Anschließend verkleinern Sie wieder den Abstand zu ihm, laufen noch ein paar Schritte und beenden die Sequenz. Die Wahrscheinlichkeit, dass Ihr Hund in den Kreisel springt, ist

gering, wenn Sie nach zwei Schritten wieder mehr nach außen gehen.

> Klappt das, verlängern Sie die Sequenz und gestalten diese, indem Sie regelmäßig weiter in den Kreisel gehen, aber auch wieder nach außen kommen.

> Bauen Sie diese Übung weiter aus, bis Sie nach ein paar Wochen im Mittelpunkt des Kreisels stehen können und Ihr Hund außen um Sie herum läuft, gelenkt durch Ihre Arme. Legen Sie diese an den Körper und stehen Ihrem Hund im Mittelpunkt des Kreises frontal gegenüber, sollte er sich setzen.

Sie können Leckerchen als Lockmittel benutzen, um den Hund weiter vorne bei sich am Kreis laufen zu lassen. Manche Hunde lassen sich nach hinten fallen, um dann besser in den Kreisel einzusteigen. Sie können die Leckerchen daher als Hilfsmittel verwenden, Sie dienen aber der Motivation, nicht der Belohnung während des Laufens, denn dies könnte schnell zu einer Strategie werden.

Hilfsmittel bedeutet, dass Sie zu Beginn (dies wird nicht lange nötig sein) den Hund am Kreis führen, mit Leckerchen in der Hand.

Ihre Körpersprache ist nun sehr wichtig: Das Leckerchen sollte sich in der Hand befinden, die Ihrem Hund während des Laufes am nächsten ist. (Würden Sie jedoch die andere Hand wählen, würde sich Ihre Körpersprache automatisch zum Hund richten und Sie signalisieren Ihrem Hund damit ein Abstoppen. Das wäre kontraproduktiv, denn Sie wollen das Tempo ja erhöhen.)

Wenn Sie das Tempo steigern und vom Gehen in den Trab wechseln wollen, bedeutet das, dass der Hund in seine „natürliche" Gangart wechselt. Ein Wechsel in den Galopp ist schon

Im Agility dagegen ist sie völlig sicher.

Wenn der Hund die Übung beherrscht, …

schwieriger, denn wenn Sie noch nahe am Außenrand des Kreises laufen, müssten Sie ja mitrennen. Nutzen Sie ein Spielzeug, mit dem Sie die Motivation des Hundes steigern, schneller zu laufen, oder feuern sie ihn durch Ihre motivierte Haltung an. Bestätigen Sie einen Tempowechsel in den Galopp zeitnah durch den Clicker oder Ihre Stimme.

Um Ihren Hund auch auf Distanz in verschiedene Gangarten zu bringen, sollte die jeweilige Gangart benannt werden, so kann der Hund gesteuert werden. Statt „Schritt", „Trab", „Galopp" macht es Sinn, die Wörter zweisilbig auszusprechen, weil Sie den Hund damit zur Tempoerhöhung oder Verlangsamung motivieren können. Wir verwenden dafür „Sche-Ritt", „Te-rab"

und „Ga-lopp", ähnlich wie im Reitunterricht.

Wenn Sie das Tempo nun umgekehrt verlangsamen wollen und Ihren Hund aus dem Galopp in Trab oder Schritt bringen möchten, wird es ausreichen, ihm das über Ihre Körpersprache zu signalisieren.

Folgende Möglichkeiten bieten sich an:

> Sie werden in Ihren Bewegungen langsamer – Ihr Hund wird sich anpassen.
> Sie drosseln sein Tempo durch Blickkontakt mit ihm.
> Sie drehen sich beim Laufen mehr nach außen, zum Hund gerichtet, dadurch verlangsamt er sein Tempo. Danach können Sie wieder mehr in Laufrichtung laufen.

Hindernisse am Zirkel

Als weitere Steigerung der Anforderungen können Sie Hindernisse am Zirkel einbauen, etwa einen Tunnel, Hürden oder Slalom.

Steigern Sie den Schwierigkeitsgrad Stück für Stück. Verändern Sie immer nur eine Komponente, so wissen Sie anschließend genau, wo die Ursache liegt, wenn eine Übung doch noch nicht klappten sollte.

Aus der Erfahrung wissen wir, dass, wenn einen das Longierfieber gepackt hat, man natürlich immer mehr will – kein Problem! Es gibt nämlich noch schöne Varianten, indem man den Innenkreis mit weiteren Zirkeln bestückt, die natürlich einen kleineren Radius haben. Die Abstände zwischen den Kreiseln sollten so gewählt werden, dass der Hund sich nicht eingeengt fühlt und dazwischen entspannt hin und her springen kann.

Haben Sie eine große Wiese und können mehrere Zirkel nebeneinander aufstellen? Dann schicken Sie Ihren Hund – ohne das Sie den eigenen Kreismittelpunkt verlassen – von einem Kreis zum anderen, und zwar in Ihrem Wunschtempo.

Sie merken, körperliche und kognitive Auslastung Ihres Hundes werden hierbei wieder sehr gefördert. Sie werden bemerken, wie sich das Longiertraining positiv auf Sie und Ihren Hund auswirkt. Am Ende des Trainings wird er müde, entspannt und gut ausgelastet sein. Auch Sie werden stolz auf ihn sein, weil Sie merken, wie problemlos und sicher das Distanztraining geübt und erfolgreich umgesetzt werden kann.

Sind Sie nach einiger Zeit Longier-Profi, so können Sie mehrere Hunde gleichzeitig longieren. Achten Sie hierbei jedoch auf das Tempo der Hunde: das bestimmen Sie und nicht etwa die Hunde, die sich gegebenenfalls in ihrer Euphorie gegenseitig anstecken und losstürmen.

... kann man variieren und Kombinatinosübungen gestalten.

Nehmen Sie für Ihren Hund immer seine Decke mit zum Training. So fühlt er sich wohl und sicher.

Zum Schluss

In diesem Buch haben Sie nun Anregungen, Tipps und Tricks sowie jede Menge Ideen bekommen, die Sie mit Ihrem Hund umsetzen können, sowohl drinnen als auch draußen.

Wenn Sie das Training planen, möchten wir Sie gerne noch motivieren, sich ein paar Gedanken zum Thema „Cool down" zu machen. Denn gerade bei körperlicher Aktivität läuft der Organismus bzw. Kreislauf des Hundes auf Hochtouren und ein abruptes Abbrechen des Trainings ist nicht gesundheitsfördernd.

Tun Sie Ihrem Hund etwas Gutes und halten Sie nach jedem Actiontraining seine Decke bereit. Darauf kann er sich ablegen und Sie können beginnen, ihn zu massieren und zu dehnen. Damit fördern Sie seinen Bewegungsapparat, die Bänder, Muskeln und Sehnen. Viele Hunde entspannen sich soweit, dass sie gerne noch ein paar

Minuten einfach auf der Decke liegen. Dann stehen sie irgendwann auf, schütteln sich und gehen entspannt in den Alltag über. Perfekt!

Nutzen Sie diese Ruhephase, um sich auch Gedanken über Ihre eigene regelmäßige Entspannung zu machen. Solche Gedanken lohnen sich ...

Haben Sie einen Hund, der sich eher durch Bewegung entspannen kann, ist das auch kein Problem. Nehmen Sie ihn an die Leine und gehen Sie gemeinsam mit ihm ein paar Minuten im langsamen Tempo. Sie bestimmen dabei das Tempo und führen Ihren Hund durch das „cool down". Somit können Sie seinen Kreislauf gleichmäßig langsamer werden lassen.

Beobachten Sie Ihren Hund dabei, wie er langsam „herunterfährt". Leinen Sie ihn ab und entlassen ihn in den Alltag, wenn Sie das Gefühl haben, dass sein Fokus vom Training weg und wieder auf den „Normalzustand" ausgerichtet ist.

Halten Sie frisches Wasser für Ihren Hund bereit. Warten Sie mit der nächsten Fütterung aber noch bis eine gute halbe Stunde nach der Sporteinheit.

Sie werden schnell feststellen, wie gut es Ihrem Hund tut, wenn Sie sich auch nach den Spiel- und Sporteinheiten verantwortungsbewusst um ihn kümmern.

Wir hoffen, wir konnten Ihnen viele Anregungen und Tipps geben und wünschen Ihnen und Ihrem Hund viel Spaß bei Spiel & Sport!

Ein ganz herzliches Dankeschön gilt dem Kosmos-Verlag, speziell Frau Angela Beck für die freundliche und unkomplizierte Zusammenarbeit, ebenso wie Frau Sabine Stuewer für die gelungenen Fotos.

Ein ganz dickes Dankeschön geht an unsere Kinder, die besten der Welt: Paula, Maximiliane, Antonia, Dietje und Torben.

Kristina Falke und Jörg Ziemer

Kleines Lexikon

Agonistik Alle Verhaltensweisen, die geeignet sind, eine räumlich-zeitliche Distanz zu einem Gegner herzustellen. Dazu gehören defensive (Drohen) und offensive Verhaltensweisen (Attacke) sowie Flucht und Verhalten zur Deeskalation.

Axon Abführende Faser einer Nervenzelle, zur Reizweiterleitung zu anderen Zellen.

Biologische Fitness Ausmaß, wie weit ein Lebewesen die eigenen Gene zum Genpool der nächsten Generation beisteuert.

Deeskalation Konfliktbereinigung / Konfliktabschwächung ohne offensive Elemente. Auf Schadensminimierung bei beiden Seiten ausgerichtet.

Deprivation Mangel; z.B. an wichtigen Stimuli und Einflüssen während der Welpenentwicklung.

Distressgeräusche Sie zeigen an, dass sich ein Lebewesen unwohl fühlt, Angst oder generell Stress empfindet.

Domestikation Haustierwerdung

Dyade Zwei Lebewesen interagieren (kommunizieren) miteinander.

Ernstkampf Kampf auf Leben und Tod.

Ethologie Vergleichende Verhaltensforschung bzw. Verhaltensforschung schlechthin.

Fähe Weiblicher Wolf

Genetische Prädisposition Veranlagung zu einer bestimmten anatomischen, physiologischen und psychischen Entwicklung aufgrund der Erbinformation.

Geschlechtsreife Ab Erreichen der Geschlechtsreife kann sich ein Lebewesen fortpflanzen (7. – 12. Lebensmonat, je nach Rasse).

Habituation Gewöhnung

Hierarchie Rangordnung im weitesten Sinne, Struktur einer Gruppe

Homöostase Gleichgewicht

Hormone Botenstoffe im Körper; können auch Verhaltensänderungen bewirken. Werden zumeist mit dem Blut transportiert.

Imponieren „Angeben" im weitesten Sinne. Zeigen, wer man ist und was man hat. Kann unter anderem auch Bluffen beinhalten.

Infantizid Kindstötung

Instinkt Alter Begriff für eng genetisch fixierte Verhaltensweisen. Es wird jedoch heute in der modernen Verhaltensforschung nicht mehr benutzt.

Kernterritorium Bereich, den ein Lebewesen mindestens braucht, um z.B. Nahrung zu finden und Nachkommen aufzuziehen.

Konditionierung Festigung von etwas Erlerntem durch sehr häufiges Wiederholen in kurzem Zeitabstand.

Konsolidierungsphase Phase des Trainings; hier Einschleifen von Handlungsmustern und Bewegungsabläufen.

Konvention Übereinkunft, Abkommen. Kann stillschweigend und aus Tradition heraus zustande kommen.

Loneliness Cry Verlassenheitssignal; Ruf nach den Rudelkumpanen.

Modulation Modulieren = verändern, beeinflussen; auch im Sinne von gegenseitigem Zusammenspiel.

Myelinscheide Eiweißhülle; umgibt bestimmte Nervenfasern.

Nature vs. Nurture Englische Phrase für den Streit, welche Elemente im Verhalten eines Lebewesens angeboren und welche erlernt sind.

Neonatale Phase Entwicklungsphase eines Lebewesens direkt nach der Geburt.

Neuron Nervenzelle

Neurotransmitter Chemischer Überträgerstoff. Überträgt Informationen von einer Nervenzelle zur nächsten.

Obligat soziale Lebewesen Das soziale Miteinander mit Lebewesen der eigenen Art ist unbedingt nötig zum Überleben.

Opportun Angebracht, geeignet

Peripheres Nervensystem Nerven, die aus dem Gehirn oder Rückenmark entspringen und den kompletten restlichen Körper mit Informationen versorgen.

Ressourcen Lebens- bzw. überlebenswichtige Dinge wie zum Beispiel Futter, Wasser oder Territorium.

Rezeptoren Spezielle chemische Verbindungen auf Zelloberflächen, an denen z.B. Neurotransmitter individuell andocken können.

Rudel Gruppe von Hunden oder Wölfen, die in einem Sozialverband leben.

Situationsadäquat Angepasst an eine bestimmte Situation.

Sozial expansives Verhalten Dieses Verhalten wird gezeigt, wenn das Tier innerhalb der sozialen Gruppe eine höhere Rangstellung erreichen will.

Soziale Reife Ab jetzt gilt das Tier als sozial erwachsen (12. – 36. Lebensmonat, je nach Rasse).

Sozialisationsphase Hier lernt das Tier die Spielregeln und die Kommunikation innerhalb seiner sozialen Gruppe. Es gewöhnt sich an die Umgebung, in der es später leben soll/wird.

Submission Unterordnung

Synapse Verbindungsstelle zweier Nervenzellen.

Zentralnervös Über oder im Zentralnervensystem ablaufend.

Zentralnervensystem Setzt sich aus Gehirn und Rückenmark zusammen. Hier findet die Verhaltenssteuerung im eigentlichen Sinne statt.

Zuchtlinien Über mehrere Generationen werden nur Abkömmlinge bestimmter weniger Elternpaare verpaart. Der Verwandtschaftsgrad von Einzeltieren innerhalb einer Zuchtlinie ist groß.

Zum Weiterlesen

Zum Weiterlesen finden Sie hier eine Auswahl an Hundebüchern aus dem Kosmos Verlag:

Hundehaltung

Bruns, Sandra: Das Hundebuch für Kids.

Bucksch, Dr. Martin: Gesunde Ernährung für Hunde.

Bucksch, Dr. Martin: Praxishandbuch Hundekrankheiten.

Klüglich, Alina und Sibylle Ströbele: Hundesachen einfach selber machen.

Klüver, Dr. Danja: BARF - Rohfütterung für Hunde.

Krämer, Eva Maria: Der Kosmos-Hundeführer.

Theby, Viviane: Das Kosmos Welpenbuch.

Erziehung

Bruns, Sandra und Anett Seidensticker: Gassi Training.

Falke, Kristina und Jörg Ziemer: Entspannt allein.

Führmann, Petra, Ines Franzke und Nicole Hoefs: Das Kosmos Erziehungsprogramm für Hunde.

Führmann, Petra, Nicole Hoefs und Iris Franzke: Die Kosmos Welpenschule. Mit DVD.

Koring, Mel: Clicker-Training für Hunde.

Metz, Gabriele und Esther Schalke: Hundeführerschein und Sachkundenachweis.

Pryor, Karen: Positiv bestärken, sanft erziehen.

Przygoda, Jeanette: An lockerer Leine.

Schöning, Dr. Barbara: Hundeprobleme.

Toll, Claudia: Kommt nicht, gibt's nicht!

Winkler, Sabine: Hundeerziehung.

Winkler, Sabine: So lernt mein Hund.

Hundeverhalten

Bloch, Günther und Elli H. Radinger: Wölfisch für Hundehalter.

Bloch, Günther: Der Wolf im Hundepelz.

Esser, Johanna: Körpersprache von Hund und Mensch.

Feddersen-Petersen, Dr. Dorit: Ausdrucksverhalten beim Hund.

Feddersen-Petersen, Dr. Dorit: Hundepsychologie.

Fiedler, Anja: Jagdverhalten.

Gansloßer, Dr. Udo: Verhaltensbiologie für Hundehalter.

Gansloßer, Dr. Udo und Kate Kitchenham: Beziehung, Erziehung, Bindung.

Gansloßer, Dr. Udo und Kate Kitchenham: Forschung trifft Hund.

Gansloßer, Dr. Udo und Mechthild Käufer: Auszeit auf Augenhöhe – Mensch-Hund-Spiel.

Handelman, Barbara: Hundeverhalten.

Heberer, Ute, Nora Brede und Normen Mrozinski: Aggressionsverhalten beim Hund.

Käufer, Mechthild: Spielverhalten bei Hunden.

Kitchenham, Kate: Wissen Hunde, dass sie Hunde sind?

Schöning, Dr. Barbara, und Kerstin Röhrs: Hundesprache.

Spiel und Sport

Baumann, Thomas und Ina: ZOS - Zielobjektsuche.

El Ayachi, Sami: Körpersprachliches Longieren mit Hund.

Fichtlmeier, Anton: Suchen und Apportieren.

Grunow, Alexandra, Rovena Langkau und Udo Gansloßer: Mantrailing.

Heinrichsen, Melanie, Ariane König und Nadine Minkner: Longiersport für Hunde.

Kitchenham, Kate: Spielekiste für Hunde.

Nijboer, Jan: Beschäftigung für Hunde - Treibball, Apportieren, Jagility, Nasenarbeit.

Schneider, Dorothee und Armin Hölzle: Fährtentraining für Hunde.

Spona, Helma: Obedience.

Theby, Viviane und Michaela Hares: Agility.

Zvolsky, Norma: Die Kosmos-Retrieverschule.

Nützliche Adressen

Rassehunde

Verband für das Deutsche Hundewesen
e.V. (VDH)
Postfach 10 41 54
D–44041 Dortmund
Tel.: 02 31 – 56 50 00
info@vdh.de
www.vdh.de

Österreichischer Kynologenverband
(ÖKV)
Siegfried Marcus-Str. 7
A–2362 Biedermannsdorf
Tel.: 0 22 36 – 71 06 67
office@oekv.at
www.oekv.at

Schweizerische Kynologische Gesellschaft
(SKG)
Brunnmattstr. 24
CH–3007 Bern
Tel.: 0 31 – 3 06 62 62
info@skg.ch
www.skg.ch

Hundehaltung

TASSO – Haustierzentralregister für die
Bundesrepublik Deutschland e.V.
Otto-Volger-Str. 15
D–65843 Sulzbach/Ts.
Tel.: 0 61 90 – 93 73 00
info@tasso.net
www.tasso.net

Deutscher Hundesportverband e. V. (dhv)
Vosshoveler Str. 9a
D–46485 Wesel
Tel.: 02 81 – 2 06 81 68
info@dhv-hundesport.de
www.dhv-hundesport.de

Hundeverhalten

Berufsverband der Hundeerzieher/innen
und Verhaltensberater/innen (BHV)
Auf der Lind 3
D–65529 Waldems-Esch
Tel.: 0 61 92 – 9 58 11 36
info@hundeschulen.de
www.hundeschulen.de

Gesellschaft für Tierverhaltensmedizin
und therapie (GTVMT)
Hohensasel 16
D–22395 Hamburg
vorstand@gtvmt.de
www.gtvmt.de

Bundestierärztekammer (BTK)
Französische Str. 53
D–10117 Berlin
Tel.: 030 – 201 43 38 – 0
www.bundestieraerztekammer.de

Autoren

Perdita Lübbe
Hunde-Akademie
Goethestraße 27
D–64347 Griesheim
Tel.: 0 61 55 – 44 34
info@hundeakademie.de
www.hundeakademie.de

Dr. Barbara Schöning
Hundeschule Struppi & Co
Neusurenland 4
D–22159 Hamburg
Tel.: 0 40 – 60 84 97 91
info@struppi-co-hundeschule.de
www.struppi-co.de

Ziemer & Falke
Schulungszentrum für Hundetrainer GbR
Blanker Schlatt 15
D–26197 Großenkneten
Tel.: 0 44 35 – 9 70 59 90
info@ziemer-falke.de
www.ziemer-falke.de

Register

Bildnachweis

Mit 395 Farbfotos von Sabine Stuewer/Kosmos, die eigens für das Buch aufgenommen wurden.
82 Farbfotos von Sabine Stuewer/www.stuewer-tierfoto.de (Seite 6 Mitte, 6 unten, 7 unten, 10, 12 alle 3, 13, 22, 24 Mitte, 24 unten, 25, 28, 32, 35, 41, 48, 49, 50 beide, 51 unten, 82, 92, 117, 128, 129, 130, 131, 132, 134, 135, 137, 138, 139, 141, 144, 145 oben, 146, 147, 148, 149, 150, 151, 160, 170, 171, 172, 173, 174, 175, 177 oben, 181, 186 links, 187 rechts unten, 188, 189, 190, 191, 194 links, 195 mitte, 200, 201, 216, 217, 218, 219, 229, 239, 284, 292, 300, 314, 315, 316, 318, 219, Innenklappe hinten alle 6). Weitere Farbfotos von Melanie Grande/Kosmos (S. 186 rechts), Juniors Bildarchiv (S. 124, 165, 168, 169, 195 links), Alina Klüglich-Hinrichs (S. 194 rechts), Heike Schmidt-Röger (S. 186 unten), Viviane Theby/Kosmos (S. 114 Mitte) und Karl-Heinz Widmann/Kosmos (S. 240, 241).

Farbzeichnungen von Milada Krautmann (S. 136, 143)

Impressum

Umschlaggestaltung von GRAMISCI Editorialdesign unter Verwendung von Farbfotos von Sophie Strodtbeck.

Mit 488 Farbfotos und 2 Farbzeichnungen.

Unser gesamtes Programm finden Sie unter **kosmos.de**
Über Neuigkeiten informieren Sie regelmäßig unsere
Newsletter, einfach anmelden unter **kosmos.de/newsletter**

Gedruckt auf chlorfrei gebleichtem Papier

© 2018, Franckh-Kosmos Verlags-GmbH & Co. KG, Stuttgart
Das Buch ist ein Dreifachband aus den folgenden aktualisierten Werken: „Unser Welpe" von Perdita Lübbe-Scheuermann und Frauke Loup, ISBN 978-3-440-13021-6 von 2012; „Hundeverhalten" von Barbara Schöning, ISBN 978-3-440-11181-9 von 2008 sowie „Spiel und Sport für Hunde" von Kristina Falke und Jörg Ziemer, ISBN 978-3-440-13773-4 von 2014; alle © Franckh-Kosmos Verlags-GmbH & Co. KG, Stuttgart.
Alle Rechte vorbehalten
ISBN 978-3-440-15849-4
Redaktion: Hilke Heinemann, Angela Beck
Redaktion des Dreifachbandes: Angela Beck
Gestaltungskonzept: eStudio Calamar
Gestaltung und Satz: akuSatz, Stuttgart, Christin Ganasinski
Produktion: Andrea Hehn, Alina Sarcevic
Printed in Germany / Imprimé en Allemagne
Druck und Bindung: Westermann Druck Zwickau GmbH, Zwickau